危险化学品安全丛书
（第二版）

"十三五"
国家重点出版物出版规划项目

NRCC

应急管理部化学品登记中心
中国石油化工股份有限公司青岛安全工程研究院 ｜ 组织编写
清华大学

危险化学品企业事故应急管理

孙万付　袁纪武　等 编著

化学工业出版社
·北京·

内 容 简 介

《危险化学品企业事故应急管理》是"危险化学品安全丛书"（第二版）的一个分册。

《危险化学品企业事故应急管理》系统阐述了事故发生的基本规律、应急管理的基本概念、我国应急管理发展历程、应急救援的基本原则；对预案编制与管理、应急演练、应急能力评估，以及应急装备与物资的配备等方面进行了深入系统的阐述；依据"生命至上、科学救援"的理念，从应急管理的专业视角出发，聚焦危险化学品事故的发生、扩大及演变机理，梳理应急响应、处置和救援的过程，分析在应急预案、队伍、装备和风险研判等方面存在的问题，并提出改进建议，以便更好地应对未来各类复杂多变的危险化学品突发事件。

本书可以作为危险化学品从业单位应急管理人员、应急救援队伍的专业参考书及培训教材，也可供高等院校相关专业师生参考阅读。

图书在版编目（CIP）数据

危险化学品企业事故应急管理/应急管理部化学品登记中心，
中国石油化工股份有限公司青岛安全工程研究院，清华大学组
织编写；孙万付等编著．—北京：化学工业出版社，2021.8（2023.1 重印）
（危险化学品安全丛书：第二版）
"十三五"国家重点出版物出版规划项目
ISBN 978-7-122-39445-3

Ⅰ．①危… Ⅱ．①应…②中…③清…④孙… Ⅲ．①化工产品-危险品-安全事故-应急对策 Ⅳ．①TQ086.5

中国版本图书馆 CIP 数据核字（2021）第 130750 号

责任编辑：杜进祥　高　震　　　　　　　　文字编辑：段日超　师明远
责任校对：宋　玮　　　　　　　　　　　　装帧设计：韩　飞

出版发行：化学工业出版社（北京市东城区青年湖南街 13 号　邮政编码 100011）
印　　装：涿州市般润文化传播有限公司
710mm×1000mm　1/16　印张 14¾　字数 254 千字　2023 年 1 月北京第 1 版第 2 次印刷

购书咨询：010-64518888　　　　　　　　　售后服务：010-64518899
网　　址：http://www.cip.com.cn

"危险化学品安全丛书"（第二版）编委会

主　任： 陈丙珍　清华大学，中国工程院院士

　　　　　曹湘洪　中国石油化工集团有限公司，中国工程院院士

副主任（按姓氏拼音排序）：

　　　　陈芬儿　复旦大学，中国工程院院士

　　　　段　雪　北京化工大学，中国科学院院士

　　　　江桂斌　中国科学院生态环境研究中心，中国科学院院士

　　　　钱　锋　华东理工大学，中国工程院院士

　　　　孙万付　中国石油化工股份有限公司青岛安全工程研究院/应急管理部
　　　　　　　　化学品登记中心，教授级高级工程师

　　　　赵劲松　清华大学，教授

　　　　周伟斌　化学工业出版社，编审

委　员（按姓氏拼音排序）：

　　　　曹湘洪　中国石油化工集团有限公司，中国工程院院士

　　　　曹永友　中国石油化工股份有限公司青岛安全工程研究院，教授级高
　　　　　　　　级工程师

　　　　陈丙珍　清华大学，中国工程院院士

　　　　陈芬儿　复旦大学，中国工程院院士

　　　　陈冀胜　军事科学研究院防化研究院，中国工程院院士

　　　　陈网桦　南京理工大学，教授

　　　　程春生　中化集团沈阳化工研究院，教授级高级工程师

　　　　董绍华　中国石油大学（北京），教授

　　　　段　雪　北京化工大学，中国科学院院士

　　　　方国钰　中化国际（控股）股份有限公司，教授级高级工程师

　　　　郭秀云　应急管理部化学品登记中心，主任医师

　　　　胡　杰　中国石油天然气股份有限公司石油化工研究院，教授级高级
　　　　　　　　工程师

　　　　华　炜　中国化工学会，教授级高级工程师

丛书序言

　　人类的生产和生活离不开化学品（包括医药品、农业杀虫剂、化学肥料、塑料、纺织纤维、电子化学品、家庭装饰材料、日用化学品和食品添加剂等）。化学品的生产和使用极大丰富了人类的物质生活，推进了社会文明的发展。如合成氨技术的发明使世界粮食产量翻倍，基本解决了全球粮食短缺问题；合成染料和纤维、橡胶、树脂三大合成材料的发明，带来了衣料和建材的革命，极大提高了人们生活质量……化学工业是国民经济的支柱产业之一，是美好生活的缔造者。近年来，我国已跃居全球化学品第一生产和消费国。在化学品中，有一大部分是危险化学品，而我国危险化学品安全基础薄弱的现状还没有得到根本改变，危险化学品安全生产形势依然严峻复杂，科技对危险化学品安全的支撑保障作用未得到充分发挥，制约危险化学品安全状况的部分重大共性关键技术尚未突破，化工过程安全管理、安全仪表系统等先进的管理方法和技术手段尚未在企业中得到全面应用。在化学品的生产、使用、储存、销售、运输直至作为废物处置的过程中，由于误用、滥用，化学事故处理或处置不当，极易造成燃烧、爆炸、中毒、灼伤等事故。特别是天津港危险化学品仓库"8·12"爆炸及江苏响水"3·21"爆炸等一些危险化学品的重大着火爆炸事故，不仅造成了重大人员伤亡和财产损失，还造成了恶劣的社会影响，引起党中央国务院的重视和社会舆论广泛关注，使得"谈化色变""邻避效应"以及"一刀切"等问题日趋严重，严重阻碍了我国化学工业的健康可持续发展。

　　危险化学品的安全管理是当前各国普遍关注的重大国际性问题之一，危险化学品产业安全是政府监管的重点、企业工作的难点、公众关注的焦点。危险化学品的品种数量大，危险性类别多，生产和使用渗透到国民经济各个领域以及社会公众的日常生活中，安全管理范围包括劳动安全、健康安全和环境安全，危险化学品安全管理的范围包括从"摇篮"到"坟墓"的整个生命周期，即危险化学品生产、储存、销售、运输、使用以及废弃后的处理处置活动。"人民安全是国家安全的基石。"过去十余年来，科技部、国家自然科学基金委员会等围绕危险化学品安全设置了一批重大、重点项目，取得了示范性成果，愈来愈多的国内学者投身于危险化学品安全领域，推动了危险化学品安全技术与管理方法的不断创新。

自 2005 年"危险化学品安全丛书"出版以来，经过十余年的发展，危险化学品安全技术、管理方法等取得了诸多成就，为了系统总结、推广普及危险化学品安全领域的新技术、新方法及工程化成果，由应急管理部化学品登记中心、中国石油化工股份有限公司青岛安全工程研究院、清华大学联合组织编写了"十三五"国家重点出版物出版规划项目"危险化学品安全丛书"（第二版）。

丛书的编写以党的十九大精神为指引，以创新驱动推进我国化学工业高质量发展为目标，紧密围绕安全、环保、可持续发展等迫切需求，对危险化学品安全新技术、新方法进行阐述，为减少事故，践行以人民为中心的发展思想和"创新、协调、绿色、开放、共享"五大发展理念，树立化工（危险化学品）行业正面社会形象意义重大。丛书全面突出了危险化学品安全综合治理，着力解决基础性、源头性、瓶颈性问题，推进危险化学品安全生产治理体系和治理能力现代化，系统论述了危险化学品从"摇篮"到"坟墓"全过程的安全管理与安全技术。丛书包括危险化学品安全总论、化工过程安全管理、化学品环境安全、化学品分类与鉴定、工作场所化学品安全使用、化工过程本质安全化设计、精细化工反应风险与控制、化工过程安全评估、化工过程热风险、化工安全仪表系统、危险化学品储运、危险化学品消防、危险化学品企业事故应急管理、危险化学品污染防治等内容。丛书是众多专家多年潜心研究的结晶，反映了当今国内外危险化学品安全领域新发展和新成果，既有很高的学术价值，又对学术研究及工程实践有很好的指导意义。

相信丛书的出版，将有助于读者了解最新、较全的危险化学品安全技术和管理方法，对减少化学品事故、提高危险化学品安全科技支撑能力、改变人们"谈化色变"的观念、增强社会对化工行业的信心、保护环境、保障人民健康安全、实现化工行业的高质量发展具有重要意义。

中国工程院院士 陈丙珍

中国工程院院士

2020 年 10 月

丛书第一版序言

危险化学品，是指那些易燃、易爆、有毒、有害和具有腐蚀性的化学品。危险化学品是一把双刃剑，它一方面在发展生产、改变环境和改善生活中发挥着不可替代的积极作用；另一方面，当我们违背科学规律、疏于管理时，其固有的危险性将对人类生命、物质财产和生态环境的安全构成极大威胁。危险化学品的破坏力和危害性，已经引起世界各国、国际组织的高度重视和密切关注。

党中央和国务院对危险化学品的安全工作历来十分重视，全国各地区、各部门和各企事业单位为落实各项安全措施做了大量工作，使危险化学品的安全工作保持着总体稳定，但是安全形势依然十分严峻。近几年，在危险化学品生产、储存、运输、销售、使用和废弃危险化学品处置等环节上，火灾、爆炸、泄漏、中毒事故不断发生，造成了巨大的人员伤亡、财产损失及环境重大污染，危险化学品的安全防范任务仍然相当繁重。

安全是和谐社会的重要组成部分。各级领导干部必须树立以人为本的执政理念，树立全面、协调、可持续的科学发展观，把人民的生命财产安全放在第一位，建设安全文化，健全安全法制，强化安全责任，推进安全科技进步，加大安全投入，采取得力的措施，坚决遏制重特大事故，减少一般事故的发生，推动我国安全生产形势的逐步好转。

为防止和减少各类危险化学品事故的发生，保障人民群众生命、财产和环境安全，必须充分认识危险化学品安全工作的长期性、艰巨性和复杂性，警钟长鸣，常抓不懈，采取切实有效措施把这项"责任重于泰山"的工作抓紧抓好。必须对危险化学品的生产实行统一规划、合理布局和严格控制，加大危险化学品生产经营单位的安全技术改造力度，严格执行危险化学品生产、经营销售、储存、运输等审批制度。必须对危险化学品的安全工作进行总体部署，健全危险化学品的安全监管体系、法规标准体系、技术支撑体系、应急救援体系和安全监管信息管理系统，在各个环节上加强对危险化学品的管理、指导和监督，把各项安全保障措施落到实处。

做好危险化学品的安全工作，是一项关系重大、涉及面广、技术复杂的系统工程。普及危险化学品知识，提高安全意识，搞好科学防范，坚持化害为利，是各级党委、政府和社会各界的共同责任。化学工业出版社组织编写的"危险化学品安全丛书"，围绕危险化学品的生产、包装、运输、储存、营销、使用、消防、事故应急处理等方面，系统、详细地介绍了相关理论知识、先进工艺技术和科学管理制度。相信这套丛书的编辑出版，会对普及危险化学品基本知识、提高从业人员的技术业务素质、加强危险化学品的安全管理、防止和减少危险化学品事故的发生，起到应有的指导和推动作用。

2005 年 5 月

近年来，我国已跃居全球化学品第一生产和消费大国，化学品的生产和使用极大丰富和改善了人们的生活质量和水平。但由于化工产业中很多化学品本身或其生产过程中具有的高温、高压、易燃、易爆、有毒、有害的特点，也给人类带来了巨大的事故灾难。例如 2015 年天津港 "8·12"瑞海公司危险化学品仓库特大火灾爆炸事故、2019 年江苏响水 "3·21"天嘉宜公司特大火灾爆炸事故等重特大事故的发生，造成了恶劣的社会影响，普通民众 "谈化色变"。对此，党和国家领导人多次做出重要指示。认真吸取事故教训，提升危险化学品事故应急管理能力，坚决防范和遏制危险化学品重特大事故发生是当前化工产业最为紧迫的任务。

应急管理和救援工作是控制事故发展、防止事故蔓延的最后一个环节，而企业应对事故特别是重大事故的经验和教训较少，因此本书内容有助于危险化学品企业全员尤其是安全管理层和专业救援队伍应急管理和救援能力的提升。

坚持问题导向，以解决危险化学品企业在事故和应急管理上存在的主要问题为方向。这些问题主要有：把事故当故事，不能有效吸取事故教训，致使同类事故重复发生；把预案当摆设，存在 "两张皮" 现象，针对性不强，操作性不够；把演练当演戏，按照脚本亦步亦趋，达不到能力提升的目的；单位关键岗位人员的应急意识和能力欠缺，不会应急和盲目施救现象严重；应急装备和物资配备不科学，管理不规范。

坚持事故导向和底线思维，以 "生命至上、科学救援" 为宗旨，以近年来国内外发生的危险化学品重大事故为抓手，梳理和分析事故演变扩大机理和应急救援过程，以使同类事故的处置更加科学。

坚持与时俱进的思想，消化和吸收应急管理和救援的新思想、新方法和新装备。应急管理部的成立、《生产安全事故应急条例》的颁布实施等表明了我国的应急管理和救援已进入了一个 "大应急、全灾种" 的新阶段。

《危险化学品企业事故应急管理》是我国科学技术部 "十五" 化学事故应急救援机制研究项目、"十一五" 危险化学品事故预警和模拟仿真技术研究项目、"十二五"受限空间危险化学品泄漏洗消装备研制项目、城镇油气管道风险分析与防控技术研究与示范项目、中国工程院咨询研究项目"高危险物质管控与应急体系战略研究"和中国石化科研项目"罐区消防系统可靠性评估及火灾扑救技术研究"等多项成果的结晶。

本书共分五章，具体为：第一章，绪论，主要阐述了事故与应急的基本概念和重要规律；第二章，危险化学品事故与应急处置，主要阐述了危化品事故的分级分类、历史上重特大危化品事故统计分析及危化品事故的风险研判和应急处置的要点；第三章，危险化学品事故应急救援关键技术，主要阐述了危化品应急救援任务的优先策略及事故控制区确定、点火源辨识与消除等关键应急救援技术；第四章，危险化学品事故应急救援装备和物资，主要介绍了危化品事故应急救援装备，并阐述了危化品企业应急装备和物资配备的原则；第五章，危险化学品企业应急管理，主要阐述了危化品企业应急管理的核心理念和重要组成，并以大型罐区火灾的科学扑救作为典型案例。

本书编著过程得到了赵永华、卢均臣、赵祥迪、侯孝波、彭湘维、张日鹏等同仁的大力支持，在此一并表示感谢。同时也郑重声明：本书所涉案例并不说明其单位安全管理工作的好坏、责任大小，不是追溯或追究相关人员责任的依据。

由于编著者的知识水平、工作经验以及编写时间有限，书中难免存在疏漏，恳请读者批评指正。

编著者
2021 年 6 月

● 目 录 ●

第一章　绪论 ①

第四章　危险化学品事故应急救援装备和物资　　**109**

第五章 危险化学品企业应急管理 140

第一章

绪　论

我国是化学品生产和消费大国，目前是世界第一大化学品生产国，产值世界排名第一。2018 年化工行业产值 14.8 万亿元，占全国 GDP 的 13.8%，占全球化工产值的 40%，对经济社会发展的支撑作用十分突出。目前世界上已发现的化学品超过 1000 余万种，经常使用的有 7 万多种，每年有 1000 多种新化学品问世。已列入《中国现有化学物质名录》的化学品达 4.5 万种，而其中有 2828 种列入《危险化学品目录》（2015 年版）。

由于我国化工产业的系统性风险和结构性矛盾，近年来危险化学品重特大事故时有发生。危险化学品事故造成重大的人员伤亡和环境污染等严重后果，需要引起我们的高度关注，进而防范和遏制重特大事故的发生。习近平总书记在"11·22"东黄输油管道泄漏爆炸特别重大事故现场强调"一厂出事故、万厂受教育，一地有隐患、全国受警示"，只有这样才能真正实现"变事故为经验""变事故为财富"，进而实现中国化工行业的安全发展、绿色发展、可持续发展。

第一节　突发事件与事故的基本概念

一、突发事件的定义及分类

1. 突发事件定义

欧洲对"公共紧急状态（public emergency）"的解释是"一种特别的、迫在眉睫的危机或危险局势，影响全体公民，并对整个社会的正常生活构成威胁"。在美国，突发事件又被称为紧急事件，即危及国家安全，威胁社会秩序和公共安全，危害公民生命财产安全，并有可能造成严重后果，需要立即予以处置的事件。英国将突发事件定义为对英国或英国某地的公众福祉、环境或安全造成严重损害的危险的事件或状况[1]。

在我国，2007 年 11 月 1 日开始实施的《突发事件应对法》中，突发事件的定义是指突然发生，造成或者可能造成严重社会危害，需要采取应急处置措施予以应对的自然灾害、事故灾难、公共卫生事件和社会安全事件。

不同类型的突发事件，基于本身物理规律的不同而具有各自不同的发展规律，在其发展过程中往往存在一些关键或特殊的状态，这些状态往往又标志着突发事件发展的重要转折或趋势，是突发事件应对过程中应予重点关注的。通过科学的方法寻找和发现突发事件发展过程中的关键状态，分析其特征参数及规律是突发事件科学研究的重要目标[2]。

2. 分类

依据《突发事件应对法》，突发事件包括以下四种类型：

（1）自然灾害。主要包括水旱灾害、气象灾害、地震灾害、地质灾害、海洋灾害、生物灾害和森林草原火灾等。

自然灾害突发事件来自人类还无法完全抵御的自然破坏力，这是由完全的自然因素导致的。这些自然性突发事件不在人类的掌握控制之中。如 1998 年中国特大洪灾，包括受灾最重的江西、湖南、湖北、黑龙江四省，全国共有 29 个省（区、市）遭受了不同程度的洪涝灾害，据各省统计，农田受灾面积 2229 万公顷（1 公顷＝10000m²），成灾面积 1378 公顷，受灾人口 2.23 亿人，死亡 4150人，房屋倒塌 685 万间，直接经济损失达 2551 亿元；2008 年的汶川大地震，根据国家地震局的数据，此次地震的面波震级里氏震级达 8.0Ms、矩震级达8.3Mw，地震烈度达到 11 度。地震波及大半个中国及亚洲多个国家和地区，造成严重破坏，共造成 69227 人死亡，374643 人受伤，17923 人失踪。

（2）事故灾难。主要包括工矿商贸等企业的各类安全事故、交通运输事故、公共设施和设备事故、环境污染和生态破坏事件等。

事故灾难类突发事件，往往是由技术或产品的固有缺陷、人的主观因素等导致的，从以往事故灾难统计上来看，决策失误、管理不善、工作粗心等人为因素是诱发事故灾难的主要原因。如印度博帕尔事故，是历史上最严重的工业灾难，影响巨大。1984 年 12 月 3 日凌晨，印度中央邦首府博帕尔市的美国联合碳化物公司属下的联合碳化物（印度）有限公司设于贫民区附近的一所农药厂发生异氰酸甲酯（MIC）泄漏，引发了严重的后果，仅事发后两天内就造成5000 人死亡，最终事故造成了 2.5 万人直接死亡，55 万人间接死亡，另外有20 多万人永久伤残。

（3）公共卫生事件。主要包括传染病疫情、群体性不明原因疾病、食品安全和职业危害、动物疫情，以及其他严重影响公众健康和生命安全的事件。

公共卫生类突发事件，通常是由客观因素中的病菌、传染病等引起的。如新型冠状病毒肺炎疫情是由 COVID-19 病毒引发，在世界范围内广泛传播，造成大量人员死亡。我国人民万众一心，积极应对，有效遏制了其进一步扩散，也体现了我国应急管理取得跨越式发展。

（4）社会安全事件。主要包括恐怖袭击事件、经济安全事件和涉外突发事件等。

3. 分级

突发事件的分级标准由国务院或者国务院授权的部门制定。按照社会危害程度、影响范围等因素，自然灾害、事故灾难、公共卫生事件分为特别重大、重大、较大和一般四级。

（1）依据国务院《特别重大、重大突发公共事件分级标准（试行）》，特别重大安全事故包括：

① 造成 30 人以上死亡（含失踪），或危及 30 人以上生命安全，或 1 亿元以上直接经济损失，或 100 人以上中毒（重伤），或需要紧急转移安置 10 万人以上的安全事故；

② 国内外民用运输航空器在我国境内发生的，或我民用运输航空器在境外发生的坠机、撞机或紧急迫降等情况导致的特别重大飞行事故；

③ 危及 30 人以上生命安全的水上突发事件，或水上保安事件，或单船 10000 吨以上国内外民用运输船舶在我境内发生碰撞、触礁、火灾等对船舶及人员生命安全以及港口设施安全造成严重威胁的水上突发事件；

④ 铁路繁忙干线、国家高速公路网线路遭受破坏，造成行车中断，经抢修 48 小时内无法恢复通车；

⑤ 重要港口瘫痪或遭受灾难性损失，长江干线或黑龙江界河航道发生断航 24 小时以上；

⑥ 造成区域电网减供负荷达到事故前总负荷的 30％以上，或造成重要政治、经济中心城市减供负荷达到事故前总负荷的 50％以上，或因重要发电厂、变电站、输变电设备遭受毁灭性破坏或打击，造成区域电网大面积停电，减供负荷达到事故前的 20％以上，对区域电网、跨区域电网安全稳定运行构成严重威胁；

⑦ 多省通信故障或大面积骨干网中断、通信枢纽遭到破坏等造成严重影响的事故；

⑧ 因自然灾害等不可抗拒的原因导致支付、清算系统国家处理中心发生

故障或因人为破坏，造成整个支付、清算系统瘫痪的事故；

⑨ 城市 5 万户以上居民供气或供水连续停止 48 小时以上的事故；

⑩ 造成特别重大影响或损失的特种设备事故；

⑪ 大型集会和游园等群体性活动中，因拥挤、踩踏等造成 30 人以上死亡事故。

（2）依据国务院《特别重大、重大突发公共事件分级标准（试行）》，重大安全事故包括：

① 造成 10 人以上、30 人以下死亡（含失踪），或危及 10 人以上、30 人以下生命安全，或直接经济损失 5000 万元以上、1 亿元以下的事故，或 50 人以上、100 人以下中毒（重伤），或需紧急转移安置 5 万人以上、10 万人以下事故；

② 国内外民用运输航空器在我国境内，或我民用运输航空器在境外发生重大飞行事故；

③ 危及 10 人以上、30 人以下生命安全的水上突发事件或水上保安事件，3000 吨以上、10000 吨以下的非客船、非危险化学品船发生碰撞、触礁、火灾等对船舶及人员生命安全造成威胁的水上突发事件；

④ 铁路繁忙干线、国家高速公路网线路遭受破坏，或因灾严重损毁，造成通行中断，经抢修 24 小时内无法恢复通车；

⑤ 重要港口遭受严重损坏，长江干线或黑龙江界河等重要航道断航 12 小时以上、24 小时以内；

⑥ 造成跨区电网或区域电网减供负荷达到事故前总负荷的 10% 以上、30% 以下，或造成重要政治、经济中心城市减供负荷达到事故前总负荷的 20% 以上、50% 以下；

⑦ 造成重大影响和损失的通信、信息网络、特种设备事故和城市轨道、道路交通、大中城市供水、燃气设施供应中断，或造成 3 万户以上居民停水、停气 24 小时以上的事故；

⑧ 大型集会和游园等群体性活动中，因拥挤、踩踏等造成 10 人以上、30 人以下死亡的事故；

⑨ 其他一些无法量化但性质严重，对社会稳定、对经济建设造成重大影响的事故。

二、事故的定义及分级

1. 事故定义

《辞海》中将事故称为意外的变故或灾祸。英汉《牛津词典》中，把事故解释为意外的、特别的有害事件。国际劳工组织编撰的《职业卫生与安全百科全书》，对事故的定义是可能涉及伤害的，但非预谋性的意外事件。一般认为，事故是指人们在进行有目的的活动过程中发生的、违背人们意愿的，可能会造成人们有目的的活动暂时或永远中止，同时可能造成人员伤亡或财产损失的意外事件。从上述定义中可以归纳出事故有两个核心的判断条件：①它是人们意料之外的非预谋事件；②它直接或间接造成了人员伤亡、财产损失、生态环境破坏或不良社会影响等危害性后果。

2. 事故分级

《生产安全事故报告和调查处理条例》中根据生产安全事故（以下简称事故）造成的人员伤亡或者直接经济损失，将事故分为以下等级：

（1）特别重大事故，是指造成 30 人以上死亡，或者 100 人以上重伤（包括急性工业中毒，下同），或者 1 亿元以上直接经济损失的事故；

（2）重大事故，是指造成 10 人以上 30 人以下死亡，或者 50 人以上 100 人以下重伤，或者 5000 万元以上 1 亿元以下直接经济损失的事故；

（3）较大事故，是指造成 3 人以上 10 人以下死亡，或者 10 人以上 50 人以下重伤，或者 1000 万元以上 5000 万元以下直接经济损失的事故；

（4）一般事故，是指造成 3 人以下死亡，或者 10 人以下重伤，或者 1000 万元以下直接经济损失的事故。

三、突发事件和事故的基本特性

突发事件是指造成或可能造成危害后果的事件。在应急管理过程中，事件发生后经过科学、及时、有效的应急响应没有造成严重的危害后果，从一般意义上来讲对该事件的定性是突发事件而不称作事故，这也是强化突发事件的快速响应和科学救援的核心价值。

事故一般是指造成危害后果的突发事件，从某种意义上来说，事故是突发事件的一种形式，一般在事故调查、追责等环节中使用。另外，在我国事故一般就是指突发事件中的已造成危害后果的事件，主要包括工矿商贸等企业的各类安全事故、交通运输事故、公共设施和设备事故、环境污染和生态破坏事件等。

突发事件和事故都具有以下基本特性：

（1）突变性和瞬间性。突然爆发是突发事件和事故的基本要素，它可能会有某些征兆，但却以极快的速度爆发，且发展速度快，令人难以预料。突发事件的发生通常与人的意识之间存在严重脱节，有一段时间的认识空白，无论是政府、公众还是媒体，乃至整个社会对突发事件的相关信息处于短缺状态，因而难以快速判断及做出正确和准确的反应。从个体或群体的心理准备来说，突发事件的含义是人们未曾预料的或未曾预期到的事件突然降临，人们完全没有相应的思想准备与心理准备，来不及对事件做出准确判断，从而在心理上产生恐慌，在行为上反应慌乱，不知所措。突发事件和事故在时间上的瞬间性增加了人们控制与处理的难度。

（2）随机性和偶然性。突发事件或事故的发生其实质是事物内在矛盾由量变到质变的爆发式飞跃过程，是通过一定的时空契机诱发，而这个契机又是偶然的、随机的，因而突发事件和事故发生的地点、时间带有一定的偶然性和随机性。其发生的具体时间、实际规模、具体形态和影响深度，是很难准确预测的。偶然性表现的是一种不确定性和超常规性，超出了人的控制与社会程序化管理的幅度与范围，仿佛是没有规律可以遵循的。这不是说突发事件就不可认识了，只是说对突发事件的认识比较困难。

（3）必然性和普遍性。某个具体突发事件或事故的发生总是有条件的，这个条件是一个酝酿的过程，有其必然性和普遍性。它们的爆发点是能量在缓慢积累过程中逐渐集中后形成的巨大张力，其释放是必然的，只是在哪一个地点和时间节点上释放具有不确定性。人类的生产、生活过程中也总是伴随着各种风险和危险，所以发生事故的可能性普遍存在。风险和危险是客观存在的，而且是绝对的，在不同的生产、生活过程中，其危险性各不相同，事故发生的可能性也就存在着差异。因此，人们在生产、生活过程中必然会发生突发事件和事故，只不过是其发生的概率大小、人员伤亡的多少和财产损失的严重程度不同而已。人们采取相应的措施来防范风险和预防事故，只能延长事故发生的时间间隔，降低事故发生的概率，而不能从根本上完全杜绝事故。

（4）危害性和危机性。突发事件可能会带来严重后果，往往具有较大的破坏性和灾难性。突发事件的发展非常快，容易引起连锁反应，使事件本身不断扩大，宏观上给社会，中观上给社区、组织，微观上给家庭、个人带来一定程度的损失，这种损失包括物质层面的人力、物力、财力甚至生命的损失，精神层面会给社会秩序与人们心理造成伤害[2]。突发事件往往会暴露出当前社会管理体制的薄弱环节和管理者管理能力的局限性。因此突发事件也往往会成为危机的先兆和前奏，或充当危机爆发的诱因。在一定的外界条件下，突发事件可能会进一步恶化，发展成为局部地区甚至全社会的危机事件。现代社会通信手段的异常发达使突发事件的信息传递十分迅速，极易在短时间内形成社会恐慌。从逻辑上讲，危机事件往往是由突发事件引发的，但突发事件未必就会发展成为危机事件，这取决于对突发事件处理得是否得当。许多突发事件本身就是危机的一部分，并且是关键的一部分。当突发事件因处理不当而失控，朝着无序的方向发展时，危机便会形成并开始扩大。在这种情况下，突发事件就等同于危机。与此同时，突发事件往往也孕育着机遇，突发事件处理得及时、得当，事后能认真吸取教训，反思和改进当前管理体制中的薄弱环节，会提升突发事件的应对能力，进而促进社会的进步。如新型冠状病毒肺炎疫情的积极有效应对体现了中国应急管理的跨越式发展成果。

（5）潜伏性和可预防性。突发事件和事故的发生具有突变性，但在发生之前存在一个量变过程，亦即系统内部相关参数的渐变过程，所以事故具有潜伏性。一个系统可能长时间没有发生事故，但这并非意味着该系统是安全的。因为它可能潜伏着事故隐患，导致其在事故发生之前所处的状态是不稳定的，为了达到系统的稳定状态，系统相关要素在不断发生变化。当某一触发因素出现，即可导致事故。事故的潜伏性往往会引起人们的麻痹思想，从而酿成重大恶性事故。事故是由系统中相互联系、相互制约的多种因素共同作用的结果，导致事故的原因多种多样。总体上事故原因可分为：①人的不安全行为；②物的不安全状态；③环境的不良刺激作用。从逻辑上又可分为：①直接原因；②间接原因等。这些原因在系统中相互作用、相互影响，在一定的条件下发生突变，酿成事故。尽管事故的发生是必然的，但我们可以通过采取控制措施来预防事故发生或者延长事故发生的时间间隔。充分认识事故的这一特性，对于防止事故发生有积极作用。通过事故调查，探求事故发生的原因和规律，采取预防事故的措施，可降低事故发生的概率。

本书主要介绍危险化学品事故及其应急管理等相关内容，从定义上来看，危险化学品事故是由危险化学品引发的造成或可能造成危害后果的事件，在突发事件的分类上属于事故灾难，因此从本质上来说称危险化学品突发事件更为准确，但按照约定俗成的说法，本书一律称为危险化学品事故。

综上，突发事件与事故之间的关系如图1-1所示。

四、基于熵理论的事故定义

熵的概念自提出以来经过不同程度的深化与泛化，在自然科学、社会科学、管理科学、决策论和气象学等领域内的应用日趋广泛。在物理学中，熵是描述系统状态的不确定性或无序程度的量度指标。因此，凡是所研究系统的状态构成要素之间关系表现为混乱无序或具备随机不确定性的，都可以采用熵理论进行研究和描述，这正是熵概念能被泛化而广泛应用的客观基础[3]。

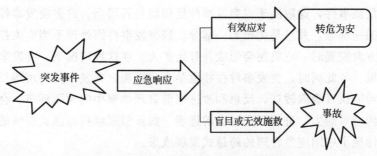

图 1-1　突发事件和事故的关系示意图

　　突发事件系统的演化与开放系统的熵变有很多相似之处，都是从有序到无序，再从无序到有序，最终进入另一平衡稳态。突发事件系统熵在不同平衡态之间的转化过程恰能反映突发事件系统状态从有序到无序再到有序的演化过程。尽管各类突发事件的成因机理、事件性质、演化过程以及灾害后果等方面存在着很大差异，但各领域内对突发事件的大量研究表明，不同类型突发事件存在着某些共性规律。通过对这些共性规律的深入剖析，可以认知突发事件的致灾机理与突变规律。因此，只要掌握了突发事件在发生、发展和演化过程中的规律，就可以指导人们的应急管理活动，建立科学有效的应急体系。突发事件系统演化的共性过程可以理解为在客观事物构成的系统内部，事物状态达到某一阈值引发突变，导致系统中其他事物状态发生变化，使系统状态偏离了原来的平衡态，进入一种远离平衡态的不稳定无序区域。突发事件系统具有耗散结构，通过系统内部的随机涨落，可以使系统由一种混乱无序状态转变为另一种稳定有序的状态。

　　应急管理就是将事件爆发时的混乱无序状态向可控有序状态转化，这一转化过程就是突发事件应急管理的耗散过程。根据耗散结构理论，应急管理耗散过程的实质则是负熵介入的过程。突发事件系统要保证自身是开放的，内部应急控制作用要以环境变化为输入输出条件，并且系统要与外界之间不断地进行物质、信息和能量的交换。当这些动态交流的通道处于平衡稳定时，才能不断地改善应急管理的结构体系、提高应急管理的能力水平，保障系统负熵值的持续注入。否则，空耗系统应急管理资源，系统总熵值不降反增。

　　根据熵理论，熵是对系统中涉及的人、物质、能量、信息的混乱和无序状态的一种表征，系统越无序熵值越大，而耗散理论讨论的则是系统从无序向有序转化的机理、条件和规律。从事故链式演变特征可以看出，事故系统演变过程与熵的演变和耗散过程有很大共性，事故链从潜伏期到蔓延期是一个熵增大于熵减的过程，而终结期则是一个熵减大于熵增的过程[4]。下面从人、物、能量和信息四个要素的事故熵变进行分析，研究控制安全事故的途径和方法。

1. 人的事故熵

人是安全系统的重要因素，人在安全作业过程中起着主导作用，但是遗传、能力、知识、训练、动机、行为、身体及精神状态、反应时间、个人兴趣等个人因素，以及社会环境或安全管理缺陷造成心理、生理上的弱点，导致在生产过程中的不安全行为，这种不安全行为是导致事故的直接原因。

在安全系统中，通过对作业人员进行物质和能量的交换，能有效调节人的熵变过程，从而降低系统的事故熵值，达到安全生产的目的。

（1）与作业人员直接交换负熵的物质和能量，进而降低人的事故熵。如提供班中休息、补充营养品及水分等。

（2）对作业人员的行为进行物质和能量交换，使人的事故熵的增速减缓或负增长，主要方法有安全心理调适法、奖惩控制法、管理控制法和文化力控制法。

（3）对人员作业过程进行物质和能量交换，输入负事故熵的物质和能量，从而降低系统的事故熵值甚至达到负熵值，如建立合理的劳动组织、采用合理的作业方法、采用合理的作业动作、开展班组长安全建设与安全活动等，因为这些措施都是有序的、规范的负事故熵的物质和能量，通过与系统的交换能有效降低系统的事故熵。

（4）对系统中其他要素进行物质和能量交换，达到降低系统事故熵的目的，从而保证人员安全。如用机器代替作业人员；采取二人操作、人机并行、审查等防止人失误的冗余系统。

2. 物的事故熵

物是构成安全生产系统的物质基础，主要包括设备和环境（生产场所）。降低系统中物的事故熵的途径主要有：

（1）与系统中的设备交换负事故熵的物质和能量。常用的方法有：从提高设备的可靠性、可维修性、稳定性的角度出发，采取冗余设计、耐失误设计等方法，实现设备的本质安全化；采用隔离防护装置、联锁防护装置、超限保险装置、制动安全装置、监测控制与警示装置、防隔电安全装置等安全防护装置；采用控制设备的危险和有害因素的技术；加强设备选购、安装调试、使用、维修保养、报废等设备使用过程的安全管理等。

（2）与系统中的环境（生产场所）交换负事故熵的物质和能量。负事故熵的物质和能量包括：合理布设、清理、整顿生产场所；定置管理；采光照明、热湿环境的改善；生产性粉尘、毒物危害控制；噪声防治、辐射防护等。

3. 能量的事故熵

能量是安全系统不可缺少的要素，生产就是利用各种形式的能量做功以实现预定的目的，如机械设备在能量的驱动下运转，把原料加工成产品；热能释放后使金属物体升温进行焊接或熔化等。而一旦对能量失去了控制，就会发生能量违背人的意愿意外释放或逸出，使进行中的活动中止而发生事故。如果发生事故时意外释放的能量作用于人体，并且能量的作用超过人体的承受能力，则将造成人员伤害；如果意外释放的能量作用于设备、建筑物、物体等，并且能量的作用超过它们的抵抗能力，则将造成设备、建筑物、物体的损坏。生产过程中经常遇到各种形式的能量，如机械能、热能、电能、化学能、电离及非电离辐射能、声能、生物能等，它们的意外释放都可能造成事故。美国安全专家哈登（Haddon）于1966年提出事故能量转移理论，认为事故的本质是能量的不正常转移，控制事故的途径就是使能量按照人们的意图产生、转换和做功，或者按照人们规定的能量流通渠道流动。

研究能量的事故熵变规律，目的在于找到使安全系统中能量的事故熵值有效降低的方法，即安全系统在与外界交换物质与能量时，如何使能量的事故熵保持恒量或降低为负熵，主要方法有：

（1）用低事故熵的能源交换（或取代）系统中高事故熵的能源。一是用安全的能源代替不安全的能源，因为安全的能源有序性好、事故熵低，不安全的能源有序性差、事故熵高。如在容易发生触电的作业场所，用压缩空气动力代替电力，可以防止发生触电事故。二是在生产工艺中尽量采用低能量的工艺或设备，低能量的工艺或设备有序性好、事故熵低。如利用低电压设备防止电击，限制设备运转速度以防止机械伤害等。

（2）让系统与外界交换物质和能量时产生负熵，使系统的事故熵降低。如及时泄放系统多余的能量，防止系统能量的蓄积，此时系统与外界在能量交换过程中产生了负熵，使系统的事故熵下降。通过接地消除静电蓄积，利用避雷针放电保护重要设施，安装减振装置吸收冲击能量等都属于这种类型。

（3）与系统交换负事故熵的物质和能量。如对能量设置屏蔽设施、在时间或空间上隔离，因为屏蔽设施、时间或空间上隔离都可以降低事故熵。安装在机械转动部分外面的防护罩、安全围栏、扩大生产场所的空间范围、人员佩戴的个体防护用品、及时撤离或避难行动等，都是系统与外界交换负事故熵的物质和能量的措施。

4. 信息的事故熵

信息是安全活动所依赖的资源，是反映人类安全事物和安全活动之间的差异及其变化的一种形式，它是企业编制安全管理方案的依据，具有间接预防事故、间接控制事故的功能。

信息论认为，信息量相当于"负熵"，信息量的增加就意味着"信息熵"的减少。在安全系统中，安全信息不仅具备信息论描述的特征，还具有时空特性，即安全信息失效或滞后或安全信息在空间上使用不当，往往导致安全信息熵值的增加。防止安全事故的发生，就要抑制安全信息熵的增加，其主要途径有：

（1）增加有效的安全信息量，信息量相当于"负熵"，从而降低安全信息熵和系统的事故熵。如在生产设备和作业场所设置各种安全标志、安全信号；统计分析各种伤亡事故，提取大量的安全信息进行安全管理；及时更新、掌握准确的安全信息等。

（2）在时间和空间上合理配置安全信息，使系统在交换过程中得到负事故熵的物质和能量。如在风险大的时间和空间节点上及时提供相关的警告等措施，可以有效阻止人员的不安全行为或避免发生行为失误，防止人员接触能量；警告、及时劝阻等信息形式的屏蔽可以约束人的行为。

对于突发事件系统而言，熵值与系统的状态一一对应。熵值越高，突发事件系统的无序程度越大；熵值越低，突发事件系统的有序程度越大。突发事件系统熵值通常由两部分构成：一部分为正熵值，在突发事件发生发展过程中，即由事件客体状态突变的不可逆过程而产生的风险危害熵；另一部分熵值或为正，或为负，或为零，在应急管理过程中，事件客体与外界环境交互的过程中，从外界环境中获得物质、信息和能量而产生决策处置熵[5]。

突发事件系统无论是系统内部还是系统与外界之间的信息交换，都会同时存在着正熵和负熵。系统内部以正熵占据主导地位，各种内部熵增的总和构成了系统的内部熵，必然表现为正熵流。突发事件系统内部正熵是客观事物状态突变引发突发事件造成系统无序的必然结果，只要突发事件存在，就一定会产生不利于应急管理的风险正熵。在系统与外界环境的信息交换中，以负熵形式为主，说明应急管理者从外界获取了有价值的环境信息、做出了科学有效的应急决策，事态得到有效控制。在应急处置过程中，获取事态信息或传递决策信息的渠道不畅通、应急资源配置不合理、应急措施不得力的情况下，才会有正熵流入系统中，不仅不能抑制事态的发展，反而使事态愈演愈烈，也就是我们常说的"小事故，小混乱；大事故，大混乱"的原理。事故应急其实就是要使混乱的系统有序化。

第二节　事故的基本规律

本节主要介绍事故的几个基本规律和法则，以便于从宏观上认识事故。海因里希法则和幂次法则揭示了事故规模和次数之间关系的基本规律，这两个法则告诉我们事故防范要从小事故抓起，只有小事故控制好了，重大事故发生的概率就变小了。墨菲法则告诉我们可能发生的事故必定会发生，事故的防范要坚持底线思维，尤其在应急准备上更要居安思危，坚决防范和遏制重特大事故的发生。事故的多米诺效应则告诉我们重大事故尤其是重特大化工事故多是由一系列次生事故相互耦合叠加所造成的，我们要时刻针对化工生产中出现的异常工况、非计划停车等开展有效的风险评估和研判，阻断事故的多米诺效应，防止重特大事故发生。

一、海因里希法则和幂次法则

海因里希法则（Heinrich's law）又称"海因里希安全法则"、"海因里希事故法则"或"海因法则"，是美国著名安全工程师海因里希（Herbert William Heinrich）提出的。这个法则基本内容为：当一个企业有 300 起隐患或违章，非常可能要发生 29 起轻伤或故障，另外还有 1 起重伤、死亡事故，即 300∶29∶1 法则。

这个法则是 1941 年美国的海因里希统计许多灾害后得出的。海因里希统计了 55 万起机械事故，其中死亡、重伤事故 1666 起，轻伤事故 48334 起，其余则为无伤害事故。从而得出一个重要结论，即在机械事故中，死亡、重伤，轻伤，无伤害事故的比例为 1∶29∶300，国际上也把这一法则叫"事故法则"。这个法则说明，在机械生产过程中，每发生 330 起意外事件，有 300 起未产生人员伤害，29 起造成人员轻伤，1 起导致重伤或死亡。海因里希法则见图 1-2。

对于安全生产，很多人依然存在着认识上和行动上的误区。有的人认为事故的发生是偶然的，是意外事件，没有必要在人力、物力、财力方面过多投入。基于这种认识，就产生了安全工作"说起来重要、做起来次要、忙起来不要"的漠视心理。另一种错误认识是认为事故是不可避免的，它是伴随着现代化大生产而"与生俱来"的，人们不可能控制事故的发生，对安全生产抱着"听天由命"的消极态度。海因里希法则说明了在进行同一项活动中，无数起

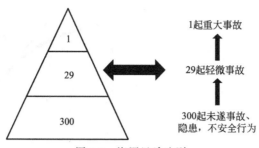

图 1-2　海因里希法则

意外事件，必然导致重大伤亡事故的发生。海因里希法则告诉我们，"偶然性"违章不一定就引发事故，但事故背后必然存在着违章行为，这也充分印证了哲学上的"质量互变"规律，即事故隐患——"量"的累积，必然导致重大事故——"质"的改变。海因里希法则也有力地驳斥了一些人的"事故不可避免论"。它警示人们，在现实生产中，一起严重事故的背后，一定能够找到数起轻微事故或者更多的事故隐患，这是被无数血的教训所证明的。我国宋代苏洵《管仲论》中的"祸之作，不作于作之日，亦必有所由兆"也是同样的意思。

要克服海因里希法则理解上经常存在的盲点或误区。不是所有的事故都具有相同的概率导致重大事故的发生；金字塔底层事故的减少并非必然会导致相同比例的严重事故的下降。例如，通过减少 20% 的轻微事故就可以减少 20% 的重大事故，重大隐患与重大事故之间存在"直通"的关系：重大隐患不需要积累，只要一次失误就可以造成重大事故后果。对于不同时期、不同生产过程、不同类型行业的事故，上述比例关系不一定完全相同。

事故幂次法则指的是事故的规模与其次数成反比，规模越大，次数越少。规模和其次数之间存在着幂次方的反比关系。

$$R(x)=ax^{-b}$$

式中，x 为规模；$R(x)$ 为其次数；a 为系数；b 为幂次。

当等号两边均取对数时，公式成为 $\ln[R(x)]=\ln a-b\ln x$。若以 $\ln[R(x)]$ 为 x 轴，$\ln x$ 为 y 轴，其分布呈直线，斜率为负。斜率的绝对值越小，代表规模差异越小。事故幂次法则示意图见图 1-3。

事故幂次法则可以看作是海因里希法则的数学回归，海因里希法则中的 1∶29∶300 比例是 20 世纪 40 年代美国机械工业生产事故的规模与其次数之间关系的统计数字表征。安全生产事故的规模与次数的关系在数学分布上符合幂次规律，其相应的数值关系与安全生产的行业风险、安全管理的水平都有密切的关系，高风险的危险化学品行业发生大事故的概率大于一般的工业生产，

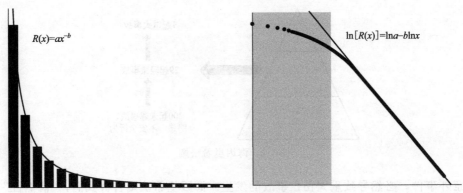

图 1-3 事故幂次法则示意

安全管理水平差的中小企业的大事故发生概率要远远大于安全管理规范的大型企业。

　　海因里希法则和幂次法则对企业生产安全管理来说是一种警示，它说明任何一起事故都是有原因的，并且是有征兆的；它同时说明安全生产是可以控制的，安全事故是可以避免的，要及时发现并控制事故征兆。海因里希把工业伤害事故的发生、发展过程描述为具有一定因果关系的事件的连锁发生过程，即：①人员伤亡的发生是事故的结果。②事故的发生是由于人的不安全行为和物的不安全状态。③人的不安全行为或物的不安全状态是由人的缺点造成的。④人的缺点是由不良环境诱发的，或者是由先天的遗传因素造成的。海因里希理论也和事故频发倾向论一样，把工业事故的责任归因于工人。从这种认识出发，海因里希进一步追究事故发生的根本原因，认为人的缺点来源于遗传因素和人员成长的社会环境。海因里希认为，企业安全工作的重心就是防止人的不安全行为，消除机械的或物质的不安全状态，中断事故连锁的进程而避免事故的发生。

二、墨菲定律

　　在数理统计中，有一条重要的统计规律：假设某意外事件在一次实验（活动）中发生的概率为 $p(p>0)$，则在 n 次实验（活动）中至少有一次发生的概率为 $p_n=1-(1-p)^n$。由此可见，无论概率 p 多么小（即小概率事件），当 n 越来越大时，p_n 越来越接近 1。

　　这一结论被美国人爱德华·墨菲（Edward A. Murphy）应用于安全管理，他指出：做任何一件事情，如果客观上存在着一种错误的做法，或者存在着发生某种事故的可能性，不管发生的可能性有多小，当重复去做这件事时，事故总会在某一时刻发生。也就是说，只要发生事故的可能性存在，不管可能性多么小，这个事故迟早会发生。

墨菲定律（Murphy's law）主要内容有四个方面：

（1）任何事情都没有表面看起来那么简单；

（2）所有事情都会比预计的时间长；

（3）会出错的事情总会出错；

（4）如果担心某种情况发生，那么它就一定会发生。

墨菲定律的根本内容是"凡是可能出错的事有很大概率会出错"，指的是任何一个事件，只要具有大于零的概率，就不能够假设它不会发生。这是数理统计中的一条科学规律，墨菲定律的公式中，p 为概率，n 为实验的次数，可以理解为事故隐患次数，不论概率 p 有多小，当 n 越来越大时，p_n 越来越接近 1。

墨菲定律揭示了事物发展的一个规律，即凡事都具有两面性：正面发展趋势、负面发展趋势，这两种发展趋势互相依存、互相包容，如果不进行科学有效的控制与引导，则事物的正面发展趋势将转变为负面发展趋势。该定律警示我们，只要存在不安全因素，如果不及时采取措施，不注意解决问题，不迅速堵塞漏洞，必然会酿成事故。

根据墨菲定律可得到如下启示。

（1）不能忽视小概率大后果事故。由于小概率事件在一次实验或活动中发生的可能性很小，因此，就使人们产生一种错误的理解，即在一次活动中不会发生。与事实相反，正是由于这种错觉，麻痹了人们的安全意识，加大了事故发生的可能性，其结果是事故可能频繁发生。纵观无数的大小事故原因，可以得出结论："认为小概率事件不会发生"是导致侥幸心理和麻痹大意思想的根本原因。墨菲定律正是从强调小概率事件的重要性的角度，明确指出：虽然危险事件发生的概率很小，但在一次实验（或活动）中，仍可能发生，因此，不能忽视，必须引起高度重视。抓安全就要从那些看似不起眼的小事抓起。安全事故的发生，大都是日常看似很小的隐患积累而成，如规章执行不到位、忽视操作中细小的环节等。而这些不起眼的隐患，往往会酿成重大安全事故。我们要时刻防患于未然，唯有如此，才能使事故早现端倪，消灭于萌芽阶段，从而确保安全。

（2）针对可能造成重大事故的事情建立预警防范机制。现实中，人们往往等到出了问题之后才忙于做处理事故的"事后"工作，召开各种会议进行反思，总结经验，最后得出"惨痛教训"。亡羊补牢，加强防范，这无疑是必要的。但对于安全工作最好是建立预防和预警机制，将着力点和重心前移，从事故的源头上下功夫，见微知著，明察秋毫，及时发现事故征兆，立即消除事故隐患。

墨菲定律的核心思想是要坚持底线思维，在应急管理工作中要高度重视"小概率，大后果"的重特大事故。习近平总书记多次强调："要善于运用'底线思维'的方法，凡事从坏处准备，努力争取最好的结果，这样才能有备无患、遇事不慌，牢牢把握主动权。""要坚持底线思维、注重防风险，做好风险评估，努力排除风险因素，加强先行先试、科学求证，加快建立健全综合监管体系，提高监管能力，筑牢安全网。""要坚持底线思维，保持如临深渊、如履薄冰的态度，尽可能把各种可能的情况想全想透，把各项措施制定得周详完善，确保安全、顺畅、可靠、稳固。"

在应急管理工作中，做任何事，都必须想想底线在哪里？突破这些底线的后果会怎样？防范这些底线的主体是谁？守住这些底线的应急处置措施是什么？尤其是企业的领导和管理者必须时刻把这四个问号放在心头，摆在案头，捏在手头。一般来说，加强底线管理需要加强以下几个方面的工作。

（1）牢固树立底线意识。要善于排查各种潜在风险，找出安全与风险、常态与事故的分界线，守住各种风险的底线。

（2）系统排查全面防守。底线管理的排查和防范，关键在于全面系统。全面的排查大致涉及四个方面：一是安全的底线，是否会发生人员伤亡等。二是环境的底线，是否会导致生态环境的破坏。三是社会舆情底线，是否会引发大规模的舆情。四是利益的底线，是否会导致停产等损失。

（3）防范的关键是落实。防守责任落实到具体部门和责任人，落实到具体措施上，同时，加强对下级底线管理的检查，把防范风险、排查问题、守住底线作为常规工作和重要政绩来考核。

三、事故的多米诺效应

最初，过程安全研究者将多米诺用于描述导致事故发生的各要素之间的因果顺序。1929 年，美国的海因里希提出了事故发生的因果连锁理论，认为伤亡事故的发生不是独立的事件，而是遗传或者社会环境、人的缺点、人的不安全行为或物的不安全状态、事故和伤害 5 个具有因果关系的要素相继发生的结果，这种理论被人们形象地称为多米诺骨牌理论，并在业内得到广泛认可，成为 20 世纪安全领域最具代表性的理论。在工业领域，多米诺效应最初用来描述连锁反应事故或者一起事故的发生触发了一起或者多起事故的情形[6]。

事故的多米诺效应是某一事故的发生导致多起事故一连串发生的连锁反应。事故多米诺效应一般会造成事故规模和后果的扩大升级，造成严重的人员伤亡和财产损失，引发了研究人员对这种连锁反应事故现象的重视。从 20 世纪开始，工业化进程较快国家开始对工业事故进行统计分析，特别是对石油化工行业内的多米诺效应现象展开深入研究。其中，多米诺效应的定义是研究人员首先要面对的问题。1984 年英国重大危险源咨询委员会将多米诺定义为"事故的发生对装置内或邻近区域的装置造成的影响"。2000 年美国化学工程师协会化工过程安全中心（CCPS-CS）认为，多米诺效应是"某一事故的发生，通过热辐射、冲击波或爆炸碎片对邻近装置产生影响，并导致事故严重度和失效概率扩大的效应"[7]。

英国 HSE 委员会在一项联合研究报告中根据多米诺效应发生的原因将多米诺效应分为直接多米诺效应和间接多米诺效应。直接多米诺效应指的是初始事件产生的冲击波、热辐射或爆炸碎片等因素直接导致邻近装置发生泄漏、火灾或爆炸等事故。间接多米诺效应指的是初始事件使装置或设备失效导致事故，或者初始事件影响到操作人员对装置或设备的控制导致事故。多米诺效应的定义只是从表象认识多米诺效应的一种途径，不同的解释反映了多米诺效应形式的多样化，对多米诺效应本质的理解才是关键。事故多米诺效应的一般模式见图 1-4。

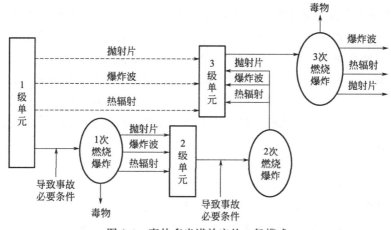

图 1-4 事故多米诺效应的一般模式

事故的多米诺效应是一连串事故的连锁效应，有其具体的特征，根据对多米诺效应现有的定义以及对多米诺效应的分析，多米诺效应有其共有的特征：

（1）初始事件：在某位置处发生的触发多米诺效应的事件，如火灾和爆炸；

（2）扩展或传播：初始事件触发一个或多个装置或厂区发生二次事故（也可能导致三次及以上事故）；

（3）事故升级：总体的事故后果或影响比初始事故更为严重。

化工行业的高温高压、易燃易爆、有毒有害等特征决定了其多米诺效应的极易发生。据统计，导致多米诺效应扩展到其他装置的主要因素有化学事故的热辐射、爆炸产生的超压冲击波和抛射物、有毒物质，以及其他危险化学品的泄漏致使人员伤亡。其中，泄漏更多是产生间接多米诺效应；火灾、爆炸产生直接多米诺效应。危险物质是引发事故的根源，特别是易燃易爆物质对多米诺效应影响更为明显。液化石油气是引发多米诺效应的最常见的物质，其次是汽油和原油，石脑油和柴油也是易引发多米诺效应的物质。在非可燃物质中，氯和氨是最易引发多米诺效应的物质。

多米诺效应的重要特征是事故的传播或扩展，进而导致事故规模和后果的扩大升级，根据多米诺效应的上述特点，采取合理的措施，切断事故的扩展或传播路径，避免多米诺效应扩大是事故应急救援过程中的有效手段。

四、灰犀牛事件和黑天鹅事件

"灰犀牛事件"是米歇尔·渥克在 2013 年 1 月的达沃斯论坛上首次提出的，缘于灰犀牛看似体型笨重（可达 2～5 吨）、反应迟缓，因此人们往往能看见它在远处却毫不在意，一旦它向你狂奔而来，定会让你猝不及防，直接将你扑倒在地，它并不神秘，却更危险。因此，灰犀牛事件不是突发的，而是在一系列警示信号和迹象之后发生的大概率事件。"灰犀牛事件"是指太过于常见以至于人们习以为常的风险，却又屡屡被人忽视，最终有可能酿成大危机的事件。它有五大典型特征。

一是发生概率非常高。

二是危机爆发前有明显的信号或前奏。

三是危机发生前容易被忽视，或者说是明知故犯。在一般情况下，需要引起高度重视的潜在威胁，人们却往往更容易忽视，究其原因有三：①"灰犀牛事件"自身具有复杂性和迷惑性，由于"大概率不等于百分之百的确定性"，预测未来往往非常困难，所以普通人只能随大流，专业人士虽然发现了问题并提出警示，但起不到预警的效果；②思维惯性，人们更关注对自己有利的一面，忽视对自己有害的一面，在利益驱动下习惯性地认为自己不会成为"接最后一棒的人"，所以过于乐观，对即将到来的风险熟视无睹；③应对时的惰性，这种惰性表现为应对时抱有侥幸心理，下不了决心，或者找种种借口或理由，如体制、人力、财力、领导能力等方面的原因进行搪塞，即"不愿意知道答案"，或者"害怕知道答案后，就不得不去处理各种麻烦棘手问题"和害怕事情不能像期待的那样"向好的方向发展"，所以在"灰犀牛事件"爆发时得过且过，以至于引起更大的灾难。

四是危机发生时的突发性强，应对时间短。虽然"灰犀牛"在危机爆发前很长一段时间存在，但一般情况下，这种危机往往只是潜在危机，并没有爆发，所以也不会引起人们的重视。但是，一旦爆发，则往往是突发性的，根本没有时间反应和应对，即"很多时候，无论做多少准备工作都是远远不够的"。

五是危机带来的冲击力强，影响和损失大。灰犀牛事件往往会产生连锁反应，牵涉面广，更难从整体上进行统筹和应对，加上前期忽视，贻误时机，导致在应对上迟钝，最终造成的影响往往可能是灾难性的[8]。控制"灰犀牛事件"就是我们耳熟能详的安全第一，预防为主。企业应进行安全培训，明确安全责任，进行安全风险辨识，制定风险控制措施，逐项排查和治理安全隐患；对突发事件的应急管理（包括应急预案、应急演练、应急处置），就是为了防止事故进一步扩大；对事故进行报告、调查、问责、整改和吸取教训，就是为了防止同类事故再次发生。

"黑天鹅事件"（black swan events）是指极为罕见、影响极大而且不可预测的事件，对其进行预防的难度也异常之大。"黑天鹅事件"是对惯常思维模式的彻底颠覆。当人们在澳大利亚邂逅黑天鹅之前，几乎所有的欧洲人都确信天鹅全是白色的，甚至明确白色羽毛是天鹅的基本属性。但当第一只黑天鹅出现这一稀有事件发生后，它彻底颠覆了人类的既有认知和常规经验，因此呈现出未知的信息比已知的事情更有意义的认知逻辑，至少在某一个特定的时点来看确实如此，而此刻正是不可预知的、引发严重后果的黑天鹅事件发生的节点。也就是说，人们所习惯相信的信念、所乐观看待的事件，有可能是错的，而我们从未思考过"它是错的"所造成的后果，我们期待的破灭，竟是如此轻易。"黑天鹅"的逻辑是：不知道的事比知道的事更有意义。一般来说，"黑天鹅事件"是指满足以下三个特点的事件：首先，它具有意外性，超出通常预期，并且事先没有任何征兆，也没有能够确定它发生的可能性证据；其次，它会产生极端影响；最后，虽然它具有意外性，但因为人们善于事后归因，为它的发生寻找理由，使之在一定程度上变得可解释和可预测。控制"黑天鹅事件"时，预防会有点力不从心，因为我们对一无所知的东西往往无从下手，这就需要适宜的风险控制方法。第一是通过学习和请教专家来拓展我们的知识架构，找出我们未曾了解的风险和事故，进而制定相应的防范和控制措施。第二是保持充足冗余。层层冗余是自然生态系统对抗未知风险的重要手段，人体就是绝佳案例。人即使失去一个肾脏也还能生活，就是因为人体器官往往成对出现，像眼、耳、肺、肾等，使生命更加顽强。冗余经常让人误解，因为如果不发生意外的话，它似乎就是一种浪费，除非发生意外情况；然而，意外通常都会发生。企业的各种安全管理规章，作业许可管理标准，层层审批制度，现场监护管理，也许有时候看似过于严格和不近人情，其实从另一方面讲就是在增加冗余，实则提高了对抗不可预测风险的安全系数。第三就是量入为出规避风险。在经济学上讲就是少负债，无债一身轻，谨慎加金融杠杆，就不会被股市、楼市绑架套牢。对企业来说就是不强赶工期，不超低价中标，不在设备配备、人员投入不足的情况下仓促开工，不打无准备之仗。

"灰犀牛事件"和"黑天鹅事件"均是基于风险理论提出的概念，风险无处不在，安全生产领域里也充斥着上述两类事件。其中，"灰犀牛事件"是指具有明显的迹象、大概率却又屡屡被人忽视最终有可能酿成大危机的事件；"黑天鹅事件"是指极为罕见、影响极大而且不可预见的事件，对其进行预防的难度也异常之大。黑天鹅事件往往被认为是对惯性思维模式的彻底颠覆。"黑天鹅"与"灰犀牛"本来就是事情的一体两面，"黑天鹅"的哲学意象是偶然性，"灰犀牛"则代表的是必然性。"黑天鹅"现象所隐藏的内在因素往往就是"灰犀牛"。"灰犀牛"危机更多是以"黑天鹅"灾难的形式呈现出来。

近年来，我国安全生产领域"灰犀牛事件"和"黑天鹅事件"频发，"灰犀牛事件"诸如危险化学品从业企业重特大事故的发生就具备"可预见、大概率、后果严重"的特点，说是可预见，是基于安全巡查、专项督查、事故教训等发现企业安全生产主体责任落实不到位的问题，企业不落实安全生产主体责任，从事故发生机理来讲就是在"等待事故发生"！天津港"8·12"瑞海公司危险化学品仓库特别重大火灾爆炸事故就是典型的"灰犀牛事件"。由于我们习惯于研究和管控常规的、明显的、可预判的风险，这些风险同时也是日常安全管理工作的重心和重点，而对于一些重大风险由于其"不可能发生"、"概率太低"、"根本没有想到"等原因而被忽视，进而由"三违现象"和"风险清单外的偶发性事故隐患"相叠加所导致的重特大事故就属于"黑天鹅事件"了。如轻质原油由管道最低点泄漏后扩散到大空间的排水暗渠，后因违规使用非防爆器具而引发的"11·22"东黄管线泄漏爆炸重特大事故则是典型的"黑天鹅事件"。

第三节 应急管理的基本概念

应急管理是指政府及其他公共机构在突发公共事件的事前预防、事发应对、事中处置和事后管理过程中，通过建立必要的应急机制，采取一系列必要措施，保障公众生命财产安全，促进社会和谐健康发展的有关活动。应急管理是防范化解灾害风险、应对灾害事故的特殊管理领域，是国家治理体系和治理能力重要的、独特的组成部分。加强应急管理，提高预防和处置突发事件的能力，是关系国家经济社会发展全局和人民群众生命财产安全的大事，是构建社会主义和谐社会的重要内容；是坚持以人为本、执政为民的重要体现；是全面履行政府职能，进一步提高行政能力的重要方面。通过加强应急管理，建立健全社会预警机制、突发事件应急机制和社会动员机制，可以最大限度地预防和减少突发事件及其造成的损害，保障公众的生命财产安全，维护国家安全和社会稳定，促进经济社会全面、协调、可持续发展。

一、应急管理概念的产生

应急管理（emergency management）是对资源和职责的组织管理，以应对突发事件的所有方面，包括准备、响应和恢复。目的是减轻所有灾害的不利影响。该概念的使用最早在美国，其从一开始就与政府职能紧密联系。应急管理活动的出现可以追溯到 19 世纪。早在 1803 年，美国国会就通过法案确定联邦政府负有帮助遭受毁灭性火灾的城镇重建的责任。实际上火灾应对也是其后很长时间内美国政府唯一的应急管理职能。1979 年发生的三里岛核电厂事故加速了美国联邦应急管理局（Fedelral Emergency Management Agency，FEMA）的建立。FEMA 合并了大量分散的灾害应对机构，并逐步囊括了美国联邦政府层面绝大部分自然和人为灾害的防灾、减灾、救灾和灾后恢复等职能。FEMA 的建立及其功能的扩展标志着"应急管理"作为描述美国各级政府非常态管理职能的核心概念的确立[9,10]。

2001 年"9·11"事件后，美国对应急管理、安全与联邦政府的角色等进行了反思。2002 年成立了国土安全部（DHS），FEMA 被并入其中。但 2005 年卡特里娜（Katrina）飓风灾害又促使美国重新考虑应急管理的核心功能，于是又提高了 FEMA 的独立性。在实践中，应急管理也开始从传统意义上被认为是各级政府的一项工作向更大范围内政府与私人部门广泛合作的方向扩展。

2003 年"非典"事件促使中国政府审视抗灾应急体系，党中央、国务院做出了全面加强应急管理工作以及应急管理体系建设的重大决策。在此之后，大量有关应急管理的论文、专著以及教材等出版。从此以后，中国政府体系内和学术界才开始广泛使用"应急管理"这一概念。应急管理的对象则是突发事件。在《突发事件应对法》中明确界定"突发事件，是指突然发生，造成或者可能造成严重社会危害，需要采取应急处置措施予以应对的自然灾害、事故灾难、公共卫生事件和社会安全事件"。为应对突发事件，"国家建立统一领导、综合协调、分类管理、分级负责、属地管理为主的应急管理机制"。

应急管理是一个动态的过程，依据《突发事件应对法》和时间顺序，应急管理包括预防与应急准备、监测与预警、应急处置与救援和事后恢复与重建四个阶段。尽管在实际情况中，这些阶段往往是交叉的，但每一阶段都有明确的目标，而且每一阶段又是构筑在前一阶段的基础之上。因而，预防与应急准备、监测与预警、应急处置与救援和事后恢复与重建的相互关联，构成了重大事故应急管理的循环过程。应急管理循环过程见图 1-5。

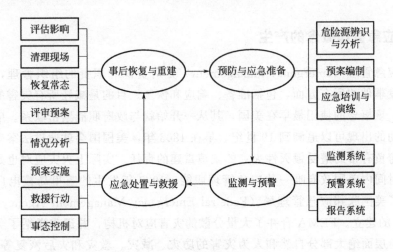

图 1-5　应急管理循环过程

二、我国应急管理发展历程

1. 第一代应急管理体系

主要是指自 1949 年中华人民共和国成立至 2003 年"非典"之前，其主要特点是分灾种管理。实际上，在此期间官方文献、理论研究和媒体报道都极少使用"应急管理"的概念表述。对这一时期的相关实践更准确的表述应该是"灾害管理"。从体制机制来看，分灾种管理主要有四个特征。

一是不完整单部门负责制。例如，水利部门主要负责洪涝灾害的防范和应对，气象部门主要负责气象灾害的预报和监测，地震部门主要负责地震灾害的预报和监测，民政部门主要负责灾后的生活救助，安全生产监督管理部门主要负责安全生产事故的预防、救援和调查。这里所说的"不完整"，主要是指灾害管理在制度上缺乏整体设计，仅对洪水和地震的管理相对成熟。

二是临时性指挥部机制。在国家层面，主要有三大临时性指挥部：国家防汛抗旱总指挥部、国务院抗震救灾指挥部和国家森林防火指挥部。这些指挥部的设立可以在一定程度上弥补单部门负责制的缺陷，提升防汛抗旱、抗震救灾和森林灭火中对多部门进行协调的能力。

三是外生性减灾机制。在联合国"国际减灾十年"活动的倡导下，中国也成立了国际减灾十年委员会，并在"国际减灾十年"活动结束之后更名为中国国际减灾委员会，2005 年更名为国家减灾委员会（简称"国家减灾委"）。可见，在 2003 年"非典"之前，中央政府已开始重视防灾减灾，然而由于地方政府缺乏内生动力，防灾减灾的效果并不理想。

四是重大自然灾害的中央"兜底"机制。地方政府在自然灾害管理中责任模糊，相应的机构设置也不健全。一旦发生重大自然灾害，救灾主要依靠中央"兜底"，地方政府缺乏开展防灾减灾的动力。

分灾种管理主要是一种事后"修补"模式，既有显著不足，也有贡献，例如在应对 1976 年"唐山大地震"、1998 年"长江流域洪水"等重大自然灾害中发挥了作用。

2. 第二代应急管理体系

主要是指 2003—2017 年期间，其主要特点是综合化管理。2003 年"非典"之后，中国开始建设以"一案三制"（应急预案，应急体制、应急机制、应急法制）为核心的应急管理体系，统一应对包括自然灾害、事故灾难、公共卫生事件和社会安全事件在内的各类突发事件。在这一时期，"突发事件""应急管理"等概念开始频繁见于官方文件、理论研究和媒体报道。以"一案三制"为核心的应急管理体系是对第一代应急管理体系的发展，既保留了大部分分灾种管理的体制机制，又进行了适度的扩展和创新。对照来看，综合化管理的体制机制也主要有四个特征。

一是相对完整的事前单部门负责制。在第一代应急管理体系的基础上，单部门负责制的适用范围扩大。除水利、气象、地震、民政、安监等部门外，卫生、公安、外交乃至人民银行等金融部门都被赋予突发事件应急管理的职责，从而形成了相对完整的分类管理体系。这里所说的"事前"，主要是指在突发事件发生之前。分类管理部门需要在突发事件发生之前做好预防和准备工作。

二是高度统一的事后政府负责制。2007 年发布的《突发事件应对法》规定：突发事件发生之后，在中央由国务院，在地方由各级人民政府统一负责各类突发事件的应对。2008 年"汶川大地震"之后，主要在市、县两级，实践中由各级党委直接统一负责各类突发事件的应急响应。因此，这里所说的"政府"是指广义的"政府"，并不仅指《突发事件应对法》作为行政法适用的各级行政部门。

三是附属式综合协调机制。为加强突发事件应急响应中对不同职能部门的协调，通常由各级人民政府在其办公厅内设应急管理办公室（简称"应急办"）。这里所说的"附属式"，主要是指应急办在行政层级上低于相关职能部门，只能依托各级人民政府办公厅的行政权威才能有效开展协调工作。因此，在实践中，应急办的主要职能是应急值守，综合协调职能发挥得并不充分。

四是属地化的"责任下沉"机制。突发事件按照一些主客观指标被划分为四个等级，响应主体分别对应于国务院、省（自治区、直辖市）、市（区）、县各级人民政府，国务院只需要对特别重大或需要其协调的重大突发事件做出应急响应，其他级别的突发事件则由地方政府按照"属地管理为主"的原则来进行应对。

以"一案三制"为核心的应急管理体系有整体性设计，覆盖面广，成功应对了 2008 年"汶川大地震""南方冰雪灾害"，2010 年"玉树地震""舟曲特大泥石流"，2013 年"芦山地震"和 2014 年"鲁甸地震"等重大自然灾害。

3. 第三代应急管理体系

主要是指 2018 年至今，其主要特点是全过程、大应急管理。2018 年 3 月，设立中华人民共和国应急管理部，标志着我国的应急管理工作进入了一个新时期。

从实施主体来看，应急管理作为社会治理体系的重要组成部分，涉及党委、政府、企业、社会组织和公众等各类应急管理主体，以打造"党委领导、政府主导、社会协同、公众参与、协调联动"的应急管理工作格局。其中：应急管理要坚持和加强党的集中统一领导，发挥总揽全局、协调各方、督促落实的作用；政府拥有层级化、组织程度高的组织体系，掌握大量的专业救援队伍、装备、物资、资金等资源，是应急管理工作的统筹者和主力军，占据主导地位；企业是生产经营活动的主体，做好应急管理工作，强化和落实企业主体责任是根本和关键所在，同时，企业也是应急管理所需的各类装备、物资和服务的主要生产和提供者；社会组织具有反应灵活、服务多样、资源广泛等优势，可通过提供多样化、专业性的应急管理服务，弥补政府主导应急管理力量和方式的不足，是政府应急力量的有益补充；公众既是突发事件的直接受害者，也是应急管理的直接参与者，要培养和强化风险意识，提高防灾、自救和互救能力，同时发挥在群策群防、信息报告、志愿服务等方面的作用。

该阶段有如下特征：

（1）从综合协调体制向统一指挥、权责一致、权威高效体制转变。应急管理部的成立，则是中国应急管理体制变革发展的里程碑，它标志着传统体制实现了从"综合协调"到"统一指挥、权责一致、权威高效"的转变。将不同灾种应对与防范进行职能整合，形成统一的指挥体系，并赋予应急管理部更高的行政地位与行政责任，是应急管理部成立带来的显著变化。

（2）从多部门协同应对向更加专业化、职业化管理转变。应急管理部整合了国家安全生产监督管理局、公安部、民政部等13个部门的应急职能，将地质灾害防治、水旱灾害防治、草原防火、森林防火等不同灾种的应对进行统一管理。安全生产类、自然灾害类等突发事件应对以及综合防灾减灾救灾、安全生产综合监管等工作，此前大体分散在13个职能部门，重大突发事件一般由相关部门进行协同应急。这些分散在不同部门的安全生产及灾害应对职能，如今以"大部"的形式组合在一起，用更加集成的方式实现了职能重组。这种形式上的变化，提升了应急管理的专业性与职业化。区别于分部门的职能应对，安全生产与自然灾害的突发事件应对从此依赖于统一的专业性机构，这个机构并非局限于协同效应的发挥，而是为突发事件的职业化应对提供制度支撑。应急管理部成立以来，已经组建27支专业救援队、一批跨区域机动救援力量和7支国际救援队，中国特色应急救援力量的专业水准得到了较大提升。可以明确的是，围绕应急管理部成立产生的系列制度调整，提升了中国应急管理工作的专业化与职业化。

（3）从临时性指挥机构向常设制、常态化治理组织转变。应急管理部的成立，打破了综合协调的职能定位，升级了行政地位与行政资源，并以专业化、职业化的方式将应急管理的职能进行了重组与规范。这些措施显示出应急管理的指挥机构真正意义上实现了从临时性到常设制的转变。应急管理部区别于国务院应急办，区别于其他突发事件议事机构与临时性协调组织，它是一个常态化治理组织，致力于常态化治理公共安全领域中的非常态事件。随着公共安全形势的变化，突发性的安全事件在现代公共生活中并不鲜见，政府部门实际上面临着日益增加的公共安全治理压力。常态化治理公共安全问题已经成为政府治理现代化的重要内容。对非常态事件的治理，需要常态化的制度依赖，需要常设的组织形式为其提供稳定的治理资源。应急管理部顺应了新时代公共安全治理需求，它的成立标志着应急管理体系中有了常设的权威性机构，安全生产与自然灾害类的突发事件应对有了更加坚实的制度基础。

（4）从侧重应急处置（事中、事后）向危机管理的全过程（事先、事中、事后）转变。早期的突发事件应对，强调"处置"，即针对已发生事件的应对行为。随着应急管理理念和技术的进步，预案的设计与管理逐渐受到重视，其核心观念是"如果突发事件出现，当如何应对"。这个过程是事先对危机场景做出假设及预判，然后做出相应的方案准备。灾前的准备工作不仅包括对危机情形的处置方案，更要求有关部门致力于风险的识别与化解，未雨绸缪，将突发事件的发生消灭在萌芽状态。传统应急管理体系，侧重应急处置，将突发事件的应对集中于事中与事后两个阶段，同时伴随着风险治理思维的日益强化以及对预案的逐渐重视，这个过程发展到此次机构改革的时段，则表现出在政策描述上更加重视危机管理的事前阶段。应急管理部的"三定方案"在职能转变方面特别规定："坚持以防为主、防抗救结合，坚持常态减灾和非常态救灾相统一，努力实现从注重灾后救助向注重灾前预防转变，从应对单一灾种向综合减灾转变，从减少灾害损失向减轻灾害风险转变，提高国家应急管理水平和防灾减灾救灾能力，防范化解重特大安全风险。"因此，注重灾害预防，重视危机管理的全过程，是应急管理发展的新动向。

综上，新时代中国特色的应急管理应是针对各类突发事件，由党委、政府、企业、社会组织、公众等相关主体协同参与，贯穿事前预防准备、事中处置救援、事后恢复重建的多灾种、多主体、全流程、专业化的动态管理过程，目的是提高防灾减灾救灾能力，确保人民群众生命财产安全和社会稳定。从工作内容来看，应急管理工作覆盖突发事件的全生命周期，坚持预防为主、强化准备、预防与应急并重、常态与非常态结合，由应急处置为重点向全过程管理转变，是完整、连续、动态的过程，包括事前预防、应急准备、监测预警、处置救援、恢复重建等事前、事中、事后各个环节。在事前预防方面，主要是通过管理、技术、工程等方面的建设，落实应急管理各方责任，完善突发事件风险防控体系，推动应急管理科技创新，加强灾害设防及设施建设；在应急准备方面，主要是加强应对突发事件的思想准备、组织准备、预案准备、机制准备和工作准备，包括完善以"一案三制"为核心的应急管理体系，加强应急救援力量和保障资源建设，加强应急文化建设；在监测预警方面，主要是完善监测监控及预警发布手段，加强突发事件监测预警；在处置救援方面，主要是完善应急协调联动及现场统一指挥机制，科学调配和运用应急资源，提高灾害事故现场应急救援处置效能；在恢复重建方面，主要是加强灾害事故调查评估，统筹推进恢复重建工作，加快恢复正常生产生活秩序。

第四节 国外应急管理体系概述

目前，国外突发事件的应急管理模式主要有美国模式、俄罗斯模式、日本模式。三种模式各具特色，对加强我国应急管理政策研究、推动法律法规优化整合、加大宣传教育培训力度及夯实社会化基础具有重要借鉴意义。

一、美国应急管理体系

美国政府是最早系统开展应急管理工作的国家。尤其"9·11"事件后，美国政府认识到，原有的防灾行政体系已不适应新型危机的各种挑战，对应急管理进行了大幅调整。应急管理一直是美国地方政府应对灾害的一个基本职能。如果灾害超过了地方政府的应对能力，就会请求上级政府（州政府或联邦政府）的援助；这种援助会按照州或联邦的"专项法律"程序进行。在联邦层级，当遇到重大灾害时，应急管理协调要通过启动专项法律程序而进行。到了20世纪后期，应对灾害的专项法律体系逐渐被联邦—州—地方政府的综合性、整合性应急管理方式代替，尤其在"9·11"事件爆发之后，随着各类灾害发生的频次、后果和影响的不断扩大，这个体系的建设与发展发生了质的变化，目前还在不断演变与发展之中[11]。

1. 完整的应急管理体制

美国政府应急管理体制由三个层次组成：联邦政府层，国土安全部及派出机构（10个区域代表处）；州政府设有应急管理办公室；地方政府设有应急管理机构。

美国最高应急管理机构是国土安全部，该部是在"9·11"事件后由联邦政府22个机构合并组建，工作人员达17万人。原负责紧急事务的联邦应急管理署（FEMA），于2003年并入国土安全部，是国土安全部中最大的部门之一，主要职责是：通过应急准备、紧急事件预防、应急响应和灾后恢复等全过程应急管理，领导和支持国家应对各种灾难，保护各种设施，减少人员伤亡和财产损失。下设五个职能部门，分别是应急准备部、缓解灾害影响部、应急响应部、灾后恢复部、区域代表处管理办公室，全职工作人员2600人，其中，华盛顿总部 900 人，还有符合应急工作标准的志愿者（或兼职人员）4000 人。另外，机构重组后，美国国家灾害医疗救援体系并入应急预防响应局。该体系有 10000 多名训练有素的医生、护士、药剂师及工作人员，还有 1600 家应急支持定点医院。国土安全部在全美设 10 个区域代表处，主要负责与地方应急机构的联络，在紧急状态下，负责评估灾害造成的损失，制订援救计划，协同地方组织实施救助，每个代表处工作人员有 40～50 人。另外，国土安全部还有国家国土安全中心和应急培训中心（应急管理研究所）两个机构。国家国土安全中心是由国土安全部全额资助的非营利单位，是为联邦政府履行国土安全方面的职责提供智力和技术支持的机构，同时，接受州及其地方政府委托，为其提供客观的决策建议及技术性服务。应急培训中心（应急管理研究所）直接服务于美国国土安全部/应急预防响应局。

2. 有效的运行机制

在美国应急管理机构中都有负责运行调度的机构，国土安全部、各州及大型城市的应急管理机构中都设有应急运行调度中心。应急运行调度中心的日常工作是：监控潜在各类灾害和恐怖袭击等信息、保持与各个方面的联系畅通、汇总及分析各类信息、下达紧急事务处置指令并及时反馈应对过程中的各类情况等。各个运行调度中心都有固定场所，为应急工作所涉及的各个部门和单位常设固定的代表席位，配备相应的办公、通信设施。一旦发生突发事件或进入紧急状态，各有关方面代表迅速集中到应急运行调度中心，进入各自的代表席位，进入工作状态。运行调度中心根据应急工作的需要，实行集中统一指挥协调，联合办公，确保应急工作反应敏捷、运转高效。运行调度中心日常工作中最主要的一项内容就是收集信息。如纽约市应急运行调度中心所属信息监控室，24 小时连续运转，配备有线电视网、互联网、座机、无线通信集群网等各种技术手段，及时采集整理各类信息数据进行分析判断，以及时掌握全市潜在危机态势。日常监听监视项目包括：无线电广播、地方及全国电视新闻频道，交通信息，危险化学品运输，气象预报，实时气象雷达数据，防疫动态；同时负责保持各类机构之间的无线电联络畅通。信息监控室将各种信息汇集到应急运行调度中心，用于分析潜在的紧急情况，以便及时做出判断，采取应急措施。

3. 明确的应急管理法律体系

美国联邦政府应急管理是以《减灾和紧急救助法》授权，并按《联邦响应计划》部署开展灾害及突发事件应急管理工作的。《联邦响应计划》由参加计划的 27 个政府部门和美国红十字会的首脑共同签署。各部门职责和任务在应急计划中得到明确界定。国土安全部负责协调联邦应急准备、计划、管理和灾害援助，并制定援助政策。一旦发生紧急事件，按分级负责的原则，先由当地政府负责应对处置；地方能力不足时，请求州政府援助；当超出州本地应急能力时，可由州长提请总统宣告灾害或紧急状态。在总统正式宣告后，国土安全部启动《联邦响应计划》，各有关部门即可直接按各自职责分工采取协调行动，有效应对。有时可能同时出现应对不同性质的几个紧急事件的情况，但对政府各部门讲，实际上是一套应急工作班子。采取一套班子、多方应急的方式，有利于降低运作成本，提高工作效率。

4. 充足的应急物资供应

为满足处置紧急突发事件在第一时间对物资和医药用品的需要，美国建立了应急物资和医药用品储备制度。如太平洋地区应急管理办公室分别在瓦湖岛和关岛建有应急物资储备仓库，主要储备发电机、防水油布、帐篷、瓶装水、床等物资，以应对突发事件发生时的第一需要。发生灾害时，办公室迅速对灾害情况及物资需求做出评估，及时提供物资救助。医药储备主要是应对可能发生危及公众安全或健康的突发事件，如传染病、生物或化学恐怖袭击。一般是由地方政府向州政府报告，州政府评估后即刻向国土安全部或国家疾病预防控制中心提出动用储备的要求，国土安全部、卫生部等部门评估后迅速确定一个行动方案。决定动用储备后，由国家疾病预防控制中心具体组织配送国家医药储备。美国医药储备的调用有两种方式：一种是由专人负责，储存在固定地点的医药用品。把医药用品、解毒剂和医疗器械等组装成重达 50 吨的救援包，其中包含 130 个储备容器，随时准备在接到指令后的 12 小时内分发到指定地点，国家医药储备物资抵达指定的接收和存储地点后，国土安全部将其移交给州或地方当局，由州和地方当局再进行分发；另一种就是利用商业运作模式，由生产或经营厂家管理和维持，需要时以电子订单通知固定或不固定厂家，一般要求厂家在 24 小时或 36 小时内送达指定地点。

5. 可靠的应急通信系统

应急通信信息系统在美国应急体系中起着关键作用，通过集群无线网、卫星通信等设施收集信息并加以分析观察，以起到预防在先、提前准备的作用。各个部门之间设置网间连接设备，沟通了各系统之间的通信联系，使各种通信网的利用率提高，联系高效，指挥灵活，保证了在紧急状态下应急指挥调度的效率。应急运行调度中心均配备通信指挥车。该车设备完善，具有车载的自用无线集群系统，车载的办公系统，可与 Internet 连接的双套卫星系统。在应急指挥时，可以将平时各自独立使用的无线网互相连接，提高指挥的效率。

二、俄罗斯应急管理体系

俄罗斯的应急管理体系与美国有所不同，是以总统为总指挥、以联邦安全会议为决策中心、应急管理支援和保障体系全面协调执行、各部门和地方全面配合的既有分工又相互协调的综合性应急管理体系[12]。

俄罗斯的联邦体制，主要是首先确定一个决策核心，即总统。总统下面有专职国家安全战略的重要机构——联邦安全会议，由总统直接控制。联邦安全会议直接指挥一些相关的专门机构和12个常设的辅助性机构。它的专门机构就是紧急情况事务处理部，相关的又包括联邦安全局、国防部、对外情报局、联邦边防局，相关的职能都是在安全会议的紧急情况事务处理部。俄罗斯应急管理体系具有以下几个特点。

1."大总统"

所谓"大总统"，是指俄罗斯总统在应急管理体系中拥有比美国总统更为广泛的权力。总统不仅仅应作为国家首脑执行立法机构的决策，而且应成为整个应急管理的核心主体，任何重大的应急管理方案与行动都必须由总统来决定，从而直接拥有了应急管理的决策权和执行权。

2."大安全"

所谓"大安全"，是指从中央到地方，逐步建立了不同级别，专职专人，具有综合性、协同性的管理职能机构，即俄罗斯联邦、联邦主体（州、直辖市、共和国、边疆区等）、城市和基层村镇四级垂直领导紧急状态机构。

3. 联邦安全会议

该机构常设12个跨部委的委员会：宪法安全、国际安全、信息安全、经济安全、生态安全、社会安全、国防工业安全、独联体安全、边防政策、居民保健、动员与动员准备和科学委员会。这12个跨部门委员会差不多囊括了国家安全的所有方面，组织功能十分周密完备。联邦安全会议既是俄罗斯国家安全决策的最高机构，也是俄总统的"权杖"。这一强有力的中枢决策机构是俄罗斯应急管理体系的一大特色[10]。

4. 联合应急

在联合应急方面，由21个自治共和国、6个边疆区、49个州、1个自治州、2个联邦直辖市、10个民族自治专区等89个联邦主体组成的俄罗斯联邦共同构筑起了称为"俄罗斯联邦预防和消除紧急情况的统一国家体系（USEPE）"的应急组织体系。

这一体系包含五个基本的层次。每一个层次都有自身相应的应急职责和功能。按照所处的环境不同，它们所承担的功能分成三种情况：一是在日常准备阶段，承担诸如制定一般性紧急事件的处理预案、对周围环境的监测和对危险设施的监控以及进行应急教育培训等事务；二是在预警阶段，为应对可能发生的紧急事件做准备，比如，提前准备好随时为应急救援服务的化学药品和其他救援物资等；三是在应急阶段，启动疏散、搜寻和营救以及提供医疗服务等紧急事务功能，执行各项应急任务。

5. 紧急情况部

俄罗斯紧急情况部是应对管理非传统安全危机事务最主要的机构，属于联邦执行权力机构，是俄罗斯处理突发事件的组织核心，其主要任务是制定和落实国家在民防和应对突发事件方面的政策，实施一系列预防和消除灾害的措施，对国内外受灾地区提供人道主义援助等活动。

紧急情况部下设几个局，包括居民与领土保护局、灾难预防局、防灾部队局、国际合作局、消除放射性及其他灾难后果局、科学技术局及管理局等。该部同时下设几个专门委员会用以协调和实施某些行动，包括俄罗斯联邦打击森林火灾跨机构委员会、俄罗斯联邦水灾跨机构委员会、海上和水域突发事件跨机构海事协调委员会、俄罗斯救援人员证明跨机构委员会。该部通过总理办公室可以请求获得私人、国防部或内务部队的支持，也就是说，该部拥有国际协调权及在必要时调用本地资源的权限。

紧急情况部被认为是俄罗斯政府5大"强力"部门之一，另外几个强力部门分别是国防部、内务部、联邦安全局和对外情报局。紧急情况部行动中心可以对突发事件做出快速反应，并且该部门重视危机管理领域国际间的合作，一直主张建立危机管理的国际性联合机构。

三、日本应急管理体系

由于地处地震和火山活动异常活跃的环太平洋地带和地形、气候等原因，日本是地震、台风、海啸、火山喷发、暴雨等自然灾害频发的国家。面对各种灾害特别是自然灾害的严峻挑战，日本高度重视防灾、减灾工作，经过不断总结完善，形成了特色鲜明、成效显著的应急管理体系。

1. 完善的法律体系

在预防和应对灾害方面，日本坚持立法先行，1961年制定颁布了《灾害对策基本法》。该法对防灾理念、目的、防灾组织体系、防灾规划、灾害预防、灾害应急对策、灾后修复、金融措施、灾害紧急事态等事项做了明确规定，是日本的防灾抗灾的根本大法，有"抗灾宪法"之称。目前，日本共制定应急管理防灾救灾以及紧急状态法律法规 227 部。各都、道、府、县级都制定了《防灾对策基本条例》等地方性法规。一系列法律法规的颁布实施，显著提高了日本依法应对各种灾害的水平。为了确保法律实施到位，日本要求各级政府制订具体的防灾计划预案、防灾基本计划、防灾业务计划和地域防灾计划，细化上下级政府、政府各部门、社会团体和公民的防灾职责、任务，明确相互之间的运行机制，并定期进行训练，不断修订完善，有效增强了应急计划的针对性和操作性。

2. 严密的应急管理组织体系

日本建立了中央政府、都道府县级政府、市町村政府分级负责，以市町村为主体，消防、国土交通等有关部门分类管理，密切配合，防灾局综合协调的应急管理组织体制。国家设立防灾委员会，负责制定全国的防灾基本规划、相关政策和指导方针，由内阁负责协调、联络。中央防灾委员会的主席是首相，成员由国家公安委员会委员长，相关部门大臣，公共机构，如红十字会、电信公司、电台、广播电台和研究行业的有关学者组成。当发生较大规模的灾害时，中央政府成立非常灾害对策本部。当发生特大灾害时，中央政府成立紧急灾害对策本部，由首相担任本部长。都道府县设有防灾局，下设危机管理课，负责制订地方防灾计划，综合协调辖区防灾工作。辖区内发生较大规模灾害时设置灾害对策本部，由知事任本部长。各市町村也有相应机构，负责实施中央和地方政府的防灾计划，是应对灾害的主体。一般情况下，上一级政府主要向下一级政府提供工作指导、技术、资金等支持，不直接参与管理。当发生自然灾害等突发事件时，成立由政府一把手为总指挥的灾害对策本部，组织指挥本辖区的力量进行应急处置。

3. 广泛的公众防灾避灾教育

日本十分重视应急科普宣教工作，通过各种形式向公众宣传防灾避灾知识，增强公众的危机意识，提高自护能力，减少灾害带来的生命财产损失。为纪念 1923 年 9 月 1 日的关东大地震，日本将每年的 9 月 1 日定为防灾日，8 月 30 日到 9 月 5 日为防灾训练周。在此期间，通过综合防灾演练、图片展览、媒体宣传、标语、讲演会、模拟体验等多种方式进行应急宣传普及活动。同时，将每年的 1 月 17 日定为防灾志愿活动日，1 月 15 日至 21 日定为防灾及防灾志愿活动周。鼓励公众积极参加防灾训练，掌握正确的防灾避灾方法，提高自救、互救能力。日本将防灾教育内容列入了国民中小学生教育课程，通过理论授课、观看影片、参观消防学校、参加应急训练等方式宣传应急知识，增强应急意识，培养应急能力。

4. 多元的应急救援队伍

日本建立了专职和兼职相结合的应急队伍。专职应急救援队伍主要有警察、消防署员、陆上自卫队。兼职队伍主要是消防团员。消防团员由公民自愿参加，政府审查后，定期组织到消防学校接受培训，发给资质证，并提供必要的设施和装备。消防团员平时工作，紧急时应急，属于应急救援志愿者。消防团员人数较多，是防灾和灾后互助的骨干力量。日本企业消防队员由企业组建，保护企业的自身安全，紧急情况下，也接受政府的调遣。日本消防队伍分布密集，以香川县为例，设 23 个消防署，专职消防工作人员 1163 人，有 17 个消防团，239 个消防分团，消防团员达 7697 人。

5. 完备的应急保障

日本充分利用中小学的体育馆、教室和空旷的操场、公园等，建设了众多的应急避难场所，并在街道旁设置统一、易识别的避难场所指示标志，便于指引公众迅速、准确到达应急避难场所。酒店、商场、机场、地铁站等公共场所都有明确的避难线路图，在线路图中清楚标明目前所处的位置，消防器材、避难器具的位置及避难线路。所有建筑物的消防通道都标有红色倒三角，一旦发生火灾，消防员即可以迅速由通道进入楼内解救被困人员。防灾公园内有消防直升机停机坪、医疗站、防震性水池和防灾用品储备，并架设通信设施，确保了出现危机时有效发挥防灾功能。

日本建立了应急物资储备和定期轮换制度，各级政府和地方公共团体要预先设计好救灾物资的储备点，建立储备库和调配机制。其中，主要食品、饮用水的保质期是五年，一般在第四年的时候更换，更换下来的食品用于各种防灾演习。由于防灾用品产业的快速发展及公众防灾意识的增强，日本基本上家家都储备有防灾应急用品和自救用具。

6. 发达的预测预警和应急通信系统

利用先进的监测预警技术系统，实时跟踪、监测天气、地质、海洋、交通等变化，减灾部门日常大量的工作就是记录、分析重大灾害有可能发生的时间、地点、频率，研究制订预防灾害的计划，定期组织专家及有关人员对灾害形势进行分析，向政府提供防灾减灾建议。日本科学家在水下两千米的海槽上安装检测仪器，通过人造卫星的全球定位系统来密切监视海底地壳板块的活动。积极研究建立全民危机警报系统，当地震、海啸等自然灾害以及其他各种突发事件发生时，日本政府有关方面可以不用通过各级地方政府，而是直接利用全民危机警报系统向国民发出警报。日本各地都建立了都道府县的紧急防灾对策本部指挥中心。指挥中心设有计算机控制的大屏幕显示器，通过网络对所属地区和城市进行监控。指挥中心内还设有政府和商业电视台以及警察总部属的直升机的监控画面。都道府县所属地区都建立了计算机骨干网络，使紧急防灾对策本部的信息中心，通过网络与所属的市町村和警察局、自卫队、水电煤气、道路等管理部连接在一起，以保证信息的通畅和救灾行动的实施。日本政府建立起覆盖全国、功能完善、技术先进的防灾通信网络：以政府各职能部门为主，由固定通信线路，包括影像传输线路、卫星通信线路和移动通信线路组成的中央防灾无线网；以全国消防机构为主的消防防灾无线网；以自治体防灾机构和当地居民为主的都道县府、市町村的防灾行政无线网；以及在应急过程中实现互联互通的防灾相互通信用无线网等。此外，还建立起各种专业类型的通信网，包括水防通信网、紧急联络通信网、警用通信网、防卫用通信网、海上保安用通信网以及气象用通信网等。

四、国外应急管理体制的特点及发展趋势

近年来，各国应急管理发展总体态势有以下几个特点：由单项应急向综合应急管理转变；由单纯应急向危机全过程管理转变；由应急处置向加强预防转变。同时，政府、企业、社团组织和个人在危机全过程管理中都有明确的责任。在进行新的资源整合和体制整合中，最关键的是完善政府应急管理体制建设。虽然各国应急管理体制大不相同，但却有一些共同的特点和发展趋势[11]。

1. 最高层政府机构作为应急管理体制的决策核心

当前，公民的安全观和价值观发生了深刻变化，政府的公共安全保障和应急管理体制的目标，不再局限于保护公民的生命和财产，更涉及维护政府的执政能力、运行功能和公信力等。在 1994 年日本东京地铁沙林恐怖事件，2005年美国的"卡特里娜"飓风袭击等突发事件中，由于政府处理乏力，引起公民强烈不满，导致发生"政府威信危机"。由此，应急管理体制逐渐成为西方国家的重要政治议题，各国都把应急管理体制作为政府管理职能的一个重要内容，均由行政首长担任最高指挥官和最终决策者，以及一个高层政府机构作为应急管理体制的决策核心。如美国危机管理体制是以总统为核心，以国家安全委员会为决策中枢，国会负责监督的综合性、动态组织体系。

2. 统一指挥、加强协同成为应急管理体制建设中的重点

纵观美国近百年的应急管理发展历史，其在危机管理方面遵循的基本理念

是：出现一种危机，出台一部法案政策，同时由一个主要的联邦机构负责管理。随着新的危机的产生和新的情况的出现，各种法律及其监督或实施机构越来越多，在救助的过程中有多达上百个机构参与。到了20世纪，美国政府先后公布100多部法律对飓风、地震、洪涝和其他自然灾害实施救助。这种撞击式被动应急反应模式，以及应急管理体制职能的碎片化状态在现实执行中的弊病日显，严重影响了联邦政府对危机的集中管理，尤其是当危机涉及众多政府处理部门时，大大增加了减灾工作的复杂性。为此，1979年美国将处理危机和有救灾责任的联邦机构重新组合，成立了联邦应急管理署（FEMA），建立了一个包含指挥、控制和预警功能的综合突发事件管理系统。这是一个强化集中的过程，使分散的针对性立法和分散的突发事件管理转化成集中管理。2002年11月，美国合并了海岸警卫队、移民局及海关总署等22个联邦机构，成立了国土安全部，将反恐与救灾的力量进行了整合。

3. 自上而下地逐步建立和完善各级政府的应急管理体制机构

从中央到地方，逐步建立不同级别，专职专人，具有综合性、协同性管理职能的机构，是当前世界各国应急管理体制的发展趋势。美国在联邦政府层面，由国土安全部来负责日常的危机管理工作。在地方层面，各州一般都设立有应急管理体制中心。然而地方政府的应急系统并不是都以一个组织实体存在，许多地方建立的仅仅是一个组织框架。这种状况的主要原因是地方政府没有财力去支持一个可能10年之内也不会启用的部门，但是这种组织框架可以确保一旦危机事件发生，应急系统可以马上运转，发挥各个组成部分的作用。

4. 提升和强化应急管理体制机构的地位和权力

应急管理体制机构的重要职责之一是在应急状态下进行非程序化的决策和协调处置。因此，为保证高效权威运作，机构具有的处置权和地位随着常态和非常态适时进行动态调整。在危机状态下，应急机构的地位和权限将大大增强。如FEMA在"9·11"事件后虽被并入美国国土安全部作为该部的"突发事件准备局"，但是其在美国危机管理的制度体系内仍然占有重要地位，在紧急状态下可以提升为内阁级别，它的部门主要负责人可以与国土安全部长一起列席总统主持的国家安全会议。

5. 及时调整应急管理体制机构的模式和职能

由于环境、社会以及科学技术的不断发展，危机发生的形态难以预料。美国的应急管理在总结经验教训的基础上不断调整完善。"9·11"事件后，美国政府意识到，FEMA缺乏应对恐怖主义，特别是核恐怖、生化恐怖等所必需的资源、技术与实力。在职能方面，国土安全部把突发事件管理与国家安全保障更加紧密地结合起来，将"保障国土安全"列为首要工作重点，把传统的针对灾害管理的任务看成是国家安全保障工作的一部分，整合了反恐与救灾的力量，达到危机管理体制的统一。同时，美国政府认为在应急管理体制的减缓、准备、响应和恢复四个阶段中，减缓是核心，与其花费大量的资金在损失后进行救助，不如把它花在事前的预防上。为此，FEMA 将工作重点调整为侧重灾前准备和减轻灾害造成的影响方面，为政府部门和公众进行经常性的突发事件预防服务也成了其日常的重要工作。

第五节　我国的应急管理体系

我国应急管理体系建设中，强调突出重点，抓住核心，建立制度，打牢基础。其核心内容被简要地概括为"一案三制"（应急预案，应急管理体制、机制和法制）。

一、应急预案

预案是应急管理体系的主要基础，是"一案三制"的起点。预案具有应急规划、纲领和指南的作用，是应急理念的载体，是应急行动的宣传书、动员令、冲锋号，是应急管理部门实施应急教育、预防、引导、操作等多方面工作的有力"抓手"。

制定预案，实质上是把非常态事件中隐性的常态因素显性化，也就是对突发事件历史处置经验中带有规律性的做法进行总结、概括和提炼，形成有约束力的制度性条文。应急预案应当根据有关法律、法规的规定，针对突发事件的性质、特点和可能造成的社会危害，具体规定突发事件应急管理工作的组织指挥体系与职责，突发事件的预防与预警机制、处置程序、应急保障措施，以及事后恢复与重建措施等内容。

启动和执行预案，就是将制度化的内在规定转为实践中的外化确定。预案为应急指挥和救援人员在紧急情况下行使权力、实施行动的方式和重点提供了导向，可以降低因突发公共事件的不确定性而失去对关键时机、关键环节的把握，或浪费资源的概率。应急预案就是将"无备"转变为"有备"，"有备未必无患，无备必定有患"。目前，我国已制定各级各类应急预案，涵盖了各类突发事件，"横到边、纵到底"应急预案网络已基本形成。预案修订和完善工作不断加强，动态管理制度初步建立。预案编制工作加快向社区、农村和各类企事业单位深入推进。地方和部门联合、专业力量和社会组织共同参与的应急演练有序开展。应急预案体系的建立，为应对突发公共事件发挥了极为重要的基础性作用。

国家建立健全突发事件应急预案体系。国务院制定国家突发事件总体应急预案，组织制定国家突发事件专项应急预案；国务院有关部门根据各自的职责和国务院相关应急预案，制定国家突发事件部门应急预案。地方各级人民政府和县级以上地方各级人民政府有关部门根据有关法律、法规、规章、上级人民政府及其有关部门的应急预案以及本地区的实际情况，制定相应的突发事件应急预案。

矿山、建筑施工单位和易燃易爆物品、危险化学品、放射性物品等危险物品的生产、经营、储运、使用单位，应当制定具体应急预案，并对生产经营场所，有危险物品的建筑物、构筑物及周边环境开展隐患排查，及时采取措施消除隐患，防止发生突发事件。公共交通工具、公共场所和其他人员密集场所的经营单位或者管理单位应当制定具体应急预案，为交通工具和有关场所配备报警装置和必要的应急救援设备、设施，注明其使用方法，并显著标明安全撤离的通道、路线，保证安全通道、出口的畅通。

二、应急管理体制

应急管理体制主要是由应急指挥机构、社会动员体系、领导责任制度、专业救援队伍和专家咨询队伍等组成。

国家建立统一领导、综合协调、分类管理、分级负责、属地管理为主的应急管理体制。从机构和制度建设看，既有中央级的非常设应急指挥机构和常设办事机构，又有地方政府对应的各级应急指挥机构，并建立了一系列应急管理制度。从职能配置看，应急管理机构在法律意义上明确了在常态下编制规划和预案、统筹推进建设、配置各种资源、组织开展演练、排查风险源的职能，规定了在突发公共事件中采取措施、实施步骤的权限。从人员配备看，既有负责日常管理的从中央到地方的各级行政人员和专司救援的队伍，又有高校和科研单位的专家。

国务院和县级以上地方各级人民政府是突发事件应对工作的行政领导机关。国务院在总理领导下研究、决定和部署特别重大突发事件的应对工作；根据实际需要，设立国家突发事件应急指挥机构，负责突发事件应对工作；必要时，国务院可以派出工作组指导有关工作。

县级以上地方各级人民政府设立由本级人民政府主要负责人、相关部门负责人、驻当地人民解放军和人民武装警察部队有关负责人组成的突发事件应急指挥机构，统一领导、协调本级人民政府各有关部门和下级人民政府开展突发事件应对工作；根据实际需要，设立相关类别突发事件应急指挥机构，组织、协调、指挥突发事件应对工作。

2018年我国国家综合性消防救援队伍的身份和编制发生重大转变。国家综合性消防救援队伍主要是由消防救援队伍和森林消防队伍组成，在应急管理部的直接领导下实行统一领导、分级指挥，是我国应急救援的主力军和国家队，消防救援职能向"全灾种、大应急"转变，在原有防火灭火和以抢救人员生命为主的应急救援任务基础上，水灾、旱灾、台风、地震、泥石流等自然灾害和交通、危险化学品等事故的救援，都成为了救援的主责主业。消防队伍向职业化方向转变，消防员也正式告别"铁打营盘流水兵"的局面，以往长期困扰消防队伍的人员稳定性问题，例如之前消防部队人员流动性大，部分消防员两年服役期满便退役，年轻消防员积累不够和经验不足，缺乏经验丰富的消防专业教员等突出问题，将从制度上得到根本改观。目前，我国的消防救援队伍体系按照消防员的来源和身份构成，大致可划分为四大类，即按照《消防救援衔条例》管理的综合性消防救援队伍（即原公安消防部队）、地方政府专职消防队伍、企业消防队伍和消防志愿者队伍。其中，第一类是消防队伍的核心力量。目前我国还有各类专职消防员约20万人，在各地各行业的消防救援工作中发挥着不可或缺的重要补充作用。很多地方政府和国有企业虽然建立了自己的专业消防队伍，但是，由于经费来源受限，先进消防设备器材的配置水平不高；同时，由于工资水平相对较低，且缺乏必要的晋升渠道，导致人员身份认同度不高、流动性大，这些都在很大程度上制约着专职消防队伍的发展。

国家建立了有效的社会动员机制，增强了全民的公共安全和防范风险的意识，提高了全社会的避险救助能力。公民、法人和其他组织有义务参与突发事件应对工作。

三、应急管理机制

应急管理机制是行政管理组织体系在遇到突发公共事件后有效运转的机理性制度。应急管理机制是为积极发挥体制作用服务的，同时又与体制有着相辅相成的关系，它既可以促进应急管理体制的健全和有效运转，也可以弥补体制存在的不足。2006年1月，《国家突发公共事件总体应急预案》提出，"构建统一指挥、反应灵敏、协调有序、运转高效的应急管理机制"。

结合国情和应急管理的工作实际，中国应急管理机制主要分为如下九个大的机制。

（1）预防与应急准备机制。通过预案编制管理、宣传教育、培训演练、应急能力和脆弱性评估等，做好各种基础性、常态性的管理工作，从更基础的层面提高应急管理水平。

（2）监测预警机制。通过危险源监控、风险排查和重大隐患治理，尽早发现突发事件苗头的信息并及时预警，减小事件发生的概率及其可能造成的损失。2019年由应急管理部主导建设了全国危险化学品安全生产风险监测预警系统。该系统是面向全国危险化学品企业的安全监管管理平台，系统围绕危险化学品储罐区、仓库、生产装置等重大危险源及关键部位等的安全风险，实现从企业、园区、地方应急管理部门到应急管理部的分级管控与动态监测预警，不断提升危险化学品安全监管的信息化、网络化、智能化水平，有效防范化解重大安全风险，坚决遏制重特大事故，有力保护人民群众生命财产安全。危险化学品安全生产风险监测预警系统通过接入企业实时监测数据和视频监控数据，同时依托危险化学品登记管理系统等基础数据，通过信息化、智能化手段，实现动态预警、风险分布、在线巡查、安全承诺等功能，为综合分析、风险防范、风险态势动态研判、事故应急提供支持。

（3）信息传递机制。按照信息先行的要求，建立统一的突发事件信息系统，有效整合现有的应急资源，拓宽信息报送渠道，规范信息传递方式，做好信息备份，实现上下左右互联互通和信息的及时交流。

（4）应急决策与处置机制。通过信息搜集、专家咨询来制定与选择方案，实现科学果断、综合协调的应急决策和处置，以最小的代价有效处置突发事件。

（5）信息发布与舆论引导机制。在第一时间主动、及时、准确地向公众发布警告以及有关突发事件和应急管理方面的信息，宣传避免、减轻危害的常识，提高主动引导和把握舆论的能力，增强信息透明度，把握舆论主动权。

（6）社会动员机制。在日常和紧急情况下，动员社会力量进行自救、互救或参与政府应急管理行动，在应急处置过程中对民众善加疏导、正确激励、有序组织，提高全社会的安全意识和应急机能。

（7）善后恢复与重建机制。积极稳妥地开展生产自救，做好善后处置工作，把损失降到最低，让受灾地区和民众尽快恢复正常的生产、生活和工作秩序，实现常态管理与非常态管理的转换。

（8）调查评估机制。遵循公平、公开、公正的原则，引入第三方评估机制开展应急管理过程评估、灾后损失和需求评估等，以查找、发现工作中的问题和薄弱环节，提高防范和改进措施，不断完善应急管理工作。

（9）应急保障机制。建立人、财、物等资源清单，明确资源的征用、调用、发放、跟踪等程序，规范管理应急资源在常态和非常态下的分类与分布、生产和储备、监控与储备预警、运输与配送等，实现对应急资源供给和需求的综合协调与配置。

四、应急管理法制

应急管理的实质是对安全风险的依法治理，用法治思维和方式防范化解重大安全风险，可以从根本上提高安全风险防控工作的制度化、规范化、法治化水平。应急管理法制建设，就是依法开展应急工作，努力使突发公共事件的应急处置走向规范化、制度化和法治化轨道，使政府和公民在突发公共事件中明确权利、义务，使政府得到高度授权，维护国家利益和公共利益，使公民基本权益得到最大限度的保护。

2007年11月1日起正式施行的《中华人民共和国突发事件应对法》是我国应急管理领域的一部基本法，该法的制定和实施成为应急管理法治化的标志。目前涉及应急管理、安全生产、防灾减灾救灾的相关法律、法规、规章、规范性文件众多，但缺少统一的全灾种防治"龙头法"来指导、协调各类灾害防治工作；从配套立法来看，防汛抗旱类、地震地质类立法存在配套不全的问题；从法律内容来看，也存在职责边界不清晰、不配套的问题。截至2018年11月底，应急管理部归口管理的相关标准共有2454项，其中国家标准815项、行业标准1639项。由于历史原因，上述标准分别归口不同的行政主管部门，具有不同的标准代号，在制定发布程序上也存在差异，容易出现标准缺失或各行业领域标准间交叉、重复、矛盾等问题。

2019年4月1日正式实施的《生产安全事故应急条例》（以下简称《条例》）标志着安全生产应急管理立法工作取得重大进展，对做好新时代安全生产应急管理工作具有特殊而重大的历史意义。《条例》在立法的定位上，始终围绕着"平时牵引应急准备、战时规范应急救援"这一基本任务，推动各方牢固树立"宁可千日无事故、不可一日不准备"的思想，把应急准备作为加强应急管理工作的主要任务，并在应急预案演练、应急救援队伍、应急物资储备、应急值班值守等方面完善了安全生产应急准备的基本内容。《条例》明确了政府统一领导、生产经营单位负责、分级分类管理、整体协调联动、属地管理为主的生产安全事故应急体制，规定了各级人民政府、应急管理部门、事故单位及其主要负责人在应急处置与救援中所承担的责任和应当采取的必要措施，以及相应的法律责任，既遵从了上位法明确的相关要求，又理顺了政府、部门、企业、社会等有关各方在生产安全事故应急工作中的职责和定位，为推动实现各司其职、各负其责的生产安全事故应急工作局面提供了法制保障。

参考文献

[1] 祁明亮，池宏，赵红，等. 突发公共事件应急管理研究现状与展望. 管理评论，2006，8（4）：37-47.

[2] 秦启文. 突发事件的管理与应付. 北京：新华出版社，2004.

[3] 于伟佳，许志晋. 熵理论的跨学科功能. 自然辩证法研究，1994，10（7）：48-54.

[4] 黄浪，吴超，王秉. 基于熵理论的重大事故复杂链式演化机理及其建模. 中国安全生产科学技术，2016（5）：12-17.

[5] 于海峰. 基于知识元的突发事件系统结构模型及演化研究. 大连：大连理工大学，2013.

[6] 田连军，张超，尹法波. 工业事故多米诺效应分析. 山东化工，2014，43（4）：197-200.

[7] Valerio Cozzani, Gianfilippo Gubinelli, Giacomo Antonioni, et a1. The assessment of risk caused by domino effect in quantitative area risk analysis. Journal of hazardous materials, 2005, 127（1-3）：14-30.

[8] 刘亮，陈则明. "灰犀牛"的特征、根源及对策研究. 上海经济，2019（1）：78-84.

[9] 范维澄，闪淳昌，等. 公共安全与应急管理. 北京：科学出版社，2018.

[10] 闪淳昌，周玲，方曼. 美国应急管理机制建设的发展过程及对我国的启示. 中国行政管理，2010（8）：102-107.

[11] 刘再春. 突发事件与政府应急管理体系——国际比较研究的视角. 中国社会科学报，2010-8-26.

[12] 国务院发展研究中心"应急管理行政体制建设研究"课题组. 国外应急管理体制的特点及发展趋势. 调查研究报告，2007-11-3.

第二章

危险化学品事故与应急处置

危险化学品具有易燃易爆、有毒有害、种类繁多、应用广泛的特点，我国国民经济行业分类 95 个大类中有 68 个存在危险化学品风险，当前新业态不断出现，危险化学品涉及的行业仍在不断扩大。截至 2019 年，全国有危险化学品企业近 30 万家，其中生产企业 1.9 万家、经营企业 26.5 万家、储存企业 0.55 万家，安全保障能力比较差的小化工企业占 80% 以上。目前，我国陆上油气管道总长度已超过 12 万公里，在全国 32 个省级行政区域均有分布；全国沿江沿海共有原油储罐 1428 个，总罐容约 5707 万立方米，单体最大罐容 15 万立方米，液体化工品储罐 14619 个，总罐容约 5990 万立方米，单体最大罐容 16 万立方米（液化天然气储罐）；码头危险货物堆场 92.301 万平方米，总箱位 41092 个。

第一节　危险化学品事故

危险化学品是指具有毒害、腐蚀、爆炸、燃烧、助燃等性质，对人体、设施、环境具有危害的剧毒化学品和其他化学品。

危险化学品事故是指由一种或数种危险化学品或其能量意外释放造成的人身伤亡、财产损失或环境污染事故（矿山开采过程中发生的有毒有害气体中毒事故、爆炸事故、放炮事故除外）。危险化学品事故经常伴随着次生或衍生事故的发生，如果不加以控制或控制措施不得力，这些次生或衍生事故往往会导致更加严重的后果。

一、危险化学品安全管理

我国将具有毒害、腐蚀、爆炸、燃烧、助燃等性质，对人体、设施、环境具有危害的剧毒化学品和其他化学品作为危险化学品实行目录管理制度，进行重点监督管理。

我国法律存在"危险品""危险物品""危险化学品""化学危险品""易燃易爆物品""易燃易爆危险品""危险货物""易燃易爆化学危险品""危险废物"等多个概念。

广义来说，并不存在统一的"危险品"的定义。民用航空中该名词应用较多，国际航空运输协会（International Air Transport Association，IATA）编有《危险品规则》，这里的危险品更多的是指"危险货物"。

根据《安全生产法》，危险物品是指易燃易爆物品、危险化学品、放射性物品等能够危及人身安全和财产安全的物品。从这个定义中可以看出危险物品包括危险化学品。

在化学品的全生命周期监管过程中，生产和储存环节主要监管"危险化学品"，运输环节主要监管"危险货物"，处置环节则主要监管"危险废物"。各环节均有不同的危险品目录管理。

根据《危险化学品安全管理条例》，危险化学品是指具有毒害、腐蚀、爆炸、燃烧、助燃等性质，对人体、设施、环境具有危害的剧毒化学品和其他化学品，而《危险化学品目录》是以原国家安全生产监督管理总局联合公安、环境保护等 8 部委公告公布的（2015 年版），侧重于生产、储存、使用、经营。在《危险化学品目录》（2015 年版）中收录 2828 种危险化学品，其中剧毒化学品 148 种。

危险货物的定义为凡具有爆炸、易燃、毒害、腐蚀、放射性等性质，在运输、装卸和储存保管中，容易造成人身伤亡和财产损毁而需要特别防护的货物，均属危险货物。《危险货物品名表》（GB 12268）是由原国家质量监督检验检疫总局、国家标准化管理委员会发布的，主要列出运输过程中最常见的危险货物。

关于危险废物，2020 年 11 月生态环境部修订发布了新版《国家危险废物名录》，危险废物调整为 470 种。具有下列情形之一的固体废物（包括液态废物），列入危险废物名录：

（1）具有腐蚀性、毒性、易燃性、反应性或者感染性等一种或者几种危险特性的；

（2）不排除具有危险特性，可能对生态环境或者人体健康造成有害影响，需要按照危险废物进行管理的。

综上，"危险化学品""危险货物""危险废物"有交叉，但没有必然因果关系，废弃的危险化学品属于危险废物，危险货物的范围中有危险化学品，但不全是危险化学品；有些货物不属于危险化学品，但属于危险货物。比如，香水是"危险货物"但不是"危险化学品"。判定某产品是否属于危险品时,必须结合其所在的环节,比照相应名录判断。

中共中央办公厅、国务院办公厅于 2020 年 2 月 26 日印发的《关于全面加强危险化学品安全生产工作的意见》中明确提出:进一步调整完善危险化学品安全生产监督管理体制。按照"管行业必须管安全、管业务必须管安全、管生产经营必须管安全"和"谁主管谁负责"原则,严格落实相关部门危险化学品各环节安全监管责任,实施全主体、全品种、全链条安全监管。应急管理部门负责危险化学品安全生产监管工作和危险化学品安全监管综合工作;按照《危险化学品安全管理条例》规定,应急管理、交通运输、公安、铁路、民航、生态环境等部门分别承担危险化学品生产、储存、使用、经营、运输、处置等环节相关安全监管责任;在相关安全监管职责未明确部门的情况下,应急管理部门承担危险化学品安全综合监督管理兜底责任。生态环境部门依法对危险废物的收集、储存、处置等进行监督管理。应急管理部门和生态环境部门以及其他有关部门建立监管协作和联合执法工作机制,密切协调配合,实现信息及时、充分、有效共享,形成工作合力,共同做好危险化学品安全监管各项工作。

我国对危险化学品实施全生命周期的安全监管,监管情况见表 2-1。

表 2-1 危险化学品全生命周期监管一览表

监管危险品	监管环节	监管机构	监管职能	危险品目录
危险化学品	生产、使用、储存	应急管理部门	1.发放《危险化学品经营许可证》; 2.监管危险化学品的安全生产、储存和处置	《危险化学品目录》《重点监管的危险化学品目录》
危险货物	运输、储存	交通运输管理部门	1.发放《道路危险货物运输许可证》; 2.对道路危险货物运输企业或单位进行现场检查	《危险货物品名表》
危险废物	收集、储存、运输处置、废弃	生态环境部门	1.发放《危险废物收集经营许可证》; 2.危险废物各经营环节监督检查	《国家危险废物名录》

总体来看,这几年危险化学品事故呈逐步下降态势。但危险化学品行业整体安全条件差、管理水平低、重大安全风险隐患集中,在其生产、储存、运输、使用、废弃处置等环节已经形成了系统性安全风险,导致重特大事故时有发生,严重损害人民群众生命财产安全,严重影响经济高质量发展和社会稳定。据应急管理部统计,2017 年发生重大事故 2 起、死亡 20 人;2018 年发生

重大事故 2 起、死亡 43 人；2019 年发生重特大事故 3 起、死亡 103 人，其中江苏响水"3·21"特别重大爆炸事故导致 78 人死亡。

二、危险化学品泄漏事故

危险化学品泄漏事故是指盛装危险化学品的容器、管道或装置，在各种内外因素的作用下，其密闭性受到不同程度的破坏，导致危险化学品非正常地向外泄放、渗漏的现象。危险化学品泄漏事故区别于正常的跑、冒、滴、漏现象，直接原因是在密闭体中形成了泄漏通道和泄漏体内外存在压力差。危险化学品泄漏事故应急处置的关键是泄漏源控制和泄漏物控制。

1. 气体泄漏

气体泄漏后将扩散到周围环境，并随风扩散。可燃气体泄漏后与空气混合达到燃烧、爆炸极限，遇到引火源就会发生燃烧、爆炸。点火时间是影响泄漏后果的关键因素，如果可燃气体泄漏后立即点火，影响范围较小；如果可燃气体泄漏后与周围空气混合形成可燃云团，遇到引火源就会发生爆燃或爆炸（滞后发火），破坏范围较大。有毒气体泄漏后形成云团在空气中扩散，直接影响现场人员并可能波及居民区。扩散区域内的人、牲畜、植物都将受到有毒气体的侵害，并可能造成严重的人员伤亡和环境污染。在水中溶解的气体将对水生生物和水源造成威胁。气体的扩散区域以及浓度的大小取决于下列因素：

（1）泄漏量。一般来说，泄漏量越大，危害区域就越广，造成的后果也就越严重。

（2）气象条件。如温度、光照强度、风向、风速等。地形或建筑物将影响风向及大气稳定度，风速和风向通常是变化的，变化的风将增大危害区域及事故的复杂性。

（3）相对密度。比空气轻的气体泄漏后将向上逸散；比空气重的气体泄漏后将沿地面逸散，维持较高的浓度，聚集在低凹处。

（4）泄漏源高度。泄漏源的位置、气体的相对密度对泄漏物的地面浓度将产生很大的影响。

（5）溶解度。气体在水中的溶解度决定了其在水中的表现，如果溶解度 ≤10%，泄入水中的气体会立即蒸发；如果溶解度 >10%，泄入水中的气体立即蒸发并有部分溶解。

2. 液体泄漏

工业化学品大多数是液体。液体泄漏到陆地上，将流向附近的低凹区域或沿斜坡向下流动,可能流入下水道、排洪沟等限制性空间,也可能流入水体。在水路运输中发生泄漏,液体可能直接泄入水体。液体泄漏后可能污染泥土、地下水、地表水和大气。可燃液体蒸气与空气混合达到燃烧、爆炸极限,遇到引火源就会发生燃烧或爆炸。有毒蒸气随风扩散,并对扩散区域内的人员造成伤害。水中泄漏物还将对水中生物和水源造成威胁。

常温常压液体泄漏后聚集在防液堤内或地势低洼处形成液池,液体由于表面的对流而缓慢蒸发。液化气体泄漏后,有些在泄漏时将瞬时蒸发,来不及蒸发的液体将形成液池,吸收周围的热量继续蒸发。液体瞬时蒸发的比例取决于化学品的性质及环境温度,有些泄漏物可能在泄漏过程中全部蒸发,其表现类似于气体。低温液体泄漏后将形成液池,吸收周围热量蒸发,蒸发量低于液化气体、高于常温常压液体。影响液体泄漏后果的基本性质有以下几方面。

(1) 泄漏量 泄漏量的大小是决定泄漏后果严重程度的主要因素,而泄漏量又与泄漏时间有关。

(2) 蒸气压 蒸气压越高,液体物质越易挥发。蒸气压>3kPa,液体将快速蒸发;0.3kPa≤蒸气压≤3kPa,液体会蒸发;蒸气压<0.3kPa,液体基本不会蒸发。

(3) 闪点 闪点越低,物质的火灾危险越大。

(4) 沸点 如果水温高于化学品的沸点,进入水中的化学品将迅速挥发进入大气。如果水温低于化学品的沸点,挥发也将发生,只是速率较慢。

(5) 溶解度 溶解度决定液体在水中是否溶解以及溶解速率。溶解度>5%,液体将在水中快速溶解;1%<溶解度≤5%,液体会在水中溶解;溶解度≤1%,液体在水中基本不溶解。

(6) 相对密度 物质相对水的密度决定了其在水中是下沉还是漂浮。当相对密度>1时,物质将下沉;当相对密度<1时,物质将漂浮在水面上。

3. 固体泄漏

与气体和液体不同的是,固体泄漏到陆地上一般不会扩散很远,通常会形成一堆,但有几类物质的表现具有特殊性,如固体粉末,大量泄漏时,能形成有害尘云,飘浮在空中,具有潜在的燃烧、爆炸和毒性危害;冷冻固体,当达到熔点时会熔化,其表现会像液体;可升华固体,当达到升华点时会升华,往往会像气体一样扩散;水溶性固体,泄漏时遇到下雨天,将表现出液体的特性。固体泄漏到水体,将对水中生物和水源造成威胁,影响其后果的基本性质有:

(1) 溶解度 固体在水中的溶解度决定了其在水中是否溶解以及溶解速

率。溶解度＞99％，固体将在水中快速溶解；10％≤溶解度≤99％，固体会在水中溶解；溶解度＜10％，固体在水中基本不溶解。

（2）相对密度　固体相对水的密度决定了其在水中是下沉还是漂浮。当相对密度＞1时，固体在水中将下沉；当相对密度＜1时，固体将漂浮在水面上。

三、危险化学品火灾事故

危险化学品火灾事故指燃烧物质主要是危险化学品的火灾事故，包括：①易燃液体火灾；②易燃固体火灾；③自燃物品火灾；④遇湿易燃物品火灾；⑤其他危险化学品火灾。

易燃、易爆的液体、气体、固体泄漏后，一旦遇到助燃物和点火源就会被点燃引发火灾。火灾对人的影响方式主要是热辐射所致的皮肤烧伤。烧伤程度取决于热力强度和暴露时间。热辐射强度与热源的距离平方成反比。一般来说，在大约5s时间内皮肤的耐热能力为$10kW/m$，在0.4s内为$30kW/m$。超过此时间或强度，才感到疼痛。

含有水分的、黏度较大的重质石油或其产品储罐等发生燃烧时，有可能发生沸溢或喷溅现象，使燃烧的油品大量外溢，甚至从罐内猛烈喷出，形成巨大的火柱，可高达数十米，火柱顺风向喷射距离可达百米以上。燃烧的油罐一旦发生沸溅或喷溅，不仅容易造成人员的伤亡，而且由于火场上辐射热大量增加，容易直接延烧邻近油罐，扩大灾情。

并不是所有油品都会发生沸溢、喷溅，下列三个条件同时存在时才会发生：

① 油品具有热波的性质，且热波界面的（向下）推移速度大于油品燃烧的直线速度。

石油及其产品是多种烃类化合物的混合物。在油品燃烧时，首先是处于液层表面的沸点较低、密度较小的轻馏分被烧掉，而高沸点、高密度的重馏分则逐步下沉，并把热量带到下面，从而使油品逐层地往深部加热，这种现象叫热波，热油与冷油分界面称为热波面。热波现象实质是一种液相中的对流加热。

通常仅在具有宽沸点范围的重质油品如原油、重油中存在明显的热波，且热波面推移速度大于燃烧的直线速度。而轻质油品如汽油、煤油等，由于其沸点范围较窄，各组分间的密度相差不大，热波现象不明显，热波面推移速度接近于零。

② 油品具有足够的黏度。这样的油品容易在水蒸气泡周围形成油品薄膜，

形成"油包水"。

③ 油中含水。油品中的水可以是悬浮水滴、浮化水，或在油层下面形成水垫。

归结起来，含水的重质油品易发生沸溢或喷溅。当这些油品燃烧时，由于辐射热和热波的作用，热逐层向下传播，当热波面遇到油中悬浮水滴或达到水垫层时，水被加热汽化，体积急剧膨胀（水滴→水蒸气，体积膨胀 1700 倍），产生很大的压力，使油面溢出，甚至喷出。

为防止油品沸溢或减轻它的后果，一是要设法除去或尽量减少油品（特别是重质油品）中的水分；二是在扑救油品火灾（特别是重质油品火灾）时要慎用泡沫或水。

四、危险化学品爆炸事故

危险化学品爆炸事故指物质由一种状态迅速地转变为另一种状态，或者是气体、蒸气在瞬间发生剧烈膨胀等现象，在瞬间以机械力的形式释放出巨大能量。它的一个重要特征就是周围发生剧烈的压力突跃变化并产生冲击波。

爆炸的特征是能够产生冲击波，其标准速度为 2000～3000m/s，对人直接造成伤害的压力为 5～10kPa（在较高的超压下会出现死亡），造成厂房倒塌、门窗破坏的最低压力为 3～10kPa。冲击波的压力将随与爆炸源的距离增加而迅速降低。例如，一只装有 50t 丙烷的储罐，其爆炸压力在 250m 处为 14kPa，而在 500m 处仅为 5kPa。

工业爆炸的历史证明，冲击波所引起的厂房倒塌、飞出的玻璃或瓦砾等非直接后果会造成更多的死亡或重伤。冲击波的作用可因爆炸物质的性质和数量以及蒸气云封闭程度、周边环境而变化，爆炸压力的峰值可在轻超压与数百千帕之间变动。

爆炸危害的主要参数有爆炸时的反应速率、产生的热值及爆炸压力。

① 爆炸时的反应速率。爆炸通常在 1/10000s 内即可完成。爆炸能量在极短时间内放出，爆炸功率（能量/时间）可达 30 万马力（1 马力＝735W），破坏力极大；相比之下，气体混合物爆炸时的反应速率要慢得多，为数百分之一秒至数十分之一秒，所以爆炸功率要小得多。

② 产生的热值。爆炸后产生大量热量，且因反应速率极快，温度可升至 2400～3400℃；气体混合物爆炸后也有大量热量产生，但因反应速率相对较慢，温度很少超过 1000℃。

③ 爆炸压力。爆炸产生大量气体，压力高，如 1kg 硝铵炸药爆炸时产生

869～963L 气体，并在 $1/10^5$s 内放出，爆炸压力可达 104MPa，所以破坏力很大；而气体混合物爆炸时放出的气体产物相对较少，因为爆炸速率较慢，压力很少超过 10 个大气压（1 个大气压即 101325Pa）。

危险化学品爆炸的主要类型有以下几种

1. 压缩气体和液化气体爆炸

按其危险性可分为易燃气体、不燃气体和有毒气体等。一般压缩气体与液化气体均盛装在密闭容器中，如果受到高温、日晒，气体极易膨胀产生很大的压力。当压力超过容器的耐压强度时，就会造成爆炸事故。

2. 易燃气体爆炸

易燃气体在常温常压下以气态存在，与空气形成的混合物容易发生燃烧或爆炸，也把它们称作燃爆气体。而具有毒性、腐蚀性、刺激性、致敏性的气体进入空气后与人体接触容易造成中毒事故、烧伤事故、窒息事故等。

可燃气体的燃爆危险程度可用爆炸极限、爆炸危险度、闪点、最小发火能量（最小点燃电流）、最大试验安全间隙、燃烧热或分解热等来判断。爆炸极限范围越大（爆炸下限越低、上限越高）、爆炸危险度越大、闪点越低、最小发火能量越小、最大试验安全间隙越小、燃烧热或分解热越高，其燃爆危险性就越大。

3. 易燃液体的火灾爆炸

易燃液体的燃爆危险性的判断与分级常以闪点为依据，闪点越低，则表示该液体越容易燃烧、危险性越大。

可燃性液体的化学结构和物理性质与燃爆危险性有以下关系：

（1）可燃性液体的沸点越低，其闪点也越低，燃爆危险性越大。

（2）可燃液体的密度越小，其蒸发速度越快，闪点也越低，燃爆危险性越大。可燃液体的蒸气密度一般都比空气大，不易扩散，容易发生燃烧、爆炸（空气密度一般为 $1.293kg/m^3$）。

（3）有机同系物（具有相同官能团的有机化学物）中，相对分子质量越小的，一般燃爆危险性越大。

（4）脂肪族烃类化合物中，若分子中碳原子数相等，则含不饱和键越多的化合物燃爆危险性越大。

（5）脂肪族烃类化合物的氧化产物中，同碳数的化学物醚类的燃爆危险性最大，醛、酮、酯类次之，酶类又次之，酸类的火灾危险性最小。

（6）芳香族烃类化合物中，以卤素原子（F、C1、Br、I 等）、羟基（—OH）、氨基（—NH$_2$）等基团取代苯环上的氢原子而生成的衍生物，燃爆危险性一般较小，取代的氢原子越多，危险性越小。

含硝基（—NO$_2$）的化合物易燃爆，所含硝基越多，燃爆危险性越大。

（7）重质油料的自燃点低，而轻质油料的自燃点较高，前者比后者自燃的可能性要高。

（8）大部分可燃液体，如汽油、煤油、苯、醚、酯等是高电阻率的电介质，能摩擦产生静电放电，具有引起火灾、爆炸的危险，醇、醛和羟酸不是电介质，电阻率低，其静电燃爆危险性小。

4. 易燃固体、自燃物品和遇湿易燃物品事故

易燃固体是指燃点低，对热、撞击、摩擦敏感，易被外部火源点燃，燃烧迅速，并可能散发出有毒烟雾或有毒气体的固体，但不包括已列入爆炸品的物质，如某些硝基化合物（二硝基甲苯、二硝基萘等）因含有硝基或亚硝基，很不稳定，燃烧过程常引发爆炸。易燃固体的燃烧危险性主要取决于它们本身的结构和组成。

① 熔点。绝大多数固体物质燃烧时是在气态下进行的。熔点低的固体物质容易熔化、蒸发汽化，因而较易着火，燃烧速度也较快，燃爆危险性较大。

② 燃点是可燃物质遇明火而发生持续燃烧的最低温度。它是评价许多易燃固体燃爆危险性的主要指标之一。固体燃点越低，燃爆危险性越大。在火场上，燃点低的固体往往先着火。

③ 自燃点。与气体、液体比较，固体物质的密度大，不易散热而易聚热，因此自燃点一般较气体、液体物质低。在火灾现场，如几种可燃物质所受辐射热相等时，自燃点低的物质先着火，火势会向存放这种物质的方向蔓延。

④ 热分解性质。固体物质越易热分解，热分解温度越低，燃爆危险性越大。

⑤ 比表面积即单位质量（或单位体积）固体物质具有的表面积。固体的比表积越大，即与空气中氧气接触面积越大，越易发生氧化作用，燃烧也就越快。因此，固体物质颗粒越小、越松散、越薄，表面积就越大，燃爆危险性也就越大。

自燃物品是指自燃点低（自燃点低于200℃），在空气中易发生氧化反应，放出热量而自行燃烧的物品。判断物质自燃性大小的主要指标是其自燃点。一般来说，自燃点低的物质较易自燃。

几类常见自燃物质：

① 由氧化热引起自燃的物质。化学性质极其活泼的化学品，如黄磷，易被空气中的氧气氧化放热，且本身自燃点又很低（＜40℃）所以极易引起自

燃，为此黄磷需存放在水中。

不饱和键是不稳定的，含有不饱和键的有机化合物在空气中易被氧化放热，若散热不利，蓄热引起升温，就可能产生自燃。在工业企业中较常见的是油脂、油布、油纸、油棉纱的自燃着火。

金属粉如锌粉、铝粉及金属硫化物易被氧化引起自燃。铁的硫化物（硫化亚铁、三硫化二铁）极易氧化自燃。在工业生产中硫化亚铁自燃引起的火灾、爆炸事故时有发生，在硫化染料、二硫化碳、石油产品及某些气体燃料的生产过程中，由于硫化氢的存在，铁制设备或容器内表面受腐蚀生成一层硫化铁。当设备、容器因密封或充满油品、液体时，硫化铁未与空气接触，不会自燃。一旦这些覆盖硫化铁的表面未充分冷却且接触空气（多在检修时），则很可能发生自燃。更为危险的是，由于现场往往有可燃气体存在，自燃的硫化铁就可能成为火源而引发更大的火灾、爆炸事故。

② 由分解热引起自燃的物质。硝化纤维、有机过氧化物及其制品，在某些条件下，易发生分解反应放热，导致温升而引起自燃。硝化纤维是由纤维素与硝酸作用制成的纤维素的硝酸酯，其化学稳定性差，在空气中即使在常温下，也能发生缓慢分解放热，若在光、热、水分作用下分解更快，分解生成的硝酸、亚硝酸吸附在硝化纤维表面，可加速分解反应并放热，热量积累又加速分解，这样的恶性循环导致自燃。硝化纤维一旦引燃，燃烧速度快，而且火焰温度高，火势凶猛、难于扑救。储存硝化纤维时要避免受光、受热、受潮以及与酸、碱接触，储存温度不得超过 28℃。通常将硝化纤维和 25％的乙醇混合制成湿硝化棉，储存于 20℃左右的密闭箱中，能防止自燃，但要注意防止乙醇挥发掉。

有机过氧化物中含有不稳定的过氧基（—O—O—），也易分解放热而引起自燃。

③ 水解热引起自燃物质。烷基铝类化合物，如三乙基铝、三异丁基铝、三甲基铝等，与空气中的水分接触就能水解生成烷烃及放大量热，它们的自燃点又非常低，所以是非常容易自燃的物质，且容易引起产物烷烃的燃烧与爆炸。

遇湿易燃物品是指遇水或受潮时发生剧烈化学反应，放出大量易燃气体和热量的物品。当热量达到可燃气体的自燃点或接触外来火源时，会立即着火或爆炸。其特点是：遇水、酸、碱、潮湿发生剧烈的化学反应，放出可燃气体和热量。

几类常见忌水性物质：

① 活泼金属及其合金，如钾、钠、锂、铷、钠汞齐、钾钠合金等；还有

某些金属的氢化物，如氢化钠、氢化钙、氢化铝钠等。它们遇水都会发生剧烈反应，放出氢气与大量热，其热量能使氢气自燃或爆炸。

② 金属碳化物，如碳化钙、碳化钾、碳化钠、碳化铝等。它们遇水反应剧烈，放出可燃气体和热量，可燃气体自燃或爆炸。

③ 硼氢化合物，如二硼氢、十硼氢、硼氢化钠等。它们遇水反应剧烈，放出氢气和热量，能发生燃烧和爆炸。

④ 金属磷化物，如磷化钙、磷化锌等。它们遇水反应生成磷化氢并放热，磷化氢在空气中易自燃。

⑤ 其他，如生石灰、苛性钠、发烟硫酸等遇水反应产生大量热，很易引燃周围的易燃物；保险粉（连二亚硫酸钠）遇水呈炽热状态并分解出可燃气体，有燃爆危险。

易燃固体、自燃物品和遇湿易燃物品易发生的事故主要是火灾、爆炸事故，一些易燃固体与遇湿易燃物品还有较强的毒性和腐蚀性，容易发生中毒和烧伤事故。

5. 氧化剂和有机过氧化物事故

氧化剂和有机过氧化物是指处于高氧化态、具有强氧化性、易分解并放出氧和热量的物质，包括含有过氧基的物质。

这类物质本身不一定可燃，但能导致可燃物的燃烧。同时，氧化剂和有机过氧化物与松软的粉末可燃物能组成爆炸性混合物，对热、震动或摩擦较敏感。有些氧化剂与易燃物、有机物、还原剂等接触，即能分解引起燃烧和爆炸。少数氧化剂易发生自动分解，发生着火和爆炸。大多数氧化剂和强酸类液体发生剧烈反应，放出剧毒性气体，如高锰酸钾与硫酸、氯酸钾与硝酸接触都十分危险，这些氧化剂着火时，不能用泡沫灭火剂扑救。某些氧化剂在卷入火中时，亦可放出剧毒性气体。有些氧化剂具有毒性或腐蚀性，容易发生中毒和烧伤事故。

氧化剂的氧化性越强，引发易燃物燃爆的危险性也越大。碱金属或碱土金属的过氧化物和盐类，如过氧化钠、高氯酸钠、硝酸钾、高锰酸钾等；一些氧化性物质的分子中含有过氧基（—O—O—）或高价态元素 [N（V）、Mn（Ⅶ）等]，极不稳定，容易分解，氧化性很强，是强氧化剂，能引起燃烧或爆炸。

有机过氧化物的火灾危险性主要取决于物质本身的过氧基含量和热分解温度。有机过氧化物的过氧基含量越多，其热分解温度越低，则火灾危险性就越大，如过乙酸（过氧乙酸）纯品极不稳定，在 -20℃ 时也会爆炸，溶液浓度大于 45％ 时，存放过程中仍可分解出氧气，加热至 110℃ 时即爆炸。

五、危险化学品中毒和窒息事故

危险化学品中毒和窒息事故主要指因吸入、食入或接触有毒有害化学品或者化学品反应的产物，而导致的人体中毒和窒息。具体包括：①吸入中毒事故（中毒途径为呼吸道）；②接触中毒事故（中毒途径为皮肤、眼睛等）；③误食中毒事故（中毒途径为消化道）；④其他中毒和窒息事故。

有毒物质对人的危害程度取决于毒物的性质、毒物的浓度、人员与毒物接触的时间等因素。

六、危险化学品烧伤事故

危险化学品烧伤事故主要指腐蚀性危险化学品意外与人体接触，在短时间内即在与人体接触表面发生化学反应，造成明显破坏的事故。腐蚀品包括酸性腐蚀品、碱性腐蚀品和其他腐蚀品。

化学品烧伤与物理烧伤（如火焰烧伤，高温固体或液体烫伤等）不同。物理烧伤是高温造成的伤害，致使人体立即感到强烈的疼痛，人体肌肤会本能地立即避开。化学品烧伤有一个化学反应过程，开始并不感到疼痛，要经过几分钟、几小时甚至几天才表现出严重的伤害，并且伤害还会不断地加深。因此化学品烧伤比物理烧伤危害更大。

如果考虑与现行《企业职工伤亡事故分类》（GB 6441—1986）中的事故类型相一致，可按以下分类：①火灾；②火药爆炸；③容器爆炸；④其他爆炸；⑤中毒和窒息；⑥灼伤；⑦其他（危险化学品泄漏事故包含在此类中）。但在事故统计上报时，应明确该事故为危险化学品事故。

第二节　重特大危险化学品事故统计研究

据应急管理部化学品登记中心危险化学品事故案例库统计，自 1916 年以来国内外重特大化学品事故（指死亡 10 人以上，含 10 人的危险化学品事故）共发生 145 起，死亡 14245 人（其中印度博帕尔事故按照事发两天内死亡人数 5000 人计）。其中国内事故 68 起，死亡 2121 人，国外事故 77 起，死亡 12124 人。事故不包括矿山（除油气勘探开发外）、烟花爆竹、食品或药品等引起的事故[1-3]。

这些重特大危险化学品事故大多是"黑天鹅"事件、小概率事件,是多因素耦合叠加、保护层层层失效的结果。

(1) 重特大危险化学品事故包括火灾、爆炸、中毒三类。其中,爆炸事故最多,118 起,占 81.4%;其次是火灾事故,25 起,占 17.2%;第三是中毒事故,9 起,占 5.9%。

(2) 145 起重特大危险化学品事故涉及 49 种危险化学品,其中燃油、液化石油气、硝酸铵、原油、天然气事故起数居前 5 位,合计 83 起,占 57.2%;49 种危险化学品中属重点监管的危险化学品 40 种,占 81.6%,由重点监管的危险化学品导致的事故 138 起,占 95.2%。因此,应进一步加强对重点监管的危险化学品的管理。

(3) 在造成人员伤亡方面,硝酸铵造成的死亡人数为第一,共 2656 人;第二是燃油,造成 2285 人死亡;第三是液化石油气,造成 1614 人死亡;第四是原油,造成 430 人死亡;第五是丙烯,造成 256 人死亡。

(4) 重特大危险化学品事故中,运输环节事故最多,其次是生产环节,再次是储存环节,三者事故共 126 起,占 86.9%。

为更好防范事故,本节按照生产、储存、使用、经营、运输和废弃处置六个环节,对重特大危险化学品事故场景进行分析。

一、生产环节事故

生产环节事故 41 起,占 28.3%,居第二位。其中,爆炸事故为第一,35起,占 85.4%;第二是火灾事故,4 起,占 9.8%;第三是中毒事故,2 起,占 4.9%。生产环节单起事故的死亡人数主要集中在 10~30 人,主要原因是生产环节的事故影响范围一般局限在车间或厂区内部(除大量毒气泄漏外,如印度博帕尔毒气泄漏事故),很少波及厂外,而且随着生产自动化程度的提升,现场作业人员减少,单起事故造成的死亡人数也呈下降趋势。

生产环节事故中,涉及重点监管的危险化工工艺的事故 18 起,占生产环节事故的 43.9%,重点监管的危险化工工艺如硝化工艺、聚合工艺、氧化工艺、氯化工艺、氟化工艺、光气工艺等。其中,硝化工艺事故最多,9 起;其次是聚合工艺,4 起。

生产环节事故中涉及硝酸铵、天然气、煤气、原油、氯乙烯、乙烯、铝粉尘、环己烷、环氧丙烷、混二硝基苯、硝酸胍、二硝基氟苯等 27 种化学品。其中,硝酸铵事故最多,7 起;其次是天然气事故,4 起。

生产环节事故分为油气勘探开发事故、工厂生产事故两大类:

1. 油气勘探开发事故

主要有以下三类：

① 海上钻井平台井喷事故。海上钻井平台井喷后往往伴随着火灾爆炸，造成人员伤亡和平台倾覆。如：2012 年美国墨西哥湾深水地平线钻井平台发生井喷事故，引起大火，造成 11 人死亡和钻井平台倾覆，泄漏出的大量原油造成严重海洋污染。此类事故我国虽未发生，但风险较大，应高度重视。

② 海上钻井平台火灾爆炸事故。如：1988 年英国北海阿尔法平台发生爆炸事故，造成 165 人死亡。此类事故我国虽未发生，但应引起高度重视。

③ 居民区附近含硫化氢油气井井喷事故。如：2003 年重庆市开县罗家寨 16H 井发生天然气井喷失控，泄漏的硫化氢造成井场周围居民和井队职工 243 人死亡，2142 人中毒住院。

2. 工厂生产事故

主要有以下四类：

① "危险工艺（如硝化工艺等）＋小化工企业＋自动化水平低＋现场作业人员集中"事故。近几年，此类事故频发，如：2012 年河北克尔化工有限公司生产硝酸胍的一号车间发生爆炸事故，造成 25 人死亡、4 人失踪。2015 年山东滨源化学有限公司二胺车间混二硝基苯装置在投料试车过程中发生重大爆炸事故，造成 13 人死亡。2017 年江苏连云港聚鑫生物科技有限公司间二氯苯装置发生爆炸事故，造成 10 人死亡。2018 年四川宜宾恒达科技有限公司发生重大爆炸着火事故，造成 19 人死亡。

② 居民区周边剧毒化学品生产企业泄漏事故。如：1984 年印度博帕尔联碳公司农药厂异氰酸甲酯泄漏事故，两日内造成 5000 余名居民中毒死亡。

③ 非化工企业粉尘爆炸。如：2014 年江苏昆山中荣金属制品有限公司除尘系统内和车间集聚的铝粉尘（铝粉属危险化学品）发生系列爆炸事故，造成 146 人死亡，114 人受伤。

④ 大型生产装置火灾爆炸事故。随着生产装置大型化，装置中物料增多，危险性也随之增大。如：2005 年美国 BP 德克萨斯城炼油厂异构化装置在开车过程中发生爆炸着火事故，造成 15 人死亡。

二、储存环节事故

储存环节事故 24 起，占 16.6％，居第三位。其中，爆炸事故 21 起，火灾事故 3 起。储存环节事故主要涉及大型储罐、仓库、气柜、钢瓶、油池等设备设施。其中，大型储罐事故最多，12 起；其次是仓库事故，8 起。

　　储存环节事故涉及液化石油气、燃油、硝酸铵、原油、氯气、氨气、氯乙烯、煤气、苯、过氧化苯甲酰、过硫酸铵、氯酸钾、H 型发泡剂、煤气等化学品。其中，液化石油气事故最多，6 起；其次是燃油和硝酸铵事故，各 3 起。

　　储存环节事故主要分为大型罐区事故和仓储码头事故两大类：

1. 大型罐区事故

　　事故原因主要是违章作业、设备存在缺陷和腐蚀。事故主要分为以下四类：

　　① 大型油气罐区燃爆事故。如：2005 年英国邦斯菲尔德油库发生火灾事故，共造成 20 余座大型储油罐烧毁，43 人受伤。

　　② 靠近居民区的液化气罐区泄漏燃爆事故。如：1984 年墨西哥城液化石油气站特大火灾爆炸事故，造成 650 人死亡、6000 多人受伤。

　　③ 大型气柜泄漏事故。如：2018 年河北盛华化工有限公司氯乙烯气柜泄漏扩散至厂外区域，遇火源发生爆燃，造成 24 人死亡。

　　④ 罐区受限空间作业事故。如：2006 年安徽省防腐工程总公司 27 名施工人员在新疆独山子石化分公司原油储罐浮顶隔舱内进行刷漆作业，挥发出的苯、甲苯等可燃气体发生爆炸，造成 13 人死亡。

2. 仓储码头事故

　　事故主要原因是非法存储或混储。事故主要分为以下几类：

　　① 大型危险化学品仓库火灾爆炸事故。如：1993 年深圳市安贸危险物品储运公司清水河危险化学品仓库发生重大爆炸事故，造成 15 人死亡。

　　② 危险化学品堆场火灾爆炸事故。如：2015 年天津市瑞海公司危险品仓库发生爆炸事故，造成 165 人死亡、8 人失踪、798 人受伤住院治疗。

　　③ 民房内储存危险化学品发生火灾爆炸事故。如：2019 年孟加拉首都达卡老城区一栋四层建筑物中储存的危险化学品发生火灾事故，造成至少 70 人死亡。

三、使用环节事故

　　使用环节事故 14 起，占 9.7%，居第四位。其中，爆炸事故最多，8 起，占 57.1%；火灾事故次之，4 起，占 28.6%；中毒事故最少，2 起，占 14.3%。

　　使用环节事故涉及的化学品主要是天然气、液化石油气、氨气、燃油等 8

种化学品。其中，天然气、液化石油气事故最多，各 3 起；其次是氨气、燃油事故，各 2 起。

使用环节的事故主要分为以下两类：非化工企业使用危险化学品发生事故、民用燃气事故。

1. 非化工企业使用危险化学品发生事故

主要原因是操作不当、设备存在缺陷、设备缺乏维修等。如：2013 年上海翁牌冷藏实业有限公司氨气泄漏事故，直接原因是严重违规采用热氨融霜方式，导致发生液锤现象，压力瞬间升高，致使存有严重焊接缺陷的单冻机回气集管管帽脱落，发生氨泄漏，造成 15 人死亡、7 人重伤、18 人轻伤。

2. 民用燃气事故

主要发生在餐馆、商场等人员密集场所，主要原因是操作不当、设备老化、应急处置不当等。如：2015 年安徽省芜湖市镜湖区淳良里社区杨家巷"砂锅大王"小吃店发生一起重大瓶装液化石油气泄漏燃烧爆炸事故，造成 17 人死亡，事故直接原因是店主在更换店内给东侧铁板烧灶具供气的钢瓶时，减压阀和钢瓶角阀未可靠连接，泄漏后形成的爆炸性混合气体遇邻近砂锅灶明火，导致钢瓶角阀与减压阀连接处（泄漏点）燃烧，在处置过程中操作不当，致使钢瓶倾倒、减压阀与角阀脱落，大量液化气喷出，瞬间引发大火，倾倒的钢瓶在高温作用下爆炸。2013 年苏州燃气集团有限责任公司液化气经销分公司横山储罐场生活区综合办公楼发生液化石油气泄漏爆炸事故，造成 11 人死亡，事故直接原因是未按规定关闭通向生活辅助区锅炉房和厨房供气管道的阀门，导致厨房液化石油气连续泄漏，应急处置不当，触动电器开关引发爆炸。

四、经营环节事故

经营环节事故 3 起，占 2.1%，主要是加油（气）站火灾爆炸事故。

事故原因主要是操作不当、设备故障、天气异常。如：加纳首都一加油站突遇暴雨，致使加油站储罐接管被拉断，大量汽油泄漏后顺雨水流动，遇点火源形成流淌火，造成大量人员死亡。利比亚一加油站正在加油时，因电气短路造成爆炸事故，导致 100 多人死亡。

五、运输环节事故

按照运载方式，运输环节事故分为公路运输、水路运输、铁路运输和管道输送事故四类。其中，公路运输事故最多，37 起；其次是管道输送事故，16 起。

1. 公路运输事故

公路运输事故车辆主要是槽罐车，事故原因主要是驾驶员操作不当、超载、天气原因、车辆故障等。

公路运输事故分为以下五类：

① 运输车辆行至人员密集区、环境敏感区（如集市、场站、居民区、隧道、重要水源地、自然保护区等）发生事故。如：1978 年西班牙一辆丙烯罐车经过圣卡路斯德拉的休闲露营区时发生爆炸，造成 215 人死亡。1991 年江西省上饶县一甲胺运输罐车驶入沙溪镇新生街后碰到树枝，挂断车上槽罐液相管阀门，发生泄漏，造成 595 人中毒，其中 37 人死亡。2014 年晋济高速公路山西晋城段岩后隧道内，两辆运输甲醇的铰接列车追尾相撞，前车甲醇泄漏起火燃烧，隧道内滞留的另外两辆危险化学品运输车和 31 辆煤炭运输车等车辆被引燃引爆，造成 40 人死亡、12 人受伤。

② 危险化学品装卸车发生事故。如：2017 年山东临沂金誉石化液化石油气运输罐车在卸车作业过程中发生泄漏爆炸事故，造成 10 人死亡，9 人受伤。

③ 危险品车辆侧翻泄漏后民众哄抢发生事故。此类事故主要发生在国外，如：2017 年巴基斯坦旁遮普省 1 辆油罐车侧翻泄漏，民众在哄抢燃油时发生爆炸，造成 120 多人死亡。

④ 危险化学品车辆与客车撞击发生事故。如：2012 年陕西包茂高速公路一辆客车追尾一辆甲醇罐车，甲醇泄漏后起火，造成 36 人死亡。

⑤ 客车非法携带危险化学品发生事故。如：2011 年河南信阳一卧铺客车违规运输偶氮二异庚腈发生爆燃事故，造成 41 人死亡。

2. 水路运输事故

主要是以下两类：

① 超级油轮撞船、触礁或遇暴风等造成的油品泄漏事故。如：2018 年巴拿马籍油船"桑吉"轮与中国香港籍散货船在长江口以东约 160 海里处发生碰撞，起火后沉没，造成 3 人死亡、29 名船员失联及水域污染。

② 硝酸铵货船爆炸事故。如：1947 年，法国布勒斯特港硝酸铵货船爆炸事故，造成 100 多人死亡，近千人受伤。此类事故国外已发生多起，我国尚未发生，应引起高度重视。

3. 管道输送事故

管道输送事故主要涉及原油、燃油、丙烯、天然气等化学品，事故主要原因是打孔盗油、腐蚀、第三方开挖破坏。

事故主要分为以下三类：

① 危险化学品管道穿越敏感地段（如人员密集区、涵洞、沟渠、江河、易发地质灾害区等）事故。如：2013 年黄岛输油管道爆炸事故，泄漏后挥发出的油气在暗涵积聚，遇火花发生爆炸，造成 62 人死亡。1992 年墨西哥瓜达拉哈拉地下油气爆炸事故，地下汽油管道与自来水管道接触，发生腐蚀泄漏，泄漏的汽油进入污水管网，遇点火源发生爆炸，造成 200 多人死亡。

② 危险化学品泄漏进入地下管网。如：2014 年中国台湾高雄市丙烯管道发生泄漏，泄漏的丙烯进入雨水管道发生爆炸，造成 32 人死亡、300 多人受伤。

③ 油气管道泄漏或打孔盗油后民众哄抢事故。此类事故主要是发生在国外，国内也应引起重视。如：2019 年墨西哥伊达尔戈州一条输油管道发生泄漏，聚众抢油时发生爆炸事故，造成 91 人死亡。

六、废弃处置环节事故

该环节发生的重特大事故主要是危险废物储存不当引发火灾爆炸事故。如：2019 年江苏响水天嘉宜化工"3·21"特大爆炸事故就是一起长期违法储存危险废物导致自燃进而引发爆炸的特别重大生产安全责任事故，事故造成 78 人死亡，76 人重伤，640 人住院治疗，直接经济损失近 20 亿元人民币。

通过事故分析，我国当前尤其需要重视含硫油气勘探、硝化物及硝化工艺、民用燃气、仓储等环节和领域可能引发的重特大事故，采取系统化的措施预防重特大化学品事故。

（1）加强油气勘探开发安全管理　强化海上油气勘探开发工程一体化，从源头打牢安全生产基础；完善海上应急救援体系，进一步提高应急救援能力；加强陆上页岩气开发安全论证，避免发生地下水污染及地质灾害事故；加强高含硫气田开发、集输、净化的安全管理，严防硫化氢泄漏中毒事故。

（2）高度关注硝酸铵、硝基化合物及硝化工艺　硝酸铵、硝基化合物（尤其是多硝基化合物）在生产、储存、运输、使用等环节均有重特大事故发生，目前我国仍有 200 余家涉及硝化工艺的企业，其潜在安全风险较大。因此，必须持续加强硝酸铵和硝基化合物的全生命周期安全管理，规范储存管理，重点加强硝化工艺管控,对安全条件不符合要求的企业实施关停并转(关闭、停办、合并、转产)。

(3)高度重视和防范民用燃气事故 天然气和液化石油气日益普及,但用户的燃气安全知识匮乏、事故防范与应急处置能力低下,易发生重大燃气火灾爆炸事故。近年来已发生多起死亡 10 人以上的重大商铺燃气火灾爆炸事故,应引起高度重视。建议有关部门加强燃气安全和应急知识宣传培训,重点加强商户用气的安全监管,配齐燃气报警装置,杜绝老化、报废设施设备的使用。

(4)加强港口码头及仓储危险货物安全管理 强化交通、海关、公安、质检等部门安全监管职责,加强信息共享和部门联动配合;采取"疏堵结合"的方式规范危险化学品的储存,一方面严厉打击危险化学品非法存放点,另一方面根据行业发展需求合理规划危险货物仓储物流功能区,依据危险货物的性质分类储存,合理调控库存量、周转量,加强精细化管理;加强对港区海关运抵区的安全监督,严防失控漏管。

(5)加强超级油轮风险管控和应急响应 从历史上看有 10 次超级油轮发生泄漏、火灾和爆炸进而引发生态环境巨灾的事故。我国每年进口原油/LNG量巨大,且主要依靠轮船运输,潜在风险巨大,需严格管控。

(6)加强危险化学品管道输送的安全管理 建立健全地质灾害预防预警体系,适当提高地质复杂地段管道的建设标准;统筹协调城市发展与城市地下危险化学品管网布局,确保安全间距达标;加强对管道周边地面开挖作业的安全监管,严格落实作业报批制度。

(7)加快危险化学品安全监管信息化建设 建设全国危险化学品监管信息共享平台,实现各部门间数据信息共享;加快推进危险货物道路运输安全监管系统建设,提高危险货物道路运输行业安全监管和服务能力;开展智慧化工园区建设,整合园区信息化资源,建立安全、环保、消防、应急救援和公共服务"五位一体"的信息管理系统。

(8)加强危险废物管理 一是全面开展危险废物安全风险摸排,明确危险废物风险评估方法,加快区域性危险废物处置中心建设。二是妥善处置消防污水,防止进入江河污染水体,防止事故区域大量积水引发次生事故。

(9)加强环保改造项目的安全管理 近几年环保改造项目事故多发,虽然未发生重特大事故,但已发生多起较大事故。应全面排查环保改造项目,对未经正规设计,违规投入使用的项目立即停工整顿;加强环保改造工艺安全论证和风险辨识力度,切实落实风险防控措施;加强新改扩建环保设施"三同时"的安全监督检查工作,切实保障设施建设、投入运行后的安全;各地各企业应合理规划环保改造项目,合理安排工期,杜绝抢工期、赶进度。

第三节　危险化学品事故风险研判技术

危险化学品事故风险研判是开展应急救援工作的首要和必要环节，是应急处置的基础和关键过程。因为任何处置工作的开展都必须以对现场形势的准确、快速评估为前提。因此，事故的处置人员在到达现场后，如果不了解现场基本情况就盲目进行处置是不可取的，这不仅无法实现防止事态蔓延扩大的目的，而且不能对潜在的灾害性事故进行深入的分析，不能充分认识事件的严重性，不能准确对事件进行定位，造成救援的不及时、处理不当，酿成灾难性的后果。

一、化学事故现场条件确认

化学事故发生后，应尽可能了解事故现场的一些情况。因此，首先到达事故现场的处置人员在确保自身安全的前提下，应尽可能通过各种方式确认事故现场的以下信息：事故涉及物质名称、容器容积及容器损坏泄漏情况、容器温度及压力、人员伤亡、火灾或爆炸的大致波及范围、周边重大风险源、天气状况等。

只有在对上述信息充分了解、分析的基础上，才能进一步确定事故的发展趋势、影响范围，预测事故后果的可能性和严重性。

1. 物质名称的确定方法

可以通过以下方式获得化学品的名称和其危险性等信息：①安全标签和标识；②安全告知牌；③安全技术说明书；④电子运输单；⑤安全评价报告；⑥应急预案；⑦咨询专家或拨打国家化学事故应急咨询专线电话（0532-83889090）咨询。

如果以上方法都失效，就需要应急处置人员进入现场侦检，利用专业仪器检测化学品的存在，并确定化学品的名称，需要满足以下条件。

① 采用最高级别的个人防护措施。

② 按照国家有关事故现场检测设备的相关标准进行检测。

2. 容器情况

到达事故现场的人员除了应了解事故物质的名称及危险性外，还应知道容器的大小、破坏情况、温度、压力等。化学事故的等级除了与泄漏物的危险性有关外，还与泄漏物的泄漏量有关。

比如，数千克剧毒物质的泄漏，离泄漏点相当远的范围都是致命或有害的；而毫克级的剧毒物质只对单个人体是有害的。影响泄漏量的因素包括容器的大小、容器的破坏情况及其可修复性。如果容器遭到严重破坏，不能修复，容器中的物质可能将全部泄漏；而对于可修复的容器，即使容量再大，由于修复及时，泄漏量可能会很少。

二、危险化学品的危害分析

危险化学品的理化参数是反映化学品危害特性的重要指标，是进行风险研判、制定应急处置方案的重要基础信息。在具体的分析过程中注意考虑事故物质的易燃、易爆、有毒等危害特性的具体体现参数。

1. 闪点

闪点是评价易燃液体燃爆危险性的重要指标，闪点越低，则表示越易起火燃烧，燃爆危险性越大。易燃液体的场所要采取防火、防静电等措施，控制点火源。

当可燃液体或固体温度高于闪点时，随时都有被外界明火点燃的危险；而当温度低于闪点时，由于蒸气压太小不足以在空气中形成可燃性气体混合物，因而不能被外加明火点燃。如：苯的闪点为 $-11℃$，乙醇的闪点为 $13℃$，苯的火灾危险性就比乙醇大。

2. 爆炸极限

爆炸极限是评价可燃气体、蒸气或粉尘能否发生爆炸的重要参数，爆炸下限越低，爆炸极限范围越宽，则该物质的爆炸危险性越大。例如，乙炔爆炸极限是 $2.5\%\sim82\%$，乙烷爆炸极限是 $3.0\%\sim12.5\%$，两者相比，前者的爆炸极限范围比后者大得多，因此乙炔的爆炸危险性比乙烷大得多。

爆炸极限通常用可燃气体或蒸气在混合气中的体积分数（%）表示。混合爆炸物浓度在爆炸下限以下时含有过量空气，由于空气的冷却作用，阻止了火焰的蔓延。同样，浓度在爆炸上限以上，含有过量的可燃性物质，空气非常不足（主要是氧不足），火焰也不能蔓延，不会发生爆炸但能燃烧。但此时若补充空气同样有火灾爆炸的危险，因此对上限以上的混合气不能认为是安全的。

对于爆炸下限低的气体，当其处于正压状态时，应谨防气体向空气中泄漏，即使泄漏量不大，也容易进入爆炸极限范围。而对于爆炸上限较高的气体，当使用负压系统时，如果空气进入盛装该气体的容器或管道设备内，即使不是很大的量也能进入爆炸极限范围。

爆炸性混合物在不同浓度时发生爆炸所产生的压力和放出的热量不同，因而具有的危险程度也不相同。在接近爆炸浓度下限和上限时，爆炸的温度不高，压力不大，爆炸威力也小。当混合物中可燃气体的浓度达到或稍高于化学计量比时的浓度，爆炸时放出的热量最多，产生的压力最大。如一氧化碳的爆炸极限是 12.5%～74%，当其在空气中含量达 29.5% 时，遇火发生爆炸的威力最大。

3. 饱和蒸气压

液体的饱和蒸气压是指在一定温度下，气、液两相平衡时蒸气的压力。饱和蒸气压越大，其液体蒸发能力越强，挥发出来的气体就极易在一定范围内达到爆炸极限。对于有吸入中毒危险的液体，饱和蒸气压越大，挥发性越高，越容易中毒。

液体的饱和蒸气压随温度而变化，温度升高时，饱和蒸气压增大。当盛有挥发性液体的密闭容器受热时，容易造成容器变形或胀裂，这些容器严禁超温使用。盛装可燃和易燃液体的容器应留有不少于 5% 的空间，远离热源、火源，在夏季还要做好降温工作。

2020 年 7 月 15 日 15 时 30 分许，东营港经济开发区坤德停车场发生危险货物道路运输车罐体泄漏火灾事故，造成 8 人受伤、36 辆危险货物道路运输车烧毁，直接经济损失约 792 万元。驾驶装载汽油（实载 30.17t，核载 33.5t）的槽车罐体顶部呼吸阀与罐体间阀门关闭，加之长途运输、天气高温（温度 32.4～32.7℃）等，致使车辆罐体内饱和蒸气压变大，槽车压力升高；在强行打开罐体顶部紧急泄放装置时导致油气喷出，引发火灾事故。

4. 自燃温度

自燃温度越低，则该物质的燃烧危险性越大。自燃温度指物质在没有火焰、火花等火源作用下，在空气或氧气中被加热而引起燃烧的最低温度。当操作温度或环境温度高于自燃温度时，应采用惰性介质保护。

可燃物虽未与明火接触，但在外界热源的作用下，温度达到自燃点而发生的自燃现象，叫作受热自燃。在石油化工生产中，由于可燃物质接近或接触高温设备管道，受到加热或烘烤，或者泄漏的可燃物料接触到高温设备管道，均可导致自燃。

可燃固体的自燃温度一般低于易燃液体和气体，因为固体比液体和气体的分子密集，蓄热条件好。大部分易燃固体的自燃点一般在 130～350℃ 之间。自燃点低的固体物质，其火灾危险就大些。例如赛璐珞的自燃点为 180℃，木材的自燃点为 400～500℃，当它们同时处于火场时，赛璐珞的火势发展很快，故在扑救火灾时，应先将自燃点低的化学品抢出火场。

易燃气体的自燃温度不是固定不变的数值，而是受压力、密度、容器直径、催化剂等因素的影响。一般规律为受压越高，自燃点越低；密度越大，自燃点越低；容器直径越小，自燃点越高。易燃气体在压缩过程中（例如在压缩机中）较容易发生爆炸，其原因之一就是自燃点降低。在氧气中测定时，所得自燃点数值一般较低，而在空气中测定则较高。

一般可燃易燃液体的自燃点为 250～650℃。如汽油的自燃点是 415～530℃，松节油的自燃点是 244℃，苯的自燃点是 574℃，甲醇的自燃点是 470℃，乙醛的自燃点是 175℃，乙醚的自燃点是 160℃，二硫化碳的自燃点是 90℃。在不接触明火的条件下，二硫化碳容易受热自燃。

5. 燃点

燃点是判断固体物质火灾危险性大小的主要标志。燃点是指将物质在空气中加热时，开始并继续燃烧的最低温度。燃点越低，越容易着火，火灾危险性越大。可燃物质在达到了相应的燃点时，如果与火源相遇，燃烧的现象就会发生。所以，控制可燃物的温度在燃点以下是防火措施之一。

燃点低的物质在接触火、热或受外力作用时，往往引起强烈连续燃烧，如硫黄、樟脑、萘等，其分子组成简单，熔点和燃点都低，受热后迅速蒸发，其蒸气遇明火或高温即迅速燃烧。通常以燃点 300℃作为划分易燃固体和可燃固体的界线。

一切可燃液体的燃点都高于闪点。闪点<60℃的易燃液体的燃点一般比其闪点高 1～5℃，而且液体的闪点越低，这一差值就越小。例如，汽油、苯等闪点低于 0℃的液体，这一差值仅为 1℃。实际上，在敞开容器中很难将这类液体的闪点和燃点区别开来，因此，在评定这类液体的火灾危险性时，燃点没有多大实际意义。但是，燃点对高闪点的可燃性液体则有实际意义。如将这些可燃液体的温度控制在燃点以下或不使超过这些可燃液体燃点的点火源与其接触，就可以防止火灾发生。在火场上用冷却法灭火，其原理就是将燃烧物质的温度降低到燃点以下，使燃烧停止。

6. 相对蒸气密度（空气=1）

在给定的条件（0℃，101.325kPa）下，某一物质的蒸气密度与参考物质（空气）密度的比值，称为此气体的相对蒸气密度。

对于气体，根据相对蒸气密度，需要从以下几方面考虑：①与空气密度相近的易燃气体，容易互相均匀混合，形成爆炸性混合物；②比空气重的气体沿着地面扩散，并易窜入沟渠、厂房死角处，长时间聚集不散，易燃气体遇火源则发生燃烧或爆炸，有毒气体则容易发生中毒；③比空气轻的易燃气体容易扩散，而且能顺风飘动，会使燃烧火焰蔓延、扩散；④应当根据气体的密度特点，正确选择通风排气口的位置及气体报警器的安装位置，确定防火间距值以及采取防止火势蔓延的措施。

7. 相对密度（水=1）

在给定的条件（20℃时物质，4℃时水）下，某一物质的密度与参考物质（水）密度的比值，称为相对密度。

对于相对密度<1且不溶于水的易燃液体，在发生火灾时，灭火时禁止使用直流水。相对密度>1且不溶于水的易燃液体可使用水封储存，既安全防火又经济方便。

在应用过程中要综合考虑事故物质的各项参数来确定事故现场的风险。易燃液体要综合考虑闪点、饱和蒸气压、爆炸极限等要素。如 2013 年青岛市"11·22"中石化东黄输油管道泄漏爆炸特别重大事故中东黄输油管道输送埃斯坡、罕戈 1∶1 混合原油，密度 0.86t/m^3，饱和蒸气压 13.1kPa，蒸气爆炸极限 1.76%～8.55%，闭杯闪点 −16℃。油品属轻质原油。原油出站温度 27.8℃，满负荷运行出站压力 4.67MPa[4]。根据上述材料中的闪点、爆炸极限和饱和蒸气压等数据综合可以得出该原油极易挥发且易燃，在饱和蒸气压挥发浓度下体积分数可达 13%，在受限空间范围内长时间挥发，形成了大范围的爆炸空间，遇到点火源即可发生爆炸，最终形成了以泄漏点为中心的 5km 的大范围爆炸。2015 年天津港"8·12"瑞海公司危险品仓库特别重大火灾爆炸事故发生当天最高气温达 36℃，集装箱内温度可达 65℃以上，在这种情况下就要尤其关注自燃温度低的化学品。在该起事故中硝化棉化学稳定性较差，常温下能缓慢分解并放热，超过 40℃时会加速分解，放出的热量如不能及时散失，会造成硝化棉温升加剧，达到 180℃时能发生自燃。硝化棉通常加乙醇或水作湿润剂，一旦湿润剂散失，极易引发火灾。以上几种因素耦合作用引起硝化棉湿润剂散失，出现局部干燥，在高温环境作用下，加速分解反应，产生大量热量，集装箱散热条件差，致使热量不断积聚，硝化棉温度持续升高，达到其自燃温度，发生自燃[5]，最终引发硝酸铵等物质的爆炸。2017 年临沂金誉石化有限公司"6·5"罐车泄漏重大爆炸着火事故[6]中肇事罐车驾驶员在午夜进行液化气卸车作业时，出现严重操作失误，致使快接接口与罐车液相卸料管未能可靠连接，在开启罐车液相球阀瞬间发生脱离，造成罐体内液化气大量泄漏。现场人员未能有效处置，泄漏后的液化气急剧汽化，迅速扩散，与空气形成爆炸性混合气体达到爆炸极限，遇点火源发生爆炸燃烧。在该起事故中多名驾驶员在事故现场应急处置能力缺失，出现泄漏险情后跪地爬行，未能及时撤离，造成全部死亡。这起事故中的液化气快速汽化后体积膨胀 250 倍左右，且密度是空气的 1.5～2 倍，导致贴地快速扩散，且爆炸极限（1.5%～9.5%）极低等，最终发生重大事故。

三、气象因素影响分析

气象因素主要指气温、气压、降水、风、湿度、能见度等。在不同的危险化学品事故救援中不同的气象模式对不同事故会带来不同的影响[7]。

1. 泄漏事故

风向、风速、大气稳定度、气温、湿度等因素会对危险化学品泄漏事故造成影响。

风向决定泄漏气云扩散的主要方向，泄漏气体是往下风向扩散的，风速决定了大气污染物影响的区域。

风速主要影响污染物在下风向的输送速度以及大气的湍流速度；划定化学品泄漏区域时，应该根据当时风向和风速进行划定。风速影响泄漏气云的扩散速度和被空气稀释的速度，因为风速越大，大气的湍流越强，空气的稀释作用就越强，风的输送作用也越强。一般情况下当风速为 1～5m/s 时，有利于泄漏气云的扩散，危险区域较大，相应的风险也较大；若风速再大，则泄漏气体在地面的浓度变稀。若风速较小或无风条件下，则泄漏气体以泄漏源为中心向四周缓慢扩散，泄漏源附近区域风险较大。综上，风场的复杂性，使得有危险化学品云团的扩散变得复杂，从而影响危险化学品浓度的分布。

大气稳定度是评价空气层垂直对流程度的指标。泄漏气体的扩散与大气稳定情况密切相关，大气越稳定，泄漏气云越不易向高空消散，而贴近地表扩散；大气越不稳定，空气垂直对流运动越强，泄漏气云消散得越快。

气温或太阳辐射主要是通过影响大气垂直对流运动而对泄漏气体的扩散发生影响。气温的高低还能影响泄漏源的泄漏速度，在气温较高时会加快气体泄漏，同时气温还能够对侦检结果产生影响，如温度会影响侦检管的误差。温度对化学品蒸发扩散能力的影响也很重要。温度越高，化学品蒸发越快，蒸气浓度越大，扩散到空气中形成爆炸性混合气体的可能性就越大，火灾爆炸危险性就越大。

大气湿度的影响，一般来讲湿度越大越不利于气云的扩散，因为气云在扩散时是以气体分子的形式存在的，当环境的湿度较大时气体分子与水分子之间，存在相互的吸引力使两种分子相互吸引，这就使气体分子的质量增加导致气体扩散减缓。2003年重庆市开县高桥镇罗家寨发生特大井喷事故，富含硫化氢的天然气猛烈喷射30多米高，失控的有毒气体随空气迅速向四周弥漫，距离气井较近的重庆市开县4个乡镇6万多人紧急疏散转移。该事故最终导致243人硫化氢中毒死亡、2142人硫化氢中毒住院治疗。事故之所以伤亡如此之大，与当地的天气条件是有关的[8]。由于事故井场四面环山，喷射时的初始动量很大，这对于居住在周边山坡上的居民造成严重威胁。事发当日气温为4.6～8.0℃，相对湿度为94%～99%，风力为静风（平均风速为0.13m/s，最大风速为0.7m/s），风向西北偏西。事故时，气温低、空气湿度大、风力弱、能见度差、气层极为稳定，不利于气体对流和扩散。因此硫化氢在湍流扩散及重力的联合作用下，可在不同高度上贴近人员呼吸面，造成明显伤害。在事故中心区，几乎所有的家禽家畜死亡。另外，由于硫化氢相对分子质量与空气接近，其有可能在任何高度上出现高浓度，因此，其泄漏时不能考虑向高处疏散人员的方案，这一点特别需要注意。

2. 火灾事故

风、湿度、能见度、降水等因素会对化学品火灾事故造成影响。风向决定火灾蔓延的主要方向，火灾大部分的热量都沿着下风向传播，使下风向的化学品更易被热量烘烤导致燃烧。化学品燃烧后即使被扑灭，由于气温高、风力大，一些被扑灭的火势仍会复燃，导致火势又会疯狂地蔓延扩大。湿度对化学品火灾影响比较复杂，如夏季高温、潮湿将使某些易燃易爆物加快挥发分解，或者因聚热而自燃。如硝化纤维素及其制品、赛璐珞等在上述情况下常易分解自行燃烧。但是对于一些化学品来讲湿度小，可燃物含水量少，干燥易燃，容易起火；反之，湿度大，引起燃烧难。雨雪会使某些物质受潮引起燃烧，例如电石、磷化钙、金属钾和钠等。在化学品火灾现场由于各种原因能见度往往都很低，在判断火场的情况时得不到准确的情报，导致救援处置滞后，增加了事故带来的危害。

危险化学品火灾事故现场消防用水、洗消水形成的地表径流汇至地表积水区，如遇大雨或暴雨，将使核心区污水外溢扩散以及向地下水排放，形成二次污染。另外，降雨也将导致火灾表面的泡沫覆盖效果急剧下降和破坏，导致火灾复燃等灾情。

2015年漳州古雷的腾龙芳烃（漳州）有限公司二甲苯装置发生爆炸着火重大事故，厂区内有4个50000m^{3}以及72个储量3000～20000m^{3}不等的储罐，存有苯、对二甲苯、凝析油、轻重石脑油、轻重整液、常渣油、液化石油气等危险化学品，闪点、毒性等理化性质各不相同。罐区燃烧油品重石脑油和轻重整液为 PX 提炼的中间品，系多种芳烃混合品，本身蓄热能力高，经长时间燃烧后，轻质组分逐步挥发减少，重质组分增加，形成的混合物组分自燃点越来越低，极不稳定。在火灾扑救过程中，虽然强攻灭火灌注了大量泡沫液，暂时降温并隔绝了其与氧气的接触，但是强风和大雨会对泡沫覆盖层造成破坏，泡沫会自然衰减，进而失去对油面的保护，不能有效阻隔油蒸气与空气接触，出现多次复燃大火[9]。

3. 化学品爆炸事故

日照、湿度、降水、气压等因素会对化学品爆炸事故造成影响。阳光的照射不仅会成为某些化学品的起爆能源，还能通过凸透镜或含有气泡的玻璃窗等聚焦（阳光聚焦后的焦点温度很高）引起可燃物着火。例如：氯气与氢气、氯气与乙烯的混合物能在阳光的作用下剧烈反应爆炸；乙醚在阳光的作用下能生成过氧化物；硝化纤维在日光下暴晒，自燃点能降低，并能自行着火；盛装低沸点易燃液体的铁桶如灌装过满，在烈日下暴晒，液体受热膨胀会使铁桶爆裂；压缩或液化气体钢瓶在强烈日光下存放，瓶内压力会增加其至爆炸等。湿度对化学品爆炸事故来讲是一把双刃剑，因为化学品物理性质的不同，对于一些遇水易分解的化学品来讲高温潮湿天气会加快化学品的分解使其浓度更易达到爆炸极限发生爆炸。但是对于遇水不分解的化学品来讲，潮湿环境可以降低其爆炸的危险性。雨雪会使某些物质受潮引起燃烧爆炸，例如电石、保险粉、金属钾和钠、磷化钙等。当气压低于事故现场周围的气压时，就会导致事故现场空气不流畅，造成地区性无风环境，从而使泄漏可燃气体无法排走，造成了良好的聚集条件，导致爆炸发生。

4. 气象条件在天津港爆炸事故中的影响

天津市瑞海公司危险品仓库"8·12"特别重大火灾爆炸事故的直接原因为运抵区南侧集装箱内的硝化棉由于湿润剂散失出现局部干燥，在高温（天气）作用下加速分解，积热自燃。硝化棉长时间大面积燃烧引燃相邻集装箱内的其他危险化学品，进而引爆了分别堆放于运抵区东南角和中部的大量硝酸铵等危险化学品，发生两次大爆炸，事故造成 165 人遇难[5]。

在该起事故中，气象条件在以下几个方面对事故的发生发展起到了至关重要的影响[10]。

（1）2015 年 8 月 12 日是全月极端高温日，日最高气温 36.0℃，湿度小，最小相对湿度仅为 33%，气压为 100.44kPa，这种干热天气是造成爆炸事故的直接原因。

（2）危险化学品爆炸事故导致有毒气体和污染物大范围扩散，其风向、风速起到决定性作用。事故残留的化学品与产生的二次污染有害物逾百种，对局部区域的大气环境造成了不同程度的污染。监测分析表明，自12日晚爆炸至14日中午，持续的西南偏西风或西南偏南风有利于污染物向海面扩散从而远离城市居民区。在事故发生后的9日内，71.3%的时间为西南和正西风向，有利于污染物快速向海面飘散，8月25日以后大气中的特征污染物含量稳定达标。

（3）降水对爆炸事故救援的影响分为两方面：一是小雨的影响，爆炸核心区及周边地区存在大量的有毒危险化学品，氰化钠等化学品遇降水将会发生化学反应，产生剧毒气体，将对在爆炸核心区参与应急抢险救援的工作人员以及周边地区的居民带来巨大的伤亡和恐慌，8月14日爆炸点出现微量（0.1mm）降水，及时准确的预报为现场指挥部门牢牢把握72h抢险黄金期提供了重要决策依据；二是强降水的影响，由于事故现场两个爆坑内的积水严重污染，如发生强降水将大大增加污染废水，因此在两个爆坑外围设置了围栏防止污水外溢。

因此，化学品事故现场应配备微型气象站，及时获取事故现场即时气象信息，并根据得到的气象数据信息，结合扩散模拟结果，分析事故的影响范围，确定人员疏散的范围。尤其要关注天气的变化情况，随之调整下一步的应急处置方案。在掌握了风向后应当在上风向建立现场指挥部，并且划定危险区域范围。

四、周边环境因素分析

化学品事故的易燃易爆和有毒有害的特征极易导致周边人、建（构）筑物、生态环境受到伤害和破坏，进而引发次生和衍生灾害事故。

事故现场周边环境因素分析是在事故现场化学品危害分析的基础上，精准分析事故现场周边哪些地方或哪些人员容易受到破坏或伤害，包括受事故严重影响的区域、影响区域中的人群数量和类型、可能遭受的财产破坏以及可能的环境影响等。事故周边环境因素分析，主要包括以下几个方面：

（1）影响范围内的人口数量和类型，例如周边居民，高密度人群，在影剧院、体育场、商场内的观众和顾客等，以及敏感人群（如医院的患者、学校的学生、托儿所的婴幼儿等）。

（2）可能破坏的公私财产，例如住宅、学校、商场、办公楼等。

（3）可能破坏的公共工程，如水、电、气的供应，食品供应，通信联络等。

（4）可能造成的环境影响，如水源地污染、水体污染、大气污染等。

1.敏感人群

在发生事故时能否很快进行正确而有效的防护，防护水平越高，从事故发生或嗅到气味后完成防护所需要的时间就越短，吸入体内的毒物就越少，事故对人员所造成的危害就会减少。人群密度主要影响化学品事故的中毒伤亡人数。

在对人口情况进行综合考虑时，可以根据人群所处区域的不同及人群类型的不同，综合考虑以下因素：

（1）所处区域的性质；

（2）静态或动态人口密度（体现人员的数量和聚集程度）；

（3）人口结构（体现人员在事故易损性方面的差异，如成年人、孩子、老年人、病患以及残疾人等的差异）；

（4）人员暴露的可能性（体现人员在户外与在室内时间比例）；

（5）人员撤离的难易程度；

（6）周边重大危险源分布情况。

人群所处区域的划分可以参考重大危险源安全功能区的划分，见表2-2。

表 2-2　重大危险源安全功能区划分方法

事故级别	安全功能区名称	最大可接受风险	包含的主要城市功能区类型	特点描述
4	一类风险控制区	1×10^{-6}	居民区	人员高度密集
			文教区	人员高度聚集或易损
			交通枢纽区	人员高度聚集
			商业区	人员高度聚集
			重点保护区	目标敏感
			名胜古迹区	目标敏感
			行政办公区	目标敏感
3	二类风险控制区	1×10^{-5}	工业区	人员密度较高
2	三类风险控制区	1×10^{-4}	仓储区	人员密度较低
			广场、公园等	人员密度较低
1	四类风险控制区	$\geqslant1\times10^{-4}$	开阔地	人员密度很低

2.环境污染影响因素分析

化学品事故发生的时间、地点具有不确定性和偶然性，在短时间内会导致大量有毒有害物质泄漏、燃烧、爆炸，释放出许多有毒有害的物质，会严重污染地表、水源，甚至会污染江河从而扩大危害范围，破坏生态环境。同时，在事故处置中灭火剂和泄漏的有毒物料混合，控制不当极易进入污水管或雨排管线，流入江、河、湖、海，进而造成污染。

（1）事故现场造成的危险化学品泄漏，以及工艺操作不当造成环境污染。在化工事故处置中常用工艺措施进行处置，所谓工艺措施主要是指关阀断料、开阀导流、火炬放空、排料泄压等措施。

（2）灭火剂过度使用造成的环境污染。泡沫灭火剂有蛋白泡沫灭火剂、氟蛋白泡沫灭火剂、水成膜泡沫灭火剂等类型。其中，蛋白泡沫灭火剂是由动物性蛋白质或植物性蛋白质水解产物组成的泡沫液，使用动物蛋白泡沫灭火剂的优点主要是价格便宜，覆盖窒息效果好，但是在其接触火焰的过程中会产生二噁英等有毒有害气体；氟蛋白泡沫灭火剂是在蛋白泡沫灭火剂中加入含氟的表面活性剂，提高蛋白泡沫灭火剂的流动性和灭火效果，但它和蛋白泡沫灭火剂一样具有腐蚀性，保质期短、易变质；水成膜泡沫灭火剂没有臭味，保质期长，灭火效果优于其他灭火剂，但是其原料是不易自然降解的化学合成氟表面活性剂，其环保性备受质疑。

（3）污水控制不当造成环境污染。在化学品事故处置中最常用的灭火剂就是水，处置时要控制用水量，不应该过量供水。混杂了危险化学品的消防废水一旦处置不当，就会构成对环境的污染，引发污染事故。

2005 年 11 月 13 日中石油吉林石化双苯厂发生爆炸火灾事故。虽然火灾得到了有效控制，但灭火产生的消防废水污染了松花江，引发了重大环境污染事件。由于信息不透明，松花江水污染事件又引发社会恐慌和国际纠纷。爆炸事故属于事故灾难类突发事件，松花江水污染是爆炸事故引发的次生和衍生灾害。松花江水污染事件是环境保护类突发事件，又成为公共卫生类突发事件。哈尔滨市民抢水风潮以及地震、投毒等谣言，造成社会恐慌、市民外逃，则属于社会安全类突发事件。松花江上游地区发生的突发事件殃及下游地区，说明突发事件不仅在性质和类型上相互关联、相互转化、影响叠加，而且在地理空间上紧密相连、唇亡齿寒[11]。

第四节　典型危险化学品事故应急处置要点

大多数化学品具有有毒、有害、易燃、易爆等特点，在生产、储存、运输和使用过程中因意外或人为破坏等发生泄漏、火灾、爆炸，极易造成人员伤害和环境污染的事故。因此，危险化学品相关企业应制定完备的应急预案，了解化学品基本知识，掌握化学品事故现场应急处置程序，从而有效降低事故造成的损失和影响。

一、化学事故的初期处置

在危险化学品事故处置过程中，事故第一发现者大多为企业的基层员工或承包商，其应急素质和能力相对较低，时常因应对不当导致事故的无谓扩大，造成人员伤亡。

1. 初期处置不当原因分析

初期应急处置不当主要受人员、装备、方案三个方面因素的影响。

（1）异常情况识别、研判不当，应急处置能力不足。工艺、设备等异常情况发生时，风险识别研判不当，错失应急处置有利时机；岗位员工、技术管理等有关人员，不能及时发现异常情况，或即使发现异常情况，因意识淡薄，没有引起足够重视。事态严重时，因应急技能不足，不能妥善处置异常，导致事故扩大；应急演练不足，应急措施不掌握，应急装备使用不熟练，应急处置效率低，甚至盲目救援。

（2）监测预警手段、应急设备设施不完善。工艺、设备、泄漏等异常情况的监测预警手段不完善，缺少有效监测预警手段，忽视报警，应急处置迟缓；安全设备设施、应急救援器材配备不当，应急装备维护不到位，应急时刻不能有效投用。

（3）操作规程不完善，应急处置卡可操作性差。操作规程不完善，工艺、设备等异常情况下缺乏具体处置程序和操作步骤；应急预案、应急处置卡与实际脱钩，可操作性差，不能有效指导现场应急处置。

2. 初期处置的基本程序

（1）安全第一。任何情况下，要把"安全"放在第一位。现场人员首先判断事故是否会危及自身安全，然后再考虑现场人员安全、装置安全、工艺安全，以及可能影响到周边区域的安全。当然，这种判断来源于事先的应急培训和处置技能训练，基层员工应该具备根据现场情况对危险及后续变化情形做出判断的能力，保持清醒头脑和镇定的情绪。应急处置不是茫然应对，更不是慌乱逃离。否则，就会错失现场第一时间应急处置的"机会窗"，结果与安全相悖。

（2）报告、报警。把必要的联系电话、方式印在随身携带的应急处置卡上，便于紧急情况下持卡人员快速、有序报告事故事件情况。比如，当地的火警、医疗等报警电话，最直接上报部门、管理者的电话，相邻装置、关联区域以及救援队伍的联系电话等。报告、报警后，一定要保持电话畅通，以便后续救援响应的进一步联系或相关事情的确认。

（3）采取（处置）行动。如果清楚事故现场的基本情况和可能存在的风险，在配备必要的个体防护器材确保自身安全后，应采取应急处置行动。不同的事故有不同的要求，采取行动的关键步骤必须简单、管用，如：工艺处置关阀断料，控制泄漏物；使用固定消防设施、灭火器、消防沙、蒸汽等开展现场应急处置。应急处置要领最好有专门的"标准化操作程序（SOP）"。在危险化学品企业，油气联合站、炼化等装置调度岗位有一键紧急停车（或紧急关断）。一般工作场合常用灭火器的使用要领为"拔、对、压"，即拔出销子、对准火焰、压下手柄。以上这些都是非常关键和有效的处置要领。

（4）到指定地点集合。发生化学品事故时，事故第一发现者或经历者在不清楚现场风险的情况下应第一时间沿着上风向或侧上风向逃离事故现场至指定地点，切忌看热闹或盲目施救，避免无谓伤亡。这一点非常重要，处置完毕或紧急撤离后，现场所有人员都必须到事先规定（或习惯）的"紧急集合点"集合，以便组织清点人数和及时考虑下一步处置措施。如果有人不到"紧急集合点"集合，就无法确定该员工是否还在危险区域或装置内，给后续救援工作带来误判和不应有的损失。有些情况下，重点岗位人员（比如公共聚集场所的值班人员、楼层责任人员）就是专门负责紧急撤离的重点岗位人员，紧急情况下必须负责告知所有人员撤离（逃生）路线，引领人员撤离到紧急集合点。从近几年的救援实践来看，到指定地点集合需要格外明确和强调。

二、气体类危险化学品泄漏现场应急处置

（1）进入现场必须选择正确行车路线、停车位置、作战阵地。

（2）易燃气体泄漏时：

① 应严格控制危险区域内的一切火源；

② 应严格控制进入重危区内实施抢险作业的人员数量；

③ 严禁处置人员在泄漏区域下水道等地下空间顶部、井口处滞留。

（3）谨慎使用点火方法，遇到下列情况时方可采用：

① 泄漏扩散将会引起更严重灾害性后果时；

② 顶部受损泄漏，堵漏无效时；

③ 槽车在人员密集区泄漏，无法转移和堵漏时；

④ 泄漏浓度有限（浓度小于爆炸下限 30%）、范围较小时。

（4）确认使用点火方法时应做好以下准备：

① 确认危险区域内人员撤离；

② 灭火、掩护、冷却等防范措施准备就绪；

③ 现场设有或安装排空火炬。

使用的方法有：铺设导火索（绳）点燃（在安全区内操作）；使用长杆点燃（在上风方向，穿着避火服，水枪掩护等，仅适用于放空点燃）；抛射火种点燃（在上风方向安全区内使用信号枪、曳光弹等操作）；使用电打火器点燃（在安全区内操作）。

（5）严密监视危险化学品液相流淌和气相扩散情况，防止灾情扩大。

（6）注意风向变换，适时调整部署。

（7）慎重发布灾情和相关新闻。

三、气体类危险化学品爆炸燃烧事故现场处置

（1）进入现场必须选择正确行车路线、停车位置、作战阵地。

（2）冷却要均匀、连续。

① 冷却尽可能使用固定式水炮、带架水枪、自动摇摆水枪（炮）和遥控移动炮；

② 冷却强度应不小于 $0.2L/(s \cdot m^2)$；

③ 冷却时严禁向火焰喷射口射水，防止燃烧加剧。

（3）不准盲目灭火，防止引发再次爆炸。

当储罐火灾现场出现罐体震颤、啸叫，火焰由黄变白，温度急剧升高等爆炸征兆时，指挥员应果断下达紧急避险命令，参战人员应迅速撤出或隐蔽。

（4）严禁处置人员在泄漏区域下水道等地下空间顶部、井口处滞留。

（5）严密监视液相流淌、气相扩散情况，防止灾情扩大。

（6）注意风向变换，适时调整部署。

（7）慎重发布灾情和相关新闻。

四、液体类危险化学品泄漏事故现场处置

（1）进入现场必须选择正确行车路线、停车位置、作战阵地。

（2）泄漏物收容。

① 少量残液用干沙土、水泥、煤灰、干粉等吸附，收集后作技术处理或酌情倒至空旷地方掩埋；对与水反应或溶于水的泄漏物，也可酌情直接使用大量水稀释，污水排入废水系统。

② 大量残液用防爆泵抽吸或使用无火花容器收集，集中处理。

③ 在污染地面上洒上中和剂或洗涤剂浸洗，然后用大量直流水清扫现场，特别是低洼、沟渠等处，确保不留残液。

（3）易燃液体泄漏，一切处置行动自始至终必须严防引发爆炸。

（4）严密监视液体流淌情况，防止灾情扩大。

（5）注意风向变换，适时调整部署。

（6）慎重发布灾情和相关新闻。

五、液体类危险化学品爆炸燃烧事故现场处置

（1）进入现场必须选择正确行车路线、停车位置、作战阵地。

建议的灭火方法：

① 关阀断料法：关阀断料，熄灭火源；

② 泡沫覆盖法：向燃烧罐（桶）和地面流淌火喷射泡沫覆盖灭火；

③ 固体物质覆盖法：使用干沙土、水泥、煤灰、石墨等覆盖灭火；

④ 干粉抑制法：视燃烧情况使用车载干粉炮、胶管干粉枪、推车或手提式干粉灭火器灭火。

（2）严密监视液体流淌情况，防止灾情扩大，用干沙土、水泥、煤灰等围堵或导流，防止泄漏物向重要目标或危险源流散。

（3）向泄漏点、主火点进攻之前，应将外围火点彻底扑灭；扑灭流淌火灾时，泡沫覆盖要充分到位，并防止回火或复燃。

（4）着火储罐或装置出现爆炸征兆时，参战人员应果断撤离。

（5）注意风向变换，适时调整部署。

（6）慎重发布灾情和相关新闻。

六、固体类危险化学品泄漏事故现场处置

（1）进入现场必须选择正确行车路线、停车位置、作战阵地。

① 少量物品泄漏，小心扫起，收集于专用密封桶或干净、有盖的容器中；对与水反应或溶于水的物品可酌情直接使用大量水稀释，污水放入废水系统。

② 大量物品泄漏，先用塑料布、帆布等覆盖，减少飞散，然后尽可能回收，恢复原状。若完全回收有困难，可收集后运至废物处理场所处理。

（2）可燃物泄漏时，应消除现场一切可能引发燃烧、爆炸的点火源。

（3）注意风向变换，适时调整部署。

（4）慎重发布灾情和相关新闻。

七、固体类危险化学品爆炸燃烧事故现场处置

（1）进入现场必须选择正确行车路线、停车位置、作战阵地。

① 固体物质覆盖法：使用干沙土、水泥、煤灰、石墨等覆盖灭火；

② 干粉抑制法：使用车载干粉炮（枪）或干粉灭火器灭火；

③ 泡沫覆盖法：对与水不反应物品，使用泡沫覆盖灭火；

④ 用水强攻灭疏结合法：对与水反应物品（如保险粉）火灾，一般不能用水直接扑救，但在有限空间内（如货运船），桶装堆垛中因固体泄漏引发火灾，在使用干粉、沙土等灭火剂灭火难以助效的情况下，可直接出水强攻，边灭火，边冷却，边疏散，加快泄漏物反应，直至火灾熄灭。

（2）对大量泄漏并与水反应的物品火灾，不得使用水、泡沫扑救。

（3）对粉末状物品火灾，不得使用直流水冲击灭火。

（4）注意风向变换，适时调整部署。

（5）慎重发布灾情和相关新闻。

参考文献

[1] 卢均臣，王延平，袁纪武，等. 2012年全球危险化学品运输事故统计分析. 安全、健康和环境，2013，13（9）：11-14.

[2] 张日鹏，赵祥迪，王正，袁纪武，马浩然. 储罐池火特性研究进展. 安全、健康和环境，2019，19（1）：5-10.

[3] 王禹轩，袁纪武，侯孝波. 天然气输送管道事故分析与防范. 安全、健康和环境，2019，19（4）：13-15.

[4] 山东省青岛市"11·22"中石化东黄输油管道泄漏爆炸特别重大事故调查报告.

[5] 天津港"8·12"瑞海公司危险品仓库特别重大火灾爆炸事故调查报告.

[6] 临沂金誉石化有限公司"6·5"罐车泄漏重大爆炸着火事故调查报告.

[7] 吴多子. 气象要素对化学灾害事故救援处置的影响分析. 学理论，2013（17）：95-96.

[8] 李剑峰，姚晓晖，刘晓琴. 基于Fluent的开县井喷事故后果模拟与分析. 环境科学研究，2009，22（5）：559-566.

[9] 何宁. 漳州"4.6"古雷石化爆炸火灾处置难点与经验. 安全，2015，36（7）：68-71.

[10] 徐灵芝，吕江津，卜清军，等. 气象条件对天津港爆炸事故应急救援服务的影响分析. 天津科技，2018（7）：92-96.

[11] 龚维斌. 一起突发事件处置引发的应急管理治道变革——以吉化双苯厂爆炸事故为例. 国家行政学院学报，2015（3）：84-88.

第三章

危险化学品事故应急救援关键技术

借用军事上的术语，一起突发事件的成功处置（包括危险化学品事故的应急处置）必须战略上准确把握，战役上攻其要点，战术上执行到位。

战略要管方向。战略事关全局、根本、长远和重点。如果大方向错了，这个仗无论如何都打不赢；只要大方向对，哪怕局部战斗有一些失利也无碍大局。总指挥要有战略思维，在当前突发事件的风险研判和救援过程中，要搞清楚最重要的事情是什么、最需要解决的问题是什么[1]。

战役要攻城拔寨。打好应急救援攻坚战，应急救援的空间、时序、战机节点选择很重要。要谋准战役空间，搞好战役布局，打到点子上，打到关键处；精准确定战役时序，分清轻重缓急，哪些关键环节要优先处置，哪些暂时缓一缓，找到应急救援的突破口，撕开口子，打开局面，继而形成破竹之势；把准战役时机，占得先机、赢得主动，越是面对"硬骨头"和"拦路虎"，越要集中优势兵力打歼灭战，越要盯紧具体的事、抓牢具体的人，越要以身作则、身先士卒、冲锋在前，直至胜利。

战术要灵活得当。战术是战略和战役的具体执行者，要在"服从命令听指挥"的基础上因地制宜，采取灵活战术完成既定目标。要用好先进技术及装备，尤其要运用数字化、信息技术手段来提升应急救援能力。

第一节　应急任务的优先策略

突发事件的应对切忌慌乱无章、杂乱无序、忙乱无效，讲究有力有序有效地展开应对。中国古代战争中有"擒贼先擒王"的制胜名句，在两军对垒中，如果把敌人的主帅擒获或者击毙，其余的兵马则不战自败，提示我们在处理事情上抓住关键问题，解决主要矛盾，其他的细节便可迎刃而解。该策略在突发事件的应急救援过程中也是相当重要的，我们要善于找到突发事件中的"王"，进而控制事故走向。在西方经济学领域有个类似的"关键少数法则（vital few rule）"，也叫二八定律、帕累托法则（Pareto'sprinciple），是 19 世纪末 20 世纪初意大利经济学家帕累托发现的。他认为，在任何东西中，最重要的只占其中一小部分，约 20%，其余 80%尽管是多数，却是次要的。"二八定律"告诉人们一个道理，在任何事物中，最重要的、起决定性作用的只占其中约 20%的一小部分。即通过少的投入，得到多的产出；通过小的努力，获得大的成绩。关键的少数，就是决定整个事故应急救援成败的主要因素。

突发事件现场的应急救援工作千头万绪，要善于利用关键少数法则找出关键应急救援工作，梳理出其中的轻重缓急，有序开展应急救援工作。美国事故应急指挥系统（ICS）中也明确提出现场应急人员的优先事项，也就是在事故应急救援过程中要遵循生命安全（life safety）、事件稳定（incident stabilization）、财产保护（property conservation）的"LIP 原则"有序开展事故现场应急救援。本书依据我国相关的法律法规，结合重特大事故现场应急救援的实践，提出了以防范和遏制重特大事故发生为原则，在事故应急处置过程要始终坚持"生命至上、环境优先、舆情受控、减少损失"的优先处置顺序。在当前的危险化学品事故应急过程中，还有很多的现场指挥和领导关注点放在减少损失、停工停产恢复等传统的片面理解上，致使救援应对不当、事故扩大的案例比比皆是。鉴于减少损失在事故救援过程中大部分企业基本上能做到这一点，因此这个环节就不再重点描述了。

一、生命至上

在突发事件现场的各级指挥和应急处置人员要始终坚持"以人为本"的原则，把"生命至上"理念放在首位。

人的生命权是人与生俱来的权利，对生命权的尊重，是人类社会的一条基本公理。把"人"置于突发事件应急处置的核心地位，从人的需要出发进行突发事件的管理，增强公民的居安思危意识和自救互救能力，在突发事件发生时把保障公民生命安全作为应急救援的首要任务。最大限度保护、挽救最大多数人的生命安全，哪怕这样的行动要付出巨大的成本也在所不惜。

1. 现场安全条件确认

安排专人对事故现场的安全状况进行实时跟踪和风险研判，确保现场的人员安全。

在《国务院关于进一步加强企业安全生产工作的通知》（国发〔2010〕23 号）文件中就明确提出：赋予企业生产现场带班人员、班组长和调度人员在遇到险情第一时间下达停产撤人命令的直接决策权和指挥权。由于企业生产活动尤其是危险化学品的生产具有不可完全预测的风险，从业人员在作业过程中有可能会突然遇到直接危及人身安全的紧急情况。此时，如果不停止作业或者撤离作业场所，就极有可能造成重大的人身伤亡。因此，必须赋予从业人员在紧急情况下可以停止作业以及撤离作业场所的权利，这是从业人员可以自行做出的一项保证生命安全的重要决定，企业必须无条件落实。

没有确认现场安全条件，盲目施救，极易造成人员伤亡事故扩大。2004年重庆天原化工总厂发生氯气泄漏事故后，因为该厂曾多次发生氯气泄漏事故，都没有引起爆炸，工厂领导和技术人员麻痹大意，频繁地出入泄漏区域，在泄漏罐体周围长时间停留。在对三氯化氮富集状态时的爆炸危险性认识不足的情况下，急于求成，判断失误，凭借以前的操作处理经验，自行启动了事故氯处理装置，在抽吸过程中，事故氯处理装置水封处的三氯化氮因与空气接触和振动而首先发生爆炸，爆炸的巨大能量通过管道传递到液氯储罐内，搅动和振动了罐内的三氯化氮，导致 5 号、6 号液氯储罐内的三氯化氮先后爆炸。爆炸造成事故现场包括公司主要领导在内的 9 名人员死亡，3 人受伤。这起事故救援也提醒我们，在风险较大的危险化学品事故现场，其应急指挥应由分管安全生产和应急救援的领导担任，其他主要领导宜在应急指挥中心等安全场所参与应急指挥和协调调度工作。

2. 现场应急人员的安全保障

要辨识现场环境危害，确定有害环境的危害程度，为应急人员选择适宜的个体防护装备。

应急人员是指参与危险化学品事故应急救援的所有人员，包括担任侦察、检测、抢救受伤人员、工程抢险、消防、洗消、应急指挥、医务和警戒等任务的人员，这些人员承担的任务不同，所受到的风险威胁也各不相同，需要穿戴的个体防护装备相应也应有所区别。在选择个体防护装备时，总体上应遵循"以人为本、安全第一、就高不就低"的原则。当无法确定事故现场环境的危险时，应急人员呼吸道和皮肤皆应采取最高级别的防护，推荐佩戴全面罩正压呼吸防护用品、穿内置式气体致密型化学防护服。当事故涉及的危险化学品及其在环境中可能达到的最高浓度已确定时，可以按照呼吸防护用品和化学防护服的选择原则分别进行选择，此时主要考虑环境中危险化学品可能达到的最高浓度是否超过立即致死浓度（IDLH），作业环境的氧含量，危险化学品的预期状态、毒性、腐蚀性、刺激性，以及是否通过皮肤吸收等因素。

担任侦察、检测（含称侦检）和抢救受伤人员任务的应急人员通常面临的是危险未知的环境，应采取最高级别的防护，推荐佩戴全面罩正压呼吸防护用品、穿内置式气体致密型化学防护服。担任工程抢险、消防任务的应急人员离危险源最近，面临的有害环境可能随时发生变化，建议采取与侦检人员相同的防护。担任洗消任务的应急人员一般处于污染区，对受到污染的人员和设备进行洗消，防护级别上可以比工程抢险人员低，推荐佩戴正压式空气呼吸器或全面罩自吸过滤式呼吸防护用品，穿外置式气体致密型、液体致密型或粉尘致密型化学防护服。担任应急指挥、医务和警戒任务的应急人员一般处于相对安全的区域，为了防止事故突然变化带来的危险，这些人员可以佩戴半面罩自吸过滤式呼吸防护用品，穿一般作业工作服。

3. 伤亡人员的应急处置

（1）人员搜救　救援人员进入现场前必须做好个人安全防护（对于可能存在毒气泄漏的现场，救援人员必须佩戴空气呼吸器、穿防化服），携带必备的通信器材、生命探测仪、照明灯具和小型破拆器材等。为尽可能抢救遇险人员的生命，抢救行动应本着先易后难，先救人后救物，先伤员后尸体，先重伤员后轻伤员的原则开展网格化搜寻和救护。对身处险境、精神几乎崩溃、情绪显露恐惧者，要鼓励、劝导和抚慰，增强其生存的信心。在切割被救者上面的构件时，防止火花飞溅伤人，减轻被救者的痛苦，改善险恶环境，提高其生存条件（在使用切割装备破拆时，必须确认现场无易燃、易爆物品）。

案例：2019年江苏省盐城市响水县天嘉宜化工有限公司发生爆炸事故后，现场指挥部抢抓72小时黄金搜救时间，全面搜寻失联人员。现场指挥部将1.2平方公里的爆炸核心区划分为13个片区、65个网格，组织消防指战员采取"化整为零、拉网排查、消除盲点"的措施，逐个区域开展地毯式搜救。同时，组织20辆大型工程机械，在水枪掩护下进入现场破拆、清障。在企业技术人员带领下，进入化工厂区搜救的消防指战员深入倒塌装置、储罐、建筑等区域，采取人工搜索、仪器探测等方法，逐个片区、逐个建筑全面搜寻失联人员[2]。

（2）现场急救　在事故现场，化学品对人体可能造成的伤害主要为中毒、窒息、冻伤、化学烧伤、烧伤等。进行急救时，不论患者还是救援人员都需要进行适当的防护。

现场急救注意事项：①选择有利地形设置急救点；②做好自身及伤员的个体防护；③防止发生继发性损害；④应至少2～3人为一组集体行动，以便相互照应；⑤所用的救援器材需具备防爆功能。

现场处理：①迅速将伤患脱离现场至空气新鲜处。②呼吸困难时给氧，呼吸停止时立即进行人工呼吸，心搏骤停时立即进行心脏按压。③皮肤污染时，脱去污染的衣服，迅速用流动清水冲洗，冲洗要及时、彻底、反复多次；头面部烧伤时，要注意眼、耳、鼻、口腔的清洗。④当人员发生冻伤时，应迅速复温，复温是采用40～42℃恒温水浸泡，使其温度提高至接近正常，在对冻伤的部位进行轻柔按摩时，应注意不要将伤处的皮肤擦破，以防感染。⑤当人员发生烧伤时，应迅速将其衣服脱去，用流动清水冲洗降温，用清洁布覆盖创伤面，避免创伤面污染，不要任意把水疱弄破，伤者口渴时，可适量饮水或含盐饮料。

使用特效药物治疗，对症治疗，严重者送医院观察治疗。

注意：急救之前，救援人员应确信受伤者所在环境是安全的。另外，口对口的人工呼吸及冲洗污染的皮肤或眼睛时，要避免进一步受伤。

（3）受伤人员的救治 在现场急救过程中要注意风向的变化，一旦发现急救医疗点处于下风向遭到污染时，应立即做好自身及伤者的防护，并迅速向安全区域转移，重新设置现场急救医疗点。在救援过程中要分工合作，可以分为检伤分类组、危重伤员急救组、一般伤员救治组、伤员转运组和现场监测组，做到任务到人，职责明确，团结协作。急救处理应程序化，为了避免现场救治工作杂乱无章，可事先设计好针对不同类型化学事故所应该采取的现场急救程序。在对伤者实施运送前，必须明确运送的目的医院，根据伤情和运送条件合理选择。如一氧化碳中毒患者宜就近转到有高压氧舱的医院，有颅脑创伤的伤者尽可能转送到有颅脑外科的医院，烧伤严重的伤员要尽可能转送至有烧伤救治力量的医院[3]。化学事故的医疗救治，与常规医疗完全不同，突出表现在时间紧迫、伤情复杂、伤员人数多。医院要有预案、有流程、有训练。当大批伤员转运到了医院急诊科时，应及时动员、召集大批医务人员以最快速度到达医院；科学有序地进行检伤分类、重点救治。医院应有救治批量伤员的物资储备。

（4）伤亡人员家属安抚与应对

① 尽快报警。发生人员伤亡后，尽快报警由公安部门进场处理，避免死者家属围堵现场情绪失控，造成恶劣后果。事故现场应进行封锁，劝告知情者不要传播不实消息，尽量减少事件的不良影响。

② 妥善安抚死者家属。发生事故造成人员伤亡后，其家属的情绪肯定是很悲痛的，亦容易做出过激行为，在事情未处理好之前，要妥善安排好家属人员的食宿问题，时间允许下应陪同家属就餐，及时对家属进行安抚，并第一时间了解家属的动态，以便作出应对措施。

③ 提前做好突发性事件应对措施。在事情未处理好之前，家属随时有可

能做出不理智行为，必须提前做好安保应对措施，通过调集安保人员、严控人员进入厂区、提前知会公安部门等，尽可能减少突发性事件造成的负面影响。

④ 利用有利资源减小事态影响。通过家属工作单位的影响力，应急、司法、公安部门劝导，对家属进行法律方面的教育，避免家属做出过激行为。

⑤ 耐心的谈判工作。与家属进行赔偿金额的谈判是耐心过程，以不怕麻烦、细致、平和的心态与家属进行谈判，注意在谈判过程中把握好力度，在坚持原则的前提下不能与对方发生冲突，对家属表示同情、理解的前提下，通过司法、应急等机构协调，以法律为依据，对家属不合理的要求进行回绝，打消对方不合理、不合法的期望，加快谈判进度和取得好的谈判效果。

4. 周边群众的疏散、转移

化学事故的发生一般都是以有毒有害物质的泄漏扩散、火灾和爆炸的形式出现的，事故现场群众及时、有序疏散、转移也是事故应急救援的重点工作。近年来国内典型危险化学品事故疏散情况见表 3-1。

表 3-1　典型化学事故疏散情况一览表

序号	事故名称	主要危害	疏散距离 /km	疏散人数 /人
1	2003 年重庆开县"12·23"特大井喷事故	硫化氢中毒	1→3~5→7	65632
2	2004 年重庆天原化工总厂"4·16"氯气泄漏爆炸特大事故[4]	氯气中毒	1~1.5	15 万
3	2016 年江苏靖江"4·22"德桥化工仓储公司火灾事故	火灾爆炸	5	6 万
4	2015 年腾龙芳烃(漳州)有限公司"4·6"重大爆炸着火事故	火灾爆炸	5	3 万

周边民众的疏散隔离距离要依据事故的发展进行动态的调整。在 2003 年重庆开县"12·23"特大井喷事故中先后三次调整疏散范围和人数。2003 年 12 月 23 日 22 时，位于重庆市开县罗家寨 16H 井发生天然气井喷失控和 H_2S 中毒事故，造成井场周围居民和井队职工 243 人死亡，2142 人中毒住院。在事故应急救援过程中，人群疏散是减少人员伤亡扩大的关键。井喷失控后，井场周围群众的疏散过程大致可分为三个阶段，分别由井队、高桥镇政府和抢险指挥部组织[5]。

第一阶段：2003 年 12 月 23 日 22 时 25 分，井队向高桥镇汇报事故险情，请求帮助紧急疏散井场周围 1km 范围内的群众。随后，由于井口喷势加剧，硫化氢气味变浓，再次请求将疏散范围扩大至井场周围 3~5km。开县高桥镇党委书记、镇长赶到现场了解情况，随后立即成立了抢险救灾指挥部，并做出了将井场周围的晓阳、高旺、高升、大旺 4 个村的群众以及高桥镇初中、小学的学生向正坝镇、齐力、麻柳撤离的决定。

第二阶段：12 月 23 日 23 时左右，高桥镇通过多种渠道、采取多种形式组织大旺、高旺、黄坡、晓阳、高升、麻柳六个村及集镇和公路沿线群众向齐力、正坝等方向顺公路转移。12 月 23 日 23 时 46 分，开县副县长率队赶赴事故现场，在进一步了解事故现场情况的同时，先遣队迅速做出决定，将剩余的工作人员及井场工人撤离转移至齐力工作站。

第三阶段：12 月 24 日 3 时 50 分左右，齐力工作站开始出现硫化氢气味，指挥部立即决定再次组织群众由后山转移至离井口 5km 外的高升煤矿，并聚合人力，制定方案，明确责任，调集和征用各种车辆，组织场镇和井场周围的群众继续转移，并从中和、临江、铁桥等乡镇以及县城调集车辆，确保群众迅速转移。与此同时，对正坝镇下达转移命令。12 月 24 日 8 时，对距井口 7km 左右的麻柳乡下达准备转移命令。

据重庆市政府统计，"12·23"井喷事故中，抢险指挥部门通过多种渠道、采取多种方式组织群众疏散，疏散共计 65632 人。

在紧急疏散过程确保安全的条件下，还要考虑舆情及社会稳定等相关因素，在 2004 年重庆天原化工总厂"4·16"氯气泄漏爆炸特大事故中就充分体现了这一点。2004 年 4 月 15 日晚上，重庆天原化工总厂氯氢分厂发生氯气泄漏，16 日凌晨 1 时至 17 时 57 分，该厂共发生 3 次爆炸，造成 9 人失踪或死亡，3 人重伤，15 万人被疏散。发生事故的天原化工总厂地处人口稠密的闹市区，其人口密度为 8 万～9 万人/km^2。因此，以正确、科学、确保安全为前提划定警戒区范围是重中之重的应急救援任务。当时有两种意见，一种是将警戒区确定为半径 5km 范围，另一种是将警戒区确定为半径 1km 范围，其面积分别是 78.54km^2 和 3.1416km^2，需疏散的人员分别是 500 余万和 15 万左右。由此可见，警戒区范围每扩大 1km 需疏散的人员都将成千上万递增，同时大范围的人员疏散将给社会、经济稳定造成负面影响，影响的大小是与疏散范围成正比关系的，同时疏散和运输安置工作也随警戒面积的扩大而加重，因此在疏散警戒区的确定问题上一定要慎之又慎，既要保证人民群众的安全，又要考虑社会稳定等诸多因素。应急指挥部在调查了解现场情况，反复论证并听取专家组意见的情况下将警戒区范围定在了事故半径 1km 范围内，同时下风方向扩大至 1.5km，并确定了临时紧急疏散的方案。事故处置的最终结果证明了这一决定是正确的[4]。

二、环境优先

危险化学品事故发生的时间、地点具有不确定性和偶然性，在短时间内会导致大量有毒有害物质泄漏、燃烧、爆炸，释放出许多有毒有害的物质，会严重污染地表、水源，甚至会污染江河从而扩大危害范围，破坏生态环境。同时，在事故处置中灭火剂和泄漏的有毒物料混合，控制不当极易进入污水管或雨排管线，流入江、河、湖、海，也会造成污染。1986 年 11 月 1 日深夜，位于瑞士巴塞尔附近的桑多斯化学公司仓库发生起火事件，装有 1250t 剧毒农药的钢罐爆炸，硫、磷、汞等毒物随着百余吨灭火剂进入下水道排入莱茵河，构成了 70km 长的微红色污染带，以 4km/h 的速度向下游流去。事故造成长度约 160km 河流内多数鱼类死亡，长度约 480km 内的井水受到污染影响不能饮用。污染事故警报传向下游瑞士、德国、法国、荷兰四国沿岸城市，沿河自来水厂全部关闭，改用汽车向居民定量供水。该起火灾严重破坏了莱茵河生态系统，并在较长时间内对莱茵河生态系统产生了不良影响，是 20 世纪最著名的环境污染事件。据统计，我国每年因消防废水而引发的环境污染事件大约在 50 多起[6]。目前对消防废水的处置一般采取"收""吸""堵""送""清"等综合技术手段。"收"，是事故单位将事故处置过程中产生的消防废水收集在自备的储水池或污水处理系统，防止消防废水外流造成水污染；"吸"，是用吸附和降解物品将消防废水吸附降解，减少其对环境的污染和危害；"堵"，是生态环境保护部门或者事故单位筑坝拦截未经任何处置的废水，减轻或减缓事故废水对水体环境的毒害；"送"，是将收集到的事故废水送往有处理能力的专业技术单位（如城市污水处理厂）进行处置，达标后再进行排放；"清"，是以技术手段清除事故处理过程中产生的有毒和被污染的废物，消除存在的环境安全隐患。

1. 水体污染

在化学事故应急处置过程中首先要确保清污分离，污水应进入事故应急池，防止污水进入雨排管线，进而流入江、河、湖、海造成污染。

（1）水体应急检测　应急检测主要分为定性分析和定量分析两种。定性分析是感官检测，通过水体的表现特征、味道等，结合周边的环境情况，可判断出水体的污染情况。定量分析是借助专业的分析仪器来确定水体的污染情况。应急检测方法主要有化学比色方法、生物技术方法、电化学方法及便携式仪器方法等。突发水污染事件的应急检测要在事故发生地点就近检测，跟踪监测。首先制定水质应急检测方案，包括确定检测的水体范围、布置水体取样地点、现场分析及实验室分析方法、检测频率、检测总结等，并根据现场情况及时调整完善水质应急检测方案[7]。突发性水污染事件的污染物分布不均，且变化快，对环境的污染情况也各有不同。因此在布置检测点和采样的时候要考虑到污染物的浓度、范围等，还要考虑到事件发生的地理环境，水体的流向等多方面的问题，确保检测结果的有效。在进行采样时，要保证采样仪器的清洁度，避免交叉污染，还要在未被污染的地方取样，方便对比得出结果。根据污染地方的情况，结合仪器确定准则，配置出科学合理的突发性水污染事件现场应急检测技术应用的仪器组合。现场检测仪器的确定原则：能够快速鉴定污染物种类，并能够给出定性或半定量甚至是定量的分析结果，便于携带，方便使用，对样品处理要求低。根据污染情况、区域、水体流速以及事件发生的现场状况确定采样的频率和次数，争取在最短的时间里采集最具有代表性的样品，距离突发性水污染事件发生时间越短，采样的频率就要越高。根据水质的变化情况及污染的发展情况分析并形成相应的规律，以增加取样的代表性。

（2）泄漏物料的收容和回收　在化工事故处置中常用工艺措施进行处置。所谓工艺措施主要是指关阀断料、开阀导流、火炬放空、排料泄压等措施。工艺措施在实际灭火救援中是不可替代的科学、有效处置化工火灾和危险化学品泄漏事故的技术手段。工艺措施是不可替代的科学、高效处置化工火灾和危险化学品泄漏事故的技术手段，在实际危化品事故应急处置中因工艺处置不当导致事故扩大的案例屡见不鲜。

（3）事故应急池　又称事故缓冲池或应急事故池，是指在发生事故时能有效接纳装置排水、消防水等污染水，以免事故污染水进入外环境造成污染的污水收集设施，事故应急池容积应按下式计算：

$$V_总 = (V_1 + V_2 - V_3)_{max} + V_4 + V_5$$

式中　V_1——收集系统范围内发生事故的一个罐组或一套装置的物料量，储存相同物料的罐组按一个最大储罐计，装置的物料量按存留最大物料量的一台反应器或中间储罐计，m^3；

V_2——发生事故的储罐或装置的消防水量，m^3；

V_3——发生事故时可以转输到其他储存或处理设施的物料量，m^3；

V_4——发生事故时仍必须进入该收集系统的生产废水量，m^3；

V_5——发生事故时可能进入该收集系统的降雨量，$V_5 = 10qF$，m^3；

q——降雨强度，按平均日降雨量，$q = q_n/n$，mm；

q_n——年平均降雨量，mm；

n——年平均降雨日数；

F——必须进入事故废水收集系统的雨水汇水面积，hm^2。

（4）**典型案例**　2005 年 11 月 13 日吉林石化公司发生特大爆炸事故后，大部分生产装置和中间罐及部分循环水系统遭到严重破坏，致使未发生爆炸和燃烧的部分原料、产品和循环水泄漏出来，逐渐蔓延流入双苯厂清净下水排水系统，抢救事故现场所有的消防水和残余物料混合后也逐渐流入该系统。这些污水通过吉林石化清净废水排水系统进入东 10 号线，并与东 10 号线上游来的清净废水汇合，一并流入松花江，造成松花江特别重大水体环境污染事故。

2011 年 7 月 11 日，惠州炼化芳烃联合装置发生火灾事故，随着现场火灾的扑救，消防水用量不断增加，为缓解应急池的压力，消防车循环使用消防污水；在芳烃装置周围采用水泥墙完全隔离，隔离区周围设置水泵作为备用，防止污染厂区其他清净雨水；对芳烃装置周边雨水排放系统进行隔离，雨水沟内设置活性炭过滤防线；用消防车将部分消防污水送至原油罐区防火堤内，提前在泄洪道下游布置两道围油栏，防止污油外溢。事故产生消防污水约 5.87 万吨。其中，4.8 万吨存事故池；0.3 万吨存入封闭的排水沟；约 0.6 万吨存至原油罐区防火堤内。11 日 18 时 30 分和 23 时，两次突降大暴雨，导致厂区初期雨水外溢，造成市政泄洪渠轻度污染，少量淡水鱼死亡。根据国家环保部应急办的指示，将事故监控池的污水导出，降至安全液位，以防暴雨冲击。公司在惠州市政府的协调下，调集各种槽车 50 余辆，连夜转运 12412t 污水至污水处理厂，缓解了消防污水外溢的风险。

2. 大气污染

突发性大气污染主要有以下几种：①有毒有害化学品泄漏或非正常排放所引发的污染事故。主要有毒有害气体包括一氧化碳、硫化氢、氯气、氨气等。②由一些易燃易爆物引起的火灾或爆炸所形成的污染事故。此类物质包括煤气、液化石油气、天然气、木材、油漆、硫黄等；另外，还有些垃圾、固体废物因堆放或处置不当，也会发生爆炸事故。③由于放射性物质泄漏，以核辐射方式所造成的污染事故。由于突发性大气污染事故的类型、发生环节、污染成分及其危害程度千差万别，因此，应急监测应与实验室分析相结合，应急监测的技术先进性应与现实可行性相结合，以及定性与定量相结合，快速与准确相结合。

（1）**事故现场的实时监测**　突发性大气污染事故发生的形式多样性、成分复杂性，决定了应急监测项目往往一时难以确定，除非对污染事故的起因及污染成分有初步了解，否则要尽快确定应监测的大气污染物。首先，根据事故的性质、现场调查情况初步确定应急监测的污染物。其次，可利用检测试纸、快速检测管、便携式检测仪等确定污染物。最后，可快速采集样品，送至实验室分析确定应急监测的污染物。有时，这几种方法同时并用，综合分析获取的信息并结合工作经验得出正确的结论。在具体实施现场监测时，应选择最合适的分析方法。优先考虑采用气体检测管、便携式气体检测仪、便携式气相色谱、便携式红外光谱和便携式气相色谱-质谱联用仪器等。同时，还可以从现有的环境空气自动监测站和污染源排气在线连续自动监测系统获得相关监测信息。

（2）监测点的布设　由于事故发生时，污染物分布极不均匀，时空变化大，对各环境要素的污染程度各不相同，因此采样点位的选择对于准确判断污染物的浓度分布、污染范围与程度等极为重要。点位的确定应考虑以下因素：①事故的类型（泄漏、爆炸）、严重程度与影响范围；②事故发生的地点（如是否为敏感地）与人口分布情况（是否市区内等）；③事故发生时的天气情况，尤其是风向、风速及其变化情况。同时，大气监测点的布设应遵守以下原则：①采样点应设置在事故发生点及其附近，同时必须注意人群和生活环境，考虑居民住宅区空气的影响，合理设置参照点，以掌握污染发生地点状况、污染程度和污染范围。②对被突发性大气污染事故所污染的大气应设置对照断面，控制断面。尽可能以最小的断面获取足够的有代表性的所需信息[8]。

（3）监测频次的确定　污染物进入大气后，随着稀释、扩散、降解和沉降等自然作用以及应急处理处置，其浓度会逐渐降低。为了掌握事故后污染程度、范围及变化趋势，需要实时进行连续的跟踪监测。在事发、事中和事后不同阶段予以体现，但各阶段的监测频次不尽相同。频次的确定原则见表 3-2。

表 3-2　监测频次确定原则

监测点位	应急监测频次	跟踪监测频次
空气事故发生地	初始密集（次/d）监测，随着污染物浓度的下降逐渐降低频次	连续两次监测浓度均低于空气质量标准值或已接近可忽略水平为止
空气事故发生地周围居民区等敏感区域	初始密集（次/d）监测，随着污染物浓度的下降逐渐降低频次	连续两次监测浓度均低于空气质量标准值或已接近可忽略水平为止
空气事故发生地下风向	3～4 次/d 或与事故发生地同频次（应急期间）	2～3 次/d，连续 2～3d
空气事故发生地上风向参照点	2～3 次/d（应急期间）	

3. 土壤污染

化学品泄漏、火灾、爆炸等事故都可能造成高强度场地污染，对人的健康、生态环境及社会安全构成了严重威胁。此类污染场地具有污染物种类复杂、污染强度高等特点。2015 年 8 月 12 日，在天津市滨海新区的瑞海公司，发生了危险化学品仓库火灾爆炸事故。通过分析事发时瑞海公司储存的危险货物的化学组分，确定至少有 129 种化学物质发生爆炸燃烧或泄漏扩散，仅硝酸盐的泄漏量就超过 2400t[9]。污染事故发生后，必须迅速采取紧急措施对污染场地进行管理控制，对污染场地进行快速修复，以把污染的程度和范围降到最小。目前国内已推广应用的修复技术主要是焚烧、稳定/固化、挖掘/填埋等简单技术，生物堆、热处理、生物通风等中等难度技术仅限于某些场地试点研究，化学淋洗、溶剂浸提、电动力学修复等在国外已推广应用的复杂技术还停留在实验室研究阶段。快速的可大规模应用的土壤修复技术仍处于研究阶段，缺乏专业技术人员与管理人员，难以在事故发生后的第一时间开展污染场地土壤管理与修复工作。

三、舆情受控

舆情属于公共舆论（public opinion）的范畴，当有影响力的事故发生时，社会公众可能会围绕该事件进行讨论。当讨论达到一定范围并持续一定时间，就可能会形成公共舆论。公共舆论作为一种客观存在的社会现象，它在公共讨论中所反映的思想、认识和观点却并不一定是完全客观的。跟较为中性的公共舆论不同，在当下中国的语境下，舆情具有一些鲜明的倾向性特征。互联网、新媒体时代，人人都有麦克风、人人都有摄像机，公共舆论的广度及其对社会的全方位渗透，都是前所未有的。新媒体的传播特质可以概括为"七全二去"，即全时、全域、全民、全速、全媒体、全渠道、全互动和去中心化、去议程化。新媒体的联动传播呈现网状链式和节点辐射式特征，新媒体用户之间则呈现出虚拟人际关系的网状信息传播形态，碎片化信息可以快速聚合或裂变。与传统报纸杂志、记者、专家发声为主导的"专业生产"相比，新媒体时代信息生产的特点是以"用户生产"为主，这是以前的传统媒体所不可比拟的，言论管控的难度也是空前的。

化工行业在我国经济发展建设中扮演着重要角色，与我们的日常生活息息相关。但与化工行业所创造的价值形成鲜明反差的是普通民众对化工企业的信任度极低，甚至"谈化色变"。化工行业的信任危机主要是由于化工企业本身在生产、储存、运输方面的特殊性。近年来重特大危险化学品事故频发，进而引起极高的舆论关注度。每当重特大危险化学品事故发生时，信息与观点、真知与歧见、真相与谣言就会在多个舆论场中互动，多元话语互相竞争。按照危机传播的基本原理，重大危机事件中，公众最想了解的信息大体包括："发生了什么？有无伤亡情况？损失的程度如何？会继续造成伤害和损失吗？为什么会发生？谁或者什么对此负责？做些什么以解决危机？什么时候会结束？以前发生过类似危机吗？问题出现之前有什么征兆吗？"这些涉及危机真相的核心信息，其背后彰显了公众对于社会公平正义、个体安全与尊严的深层次诉求。如果政府和涉事企业能够在第一时间内进行救援，展开调查，并及时公布相关信息，既能有力杜绝谣言的扩散，又能获得公众中"最大公约数"的理解与支持，进而实现舆情的平稳消退。另外，是否拥有通畅的新闻发布渠道和较为完备的信息沟通机制，是否能够在第一时间及时回应舆情，相关负责人是否能直面传媒，凡此种种对舆情的消退、危机的成功处理具有决定性影响。2016 年 7 月 30 日，国务院办公厅专门印发了《关于在政务公开工作中进一步做好政务舆情回应的通知》明确规定政府必须在 24～48 小时之间，"通过发布权威信息、召开新闻发布会或吹风会、接受媒体采访等方式"对舆情进行回应，而且"通过召开新闻发布会或吹风会进行回应的，相关部门负责人或新闻发言人应当出席"。

当突发事件发生时，企业要及时开展全方位的信息沟通和交流。①企业内部的信息发布。要如实告知员工事故事态的发展，确保每位员工都清楚自己的应对措施，保障企业有序开展应急和正常生产工作。②相关利益方的信息发布。要及时告知企业的上下游产品供应商相关事故的发展，以及有可能带来的供应链的断裂等相关情况。③主流媒体和新媒体的舆情跟踪和应对，这项工作是最重要也是最难的。企业要与新闻媒体密切合作，确保与事故相关的报道符合实际，能公平和准确地反映企业的立场。在紧急情况下，当地报纸、电视和电台等媒体可能很快地获悉事故消息，记者会赶到事故现场或企业大门前采集有关新闻消息。保卫人员应该确保若非允许不得入内，尤其是无关人员，不得进入应急指挥中心或事故现场，因为化学事故的现场不确定因素很多，极易发生危险；另外，无序进入和采访也会干扰应急行动。为防止媒体错误报道突发事件，应设专人（新闻发言人）负责处理公众和媒体相关事务。

新闻发言人应及时举办新闻发布会，提供准确信息，避免错误报道。当没有进一步信息时，应该让人们知道事态正在应急处置和调查之中，将在下次新闻发布会通知。无理由地回避或掩盖事实真相只能让企业的公众形象受到损害，企业应通过有效的媒体公关策略来表达，可以概括为"四个一"。一个系统：由专门的部门与媒体进行沟通，建立友好关系；一个声音：对外统一口径，由指定的新闻发言人对外发言；一个态度：对所有的媒体和记者都坦诚相待；一个形象：对外形象保证一致性。

典型案例：2015 年天津滨海新区的瑞海公司所属的危险品仓库发生火灾

爆炸事故是一起"特别重大生产安全责任事故"。事故发生后立即引发了社会舆论的高度关注，伴随国内外主流媒体的报道以及自媒体的转发与评论，舆情也随之形成与扩散。从8月13日到23日，天津市政府连续召开14场新闻发布会回应社会关切。与新闻发布会相伴生的，则是各种"舆情灾害"。新闻发布会，态度最重要，然而在"8·12"事故后有三场新闻发布会推迟。其中，第二场发布会推迟了10分钟，第六场发布会推迟了20分钟，第七场发布会甚至整整推迟了一个小时。政府新闻发言人却并未就此做出解释，从而引发了媒体和公众的各种想象与猜测，进而导致"次生舆情"的出现。前六场新闻发布会上，天津市主管安全生产的副市长始终没有出现；前八场新闻发布会上，天津港领导也始终没有出席，很多关键性问题始终难以得到切实回应。公众据此认为政府的回应缺乏诚意，"次生舆情"由此推及政府工作作风、官员腐败等多个维度。最关键的是针对关键核心问题缺乏专业的"舆情回应"。在回答爆炸原因、消防员失联人数、危险品仓库规划等关键问题时，部分官员明显反应迟钝，甚至在进行短暂讨论之后，还是给出"不予告知"的回答。更匪夷所思的是，在面对某些问题时，现场官员甚至全体沉默，完全不做任何回应。譬如，第五场新闻发布会上竟然出现三次集体沉默的状况。这些直接导致了公众对于政府官员危机处理能力与诚意的质疑，并很快转化为内容不同、指向一致的舆情灾害[10]。

四、减少损失

事故救援过程中，企业要尽快组织专业人士评估和研判事故可能引发的财产损失和市场波动，做好生产工艺的调整，尽量保持供应链的稳定，重点做好关键装置和重要部位的保护，保障企业水电气风等公用工程的完好，保障重要生产工序不间断，减少事故可能造成的损失。事故发生后，应尽快成立一个损失情况评估小组，这个小组将深入各个单元对设备、财产的损坏情况进行评估。一旦评估小组工作完成，所有的修复工作马上展开。另外，宜将重点区域的恢复列为恢复计划中的优先级别。

第二节　事故控制区确定

化学事故发生后，应立即根据事故物质及事故类型确定初始安全区，随后要安排现场危害物质和天气条件的实时监测，参考事故模拟软件和以往事故案例，结合当地的环境条件和人口密度等数据确定事故控制区，制定人员隔离和疏散方案。

若接触泄漏物或吸入其蒸气可能会危及生命，有必要确定初始安全区，以供在专业人员到达事故现场前作现场应急人员应急参考。

一、初始安全区

初始安全区包括初始隔离区和防护区，是指危险化学品事故发生后，相关危化品监测人员没有到达事发地之前，为了保护周边民众免受事故伤害，第一时间在泄漏源周围及其下风向设置的需要防控区域。

初始隔离区（图 3-1）是指发生事故后，公众生命可能受到威胁的区域，是以泄漏源为中心的一个圆周区域，圆周的半径即为初始隔离距离。该区域只允许专业抢险救援人员进入。

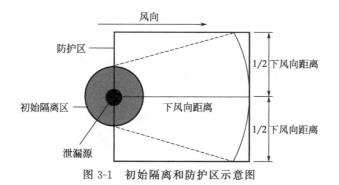

图 3-1 初始隔离和防护区示意图

防护区（疏散区）是指下风向有害气体、蒸气、烟雾或粉尘可能影响的区域，是泄漏源下风方向的正方形区域。正方形的边长即为下风向疏散距离。该区域内如果不进行防护，则可能使人致残或产生严重的或不可逆的健康危害，应疏散公众，禁止未防护人员进入或停留。

初始隔离和防护距离是事故发生后根据泄漏物的危害性和泄漏量估算第一时间给出的初始隔离和防护距离，是避免人们吸入危险化学品泄漏有毒蒸气导致危害的距离，在物质泄漏后 30min 就可能产生影响，并随时间的增加而增加的距离。初始安全区距离可以参考北美运输部编写的《应急救援指南手册 (2018)》，也可参考应急管理部化学品登记中心编写的《危险化学品应急处置速查手册》。可以根据表格中提供的初期隔离距离（initial isolation distance）与保护行动距离（protective action distance）对现场情况进行处置。初始安全区距离分为小量（等于或小于200L）和大量泄漏（大于200L）情景，更进一步细分又可为白天及夜晚情景。

根据确定的初始安全距离，可以疏散现场的人员，禁止无关人员进入隔离区。

二、事故安全控制区

当专业应急处置人员到达现场后，应进一步细化安全区域，建立事故安全控制区，确定应急处置人员、洗消人员和指挥人员分别所处的区域。在该区域明确应急处置人员的工作，有利于应急行动和有效控制设备进出，并且能够统计进出事故现场的人员。典型的应急事故现场的3个区域划分，如图3-2所示。

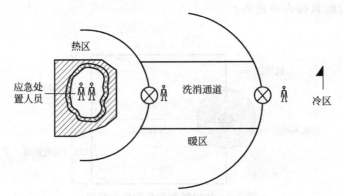

图 3-2　事故安全控制区划分示意图

（1）热区（红区、限制区、高危区）　该区域是直接接近危险化学品现场的区域，其范围应足以防止危险化学品对该区域以外人员造成不利的影响。只有受过正规训练和有特殊装备的应急处置人员才能够在这个区域作业。所有进入这个区域的人员必须在安全人员和指挥者的安排下工作，还应设定一个可以在紧急情况下得到后援人员帮助的紧急入口。该区域在其他文件中也被称为排斥区或限制区。

（2）暖区（黄区、除污区、中危区）　该区域是进行人员和救援装备洗消及对热区实施支援的区域。该区域设有进入热区的通道入口控制点，其功能是减少污染物的传播扩散。只有受过训练的净化人员和安全人员才可以在该区域工作。净化工作非常重要，排除污染的方法必须与所污染的物质相匹配。该区域在其他文件中也称为洗消区、减污区或限制进入区。

（3）冷区（绿区、支援区、轻危区） 冷区内设有指挥所，并具有一些必要的控制事故的功能。该区域是安全的，只有应急人员和必要的专家才能在这个区域。该区域在其他文件中也称为清洁区或者支持区。

控制区域的大小、地点、范围确定应依据泄漏事故的类型、污染物的特征、天气、地形、地势和一些其他因素。在事故风险研判过程中应综合考虑以下因素：

① 人员接触

a. 哪些人最可能接触危险；

b. 影响程度；

c. 距离达到危险浓度的时间。

② 对事故现场内重要系统的考虑

a. 任何重要的控制系统是否在危险区域内；

b. 是否有必要在危险区域内对重要装置进行有序的停车，以防止更大的潜在危险。

③ 对环境的考虑

a. 对危险很敏感的水体、土壤区域；

b. 对野生生物的保护；

c. 渔业；

d. 水生生物。

④ 财产

a. 现场内的重要财产（设备、操作系统、车辆、原材料、产品、存货）；

b. 现场外的财产。

⑤ 现场外的关键系统

a. 可能受到事故影响的主要运输系统；

b. 可能受到事故影响的公用水、电、气、通信服务系统等。

⑥ 应急人员的工作区域

a. 指挥中心；

b. 准备区域；

c. 支援路线。

应通过现场的实时有毒气体浓度和易燃气体爆炸极限检测及多方面的参考资料决定受控制区域的大小和程度。美国工业卫生协会（AIHA）出版的《污染空气的紧急反应计划指南》给出了一个详细的划分原则：

• 热区：侦测或评估数值超过毒性化学物质浓度 1/2 IDLH 值或 ERPG-3 值；

•暖区：侦测或评估数值超过毒性化学物质浓度 TWA 值，低于 1/2
IDLH 值或 ERPG-3 值；

•冷区：侦测或评估数值低于毒性化学物质浓度 TWA 值。

其中，TWA 是时间加权平均值，是对一定时间内化学气体浓度的衡量。
这个平均浓度是在 8h 内定时取数，然后求平均值，考虑到结果的有效性和实
用性，规定采样间隔的时间不大于 15min，所有的结果相加平均即作为 8h
TWA 值。

ERPG：在紧急情况下，人们持续暴露在有毒环境中 1～24h，并完成指定
任务所能接受的气体、蒸气或烟雾的浓度（紧急暴露指导标准）。其中，
ERPG-1 是指人员暴露于有毒气体环境中约 1h，除了短暂的不良健康效应或
不当的气味之外，不会有其他不良影响的最大容许浓度；ERPG-2 是指人员暴
露于有毒气体环境中约 1h，不会对身体造成不可恢复伤害的最大容许浓度；
ERPG-3 是指人员暴露于有毒气体环境中约 1h，不会对生命造成威胁的最大
容许浓度。

三、个体防护

危险化学品事故应急救援不同于一般的灾害救援，参加救援的人员必须考
虑自身防护问题，否则不但救不了别人而且有可能使自己中毒甚至死亡。因
此，开展有效危险化学品事故应急救援的前提是为现场的应急救援人员和涉及
的周边民众提供适宜的个体防护用具。

用于化学事故应急救援的防护用具按用途可分成两大类，一类是呼吸道防
护用具，另一类是皮肤防护用具。

呼吸道防护用具按其使用环境分为过滤式和供气式两大类。过滤式呼吸
器是靠过滤原理清除空气中的有毒物，亦称净化呼吸器，这类用具仅当空气
中含氧量不低于 18％时方可使用。其净化作用由机械过滤、吸附、化学反
应和催化等来完成。利用颗粒机械式过滤方法，可以有效地除去空气中的粉
尘、雾气和金属粉尘等。气体和蒸气过滤呼吸器是采用化学过滤方法去除有
毒气体和蒸气，其过滤器内装有浸渍催化剂的颗粒活性炭，空气通过过滤器
时，其中的毒物被吸附在活性炭上与之发生化学反应。颗粒、气体和蒸气过
滤呼吸器则具有以上两种呼吸器的功能，故称通用型过滤呼吸器。供气式呼
吸器使人员的呼吸器官与有毒空气隔绝，由用具本身供给人员呼吸用的空气
和氧气，亦称隔绝式呼吸器。目前有自给式供气呼吸器和非自给式供气呼吸
器两大类。自给式供气呼吸器能自身供给空气（氧气），能在各种有毒气体

和缺氧的条件下提供呼吸道保护。这类面具有隔绝式氧气面具、压缩空气呼吸器和化学生氧面具等。非自给式供气呼吸器是借助软管或管路连通无污染空气源向使用者提供洁净空气。其结构简单，适用面广，不论有毒物的种类和物理状态如何均可使用。根据空气源的不同，又可分为新鲜空气软管呼吸器和压缩空气管路呼吸器两类。

皮肤防护用具供化学事故应急救援用的有靴套、手套、防护镜、头盔、围裙和隔绝式防护服等。根据化学事故的性质、特点、危害程度和救援人员所执行的任务，可穿戴不同的防护服，通常选配的原则是：对一般化学品、粉尘等可选用由防水布、帆布或涂层织物制成的防护服，对强酸、强碱类有毒化学品可选用耐腐蚀织物制成的耐酸碱防护服，对各类有毒化学品应选用橡胶材料制成的隔绝式防护服。

如果泄漏的有毒化学品性质不明、浓度不清或污染程度未查明，必须使用隔绝式呼吸道防护用具。此时使用任何过滤式呼吸器都是很危险的，应在充分掌握现场实际的情况下方可降低防护等级。此外，在化学事故应急行动中，应根据事故的危害程度、任务要求和环境因素等条件，来确定使用个人防护用具的等级，因为选用适当的防护用具，是保持救援人员体力和工作能力，顺利完成应急救援任务的有效措施。化学事故危险程度可能有较大的差异，有毒化学品的种类不同对人员的危害各异，可能要进行呼吸道防护和全身防护。当应急救援人员对可能产生的危害程度有了明确的估计时，即可确定所需采取的防护等级。有些文献、数据库可提供相当多的有毒化学品的物理性质、化学性质、毒性数据等。多数情况下，指挥人员弄清、掌握这些资料会使应急救援快速准确，判断可能出现的危险并采取正确必要的防护等级。其实，确定防护等级后也并非一直不变。在救援初期可能使用高等级的防护措施，即使用隔绝式防护服、隔绝式空气呼吸器等；当泄漏的有毒化学品的浓度降低时，可以降为低一级的防护措施。

在国外，通常将防护标准划分为三个基本等级，其配套组合的防护器材可供应急救援队伍在平时训练和执行任务时参考。第一级包括工作服、靴套、手套、头盔及气密护目镜、口罩等，这些是防无毒蒸气、烟雾和粉尘用的。如有大量粉尘、烟雾和蒸气则需戴上头罩。第二级包括耐酸碱防护服、靴套、手套、头罩及面部防护罩。这些用具主要用于防液体喷溅，酸碱液体能腐蚀和伤害皮肤，不过蒸气和烟雾危害较小。头罩是与工作服相连的，不用时可取下。如果有毒化学品产生刺激性气味或有毒蒸气、烟雾，可使用气密护目镜、口罩或防毒面具等。第三级是隔绝式防护服，可防止液体、蒸气、烟雾或粉尘侵害人体。这是作为对付剧毒、腐蚀性有毒化学品或长期效应的致癌物、可疑致癌物的有效防护用具。靴套是连在防护服上的，另配有防毒手套、防毒面具等。

洗消是消除危险化学品灾害事故污染的最有效的方法，主要包括对人员的洗消和对事故现场及染毒设备的洗消。应急人员在脱去防护服装前必须进行彻底洗消，对于人员的洗消主要是除污更衣、喷淋洗消、检测更衣，送医院检查，对于洗消后检测不合格的必须进行二次洗消直到合格为止。对于一般染毒器材，可以集中用高压清洗机冲洗，也可将可拆部件拆开用高压清洗机反复洗消，检测合格后擦拭干净。对忌水的器材可用药棉、干净的布蘸取洗消剂反复擦拭，检测合格后方可离开洗消场。常用的洗消剂主要有以下几种：氧化氯化型消毒剂、漂白粉、三合一、氯氨等。

四、人员疏散

危险化学品事故发生后，现场工作人员和周边群众的生命安全可能受到威胁。现场指挥员应根据事故发展情况，迅速做出是否需要人员避难的指示。人员避难工作的成败有时可能直接关系到整个事故处理的成败。

人员避难包括疏散和就地保护两种方式。疏散是指把所有可能受到威胁的人员从危险区域转移到安全区域。在有足够的时间向群众报警，进行准备的情况下，疏散是最佳保护措施。一般是从上风或侧上风方向撤离，必须有组织、有秩序地进行。就地保护是指人进入建筑物或其他设施内，直至危险过去。当疏散比就地保护更危险或疏散无法进行时，采取此项措施。指挥建筑物内的人，关闭所有门窗，并关闭所有通风、加热、冷却系统。

就地保护方式只可以在紧急时刻为受灾人员提供一个相对直接暴露于受污染空气中而言的"清洁空间"。每小时建筑物内、外空气中有毒物质的浓度比（渗透率）是衡量就地保护方式有效性的一个重要指标。试验表明，在泄漏源上风侧的建筑物，室内的有毒气体浓度约为室外有毒气体浓度的 1/10；而在下风侧的建筑物，室内的有毒气体浓度约为室外有毒气体浓度的 1/20。当建筑物的门窗用胶条密封时，在上、下风侧的建筑物内的有毒气体浓度较室外分别降低 1/30、1/50。显然，就地保护可以降低人们遭受有毒物质伤害的程度。

在欧洲的大部分国家，受灾区域的公众采取就地保护的方式已经成为重大事故应急的必经步骤。例如，在瑞典，当重复的短笛报警声响起之后，该区域的公众就会迅速、自觉地进入建筑物内，关闭所有的门窗和通风系统，并将收音机调至一个固定的频道接收进一步的指示。美国的大部分州则采取截然相反的疏散方式，通常是指挥公众从危险区域中疏散。我国目前在避难方式的选择上没有明确的说法，一般采取疏散的方式。

美国国家化学研究中心认为，泄漏的化学物质特性、公众的素质、当时的气象状况、应急资源、通信状况、允许疏散时间的长短等是影响重大事故时应急避难方式选择的重要因素。

在化学事故应急中，确定是否需要疏散人员时，推荐采用以下原则。

如果可以得到化学品的 ERPG 数据，人员疏散可以按照公布的原则执行。

① 侦测或评估数值低于毒性化学物质浓度 ERPG-1 或未达危害浓度时，不进行疏散动作。

② 侦测或评估数值介于毒性化学物质浓度 ERPG-1 与 ERPG-2 之间，发布警戒管制区及就地避难警报。

③ 侦测或评估数值超过毒性化学物质浓度 ERPG-2，发布警戒管制区及疏散警报，或作适当的就地避难。

④ 侦测或评估数值超过毒性化学物质浓度 ERPG-3，进行疏散。

确定安全距离的程序如下：

① ERPG 值已知。根据 ERPG-3 确定初始隔离距离，根据 ERPG-2 确定保护距离。

② ERPG 值未知。根据 IDLH 值或 $0.1 \times LC_{50}$ 值确定初始隔离距离，根据 $0.01 \times LC_{50}$ 值确定保护距离。

其中，立即致死浓度（immediately dangerous to life and health，IDLH）是指人员暴露于毒性气体环境 30min，尚有能力逃跑，且不致产生不良症状或不可恢复性健康影响的最大容许浓度。LC_{50}（lethal concentration）为半数致死浓度，是指试验动物群暴露在某种化学物质环境中一段时间（1～4h）后，观察 14d，结果能造成 50% 试验动物群死亡的该化学物质的浓度。

五、现场应急检测

现场检测仪器设备的配备原则是应能快速鉴定、鉴别污染物，并能给出定性、半定量或定量的检测结果，直接读数，使用方便，易于携带，对样品的前处理要求低。

（1）现场检测仪器设备的准备 配置常用的现场检测仪器设备，如检测试纸、快速检测管和便携式检测仪器等快速检测仪器设备。需要时，配置便携式气相色谱仪、便携式红外光谱仪、便携式气相色谱-质谱分析仪等应急检测仪器。

（2）现场检测项目和分析方法 凡具备现场检测条件的检测项目，应尽量进行现场检测。必要时，应采集一份样品送实验室分析测定，以确认现场的定性或定量分析结果。

a.检测试纸、快速检测管和便携式检测仪器的使用方法可参照相应的使用说明，使用过程中应注意避免其他物质的干扰。

b.用检测试纸、快速检测管和便携式检测仪器进行检测时，应至少连续平行检测 2 次，以确认现场检测结果；必要时，送实验室用不同的分析方法对现场检测结果加以确认、鉴别。

c.用过的检测试纸和快速检测管应妥善处置。

（3）现场检测记录　现场检测记录是应急检测结果的依据之一，应按格式规范记录，保证信息完整。可充分利用常规例行检测表格进行规范记录，主要包括环境条件、分析项目、分析方法、分析日期、样品类型、仪器名称、仪器型号、仪器编号、检测结果、检测断面（点位）示意图、分析人员、校核人员、审核人员等，根据需要并在可能的情况下记录风向、风速，水流流向、流速等气象、水文信息。

（4）检测安全保障　进入事故现场的应急检测人员，必须注意自身的安全防护。对事故现场不熟悉、不能确认现场安全或不按规定佩戴必需的防护用具（如防护服、防毒呼吸器等），未经现场指挥/警戒人员许可，不准进入事故现场进行采样检测。

① 采样和现场检测人员安全防护设备的准备。应根据当地的具体情况，配备必要的现场检测人员安全防护用具，常用的有：

a.测爆仪，一氧化碳、硫化氢、氯化氢、氯气、氨等现场检测仪等；

b.防护服、防护手套、胶靴等防酸碱、防有机物渗透的各类防护用具；

c.各类防毒面具、防毒呼吸器（带氧气呼吸器）及常用的解毒药品；

d.防爆应急灯、醒目安全帽、带明显标志的小背心（色彩鲜艳且有荧光反射物）、救生衣、防护安全带（绳）、呼救器等。

② 采样和现场检测安全事项

a.应急检测，至少两人同行。

b.进入事故现场进行采样检测，应经现场指挥/警戒人员许可，在确认安全的情况下，按规定佩戴必需的防护用具（如防护服、防毒呼吸器等）。

c.进入易燃易爆事故现场的应急检测车辆应有防火、防爆安全装置，应使用防爆的现场应急检测仪器设备（包括附件，如电源等）进行现场检测，或在确认安全的情况下使用现场应急检测仪器设备进行现场检测。

d.进入水体或登高采样，应穿戴救生衣或佩戴防护安全带（绳）。

第三节 点火源辨识与消除

一、点火源分类

点火源通常是指能够引发火灾的所有热源，有效点火源是指能够引起火灾爆炸的点火源。关于点火源的分类，国内外没有统一的标准，主要有美国材料协会 ASTM E3020-16a《点火源标准规程》、美国消防协会 NFPA 69《防爆系统标准》、欧盟 EN 1127-1《爆炸性环境爆炸预防和保护 第 1 部分：基本概念和方法》以及我国 GB 25285.1《爆炸性环境 爆炸预防和防护 第 1 部分：基本原则和方法》。欧盟 EN 1127-1 和我国 GB 25285.1 等将爆炸性环境内点火源划分为：热表面、火焰和热气体（包括热颗粒）、机械产生的火花、电气设备、杂散电流、阴极防腐措施，静电，雷电，$1\times10^4\sim3\times10^{12}$ Hz 射频（RF）电磁波，$3\times10^{11}\sim3\times10^{15}$ Hz 电磁波，电离辐射，超声波，绝热压缩和冲击波，放热反应（包括粉尘自燃）。美国化工过程安全中心（CCPS）将点火源划分为明火、自热火源、电点火源、物理点火源、化学点火源等 5 类。其中，自热火源主要与温度有关，电点火源包括电火花、静电火花、雷电等，物理点火源主要由冲击、摩擦、碰撞和绝热压缩等产生，化学点火源主要包括发热物质、催化物质和一些不稳定物质等。

从危险化学品泄漏火灾爆炸事故引发机理来看，有效的点火源可以分为自燃火源和被引燃火源。自燃火源包括环境温度达到自燃点而自燃，或泄漏物质由于静电泄放而起火、爆炸等。被引燃火源需要这些点火源具有一定的温度、规模和形状以及足够的持续时间，以有效引燃泄漏的危险化学品。

在危险化学品生产和储存场所主要点火源为明火、静电放电及雷电等，明火多由动火作业、违规吸烟等引起；罐区静电积累部位多，放电形态多样，产生频率大，不易防控；电气火花主要由电气系统或元件发生短路、过热，人员误操作等因素引发，易发区域主要为配电系统；现行的危险区域分类标准及防爆设备的使用已降低了电气火花的事故率；雷电属自然放电，罐区火灾事故中的大约 30% 是由雷电引发的，高居点火源第一位。

二、点火源引燃特性

爆炸性环境通常分为气体爆炸性环境（包括可燃气体、蒸气、薄雾等）和粉尘爆炸性环境（包括可燃粉尘、可燃纤维等，可燃粉尘固体颗粒通常公称直径小于或等于 $500\mu m$）。爆炸性环境是否能形成与点火源类型、存在形式，泄漏危险品被引燃特性，泄漏发生时点火源存在的概率或时频特性，以及预防点火事件发生的安全措施等有关。从爆炸性环境可燃物质角度考虑，主要是爆炸性环境的最小点燃能量（minimum ignition energy，MIE，如气体、蒸气最小点火能，可燃粉尘云最小点火能）、最低引燃温度（可燃液体和气体引燃温度、闪点等，可燃粉尘云的最低着火温度、粉尘层最低着火温度和堆积粉尘自燃温度等）、可燃物质的可燃浓度或爆炸极限（explosion limits，可燃气体爆炸极限、可燃粉尘爆炸下限等）和极限氧浓度（limit oxygen concentration，LOC）等。从爆炸性环境点火源消除角度考虑，主要是各类点火源的存在形式、触发条件及时频特性、能量特性、温度特性、辐射特性等。

危险化学品泄漏事故可能形成爆炸性环境，点火源的存在形式多样，触发条件和表现特征也差别较大。其中，火焰和炽热气体是有效点火源，气体燃烧火焰温度多在 1000℃ 以上。热金属颗粒多是机械能转化为热能，与碰撞介质成分、表面形状及接触面积、接触压力等因素有关。热表面点火源与热表面最低温度、热表面形状和相对距离等因素有关。

明火引燃油气类型广泛，绝大多数油气物质均有明火引燃案例。静电放电引燃物质集中在轻质油气，究其原因，静电能量较明火小，间断性瞬间放电，不能持续提供能量，闪点低、点火能小的轻组分油气易被其引燃。雷电以直击雷及感应雷为点火源，雷击引发的原油储罐火灾事故较多，原因考虑为原油储罐体积大，雷击概率大于其他建筑物，易造成原油储罐雷击事故。常见点火源引燃油气物质类型见表 3-3。

表 3-3 点火源引燃油气物质类型

点火源类型	引燃物质情况
明火	几乎引燃所有油气物质
静电放电	轻组分油气
电火花	原油油气
闪电	原油油气
机动车火花	汽油

三、有效点火源辨识

危险化学品泄漏后形成爆炸性环境，需要辨识可能出现在设备上的任何潜在点火源、外来火种或雷电、冲击波、辐射能量等。对于爆炸性环境电气设备、非电气设备等，应识别设备在预期故障或罕见故障时可能出现的任何有效点火源，以及根据爆炸性环境区划分，选择符合要求的防爆电器。可能形成有效点火源的有：热表面、明火、灼热气体或液体、绝热压缩、冲击波、铝热反应、粉尘自燃、机械火花、电火花、雷电等。

化学事故造成重大人员伤亡的主要原因是泄漏的易燃易爆化学品遇到点火源后发生爆炸。从化学品泄漏扩散蔓延至点火源所需的时间，就是防止事故扩大的黄金"应急处置时间窗"，应急处置人员应充分认识和运用这段时间进行科学响应，如查找点火源并阻隔点火源，防止爆炸。近年来，由于没有充分认识事故演变规律，对点火源的消除处理不当，进而引发火灾爆炸的案例相当多。表 3-4 就是近年来比较典型的点火源消除不力导致的案例。

表 3-4　应急处置时间窗示例

序号	事故点	具体情形
1	加热炉等高温装置	兰州石化"1·7"闪爆事故：泄漏液化气 9min 后扩散至 80m 外的焚烧炉
2	空调等非防爆电器	金誉石化"6·5"闪爆事故：泄漏液化气 130s 后扩散至 30m 外的值班室非防爆电器处
3	道路非防爆机动车	南京炼油厂"10·21"火灾爆炸事故：泄漏汽油 150min 后被道路机动拖拉机引爆
4	现场非防爆施工器械	黄岛"11·22"事故：泄漏油气在 8h 后被泄漏现场非防爆机具引爆

四、点火源的消除

易燃易爆危险化学品泄漏后，应急救援最重要的一项工作是迅速消除泄漏现场的点火源：①排查和消除事故现场的非防爆物品和应急救援器具，控制非防爆电气设备的使用；②排查和消除明火源，如动火作业、警戒区域内限制机动车辆出入等；③排查和隔离热表面等，如用水幕等措施隔离警戒区域内的加热炉、泵区等[11]。

第四节　危险化学品事故应急处置的主要措施

为了减少危险化学品泄漏事故的危害，要强化事故初期的处置，采取一些简单有效的控制措施，通过对危险化学品的有效回收和处置将其对环境或生命的危害降至最低，防止事故扩大，保证能够有效完成恢复和处理行动。

化学事故应急处置的主要措施有两大类：物理方法和化学方法。

一、物理方法

物理方法可以减少危险化学品的溢出、泄漏，减小事故范围，通常包括几个步骤或程序。在任何情况下，所选用的方法都应得到事故指挥人员的批准。个体防护用具应根据危险化学品的类型和现场环境选择，并与危害相适应。常用的物理方法及适用危险化学品一览表见表 3-5。

表 3-5 减轻危险化学品事故后果的物理方法

方法	危险化学品			
	气体		液体	固体
	低压	高压		
吸收	√	√	√	
覆盖			√	√
筑堤、筑坝、挖掘沟槽	√	√	√	
稀释	√	√	√	
外加包装	√		√	√
堵漏/修补	√		√	√
转移	√		√	√
蒸气抑制（覆盖）			√	√
用真空吸尘器清除			√	√
通风	√	√	√	

1. 吸收

吸收是材料通过润湿而聚集液体的过程。吸收伴随着由于溶胀而增大吸收物/吸收剂体积的过程。一些常见的吸收剂有锯屑、黏土、木炭、聚烯烃类纤维。这些吸收剂可用于围堵作业，但应指出，被吸收的液体可能在机械或热作用下重新释放出来。当吸收剂吸收污染物后，它们将呈现被吸收危险液体的属性，此时，这些吸收剂应按照危险化学品进行处理。

2. 覆盖

覆盖是一种临时性的减轻危险化学品危害的措施。对于液体泄漏，为降低物料向大气中的蒸发速度，可用泡沫或其他覆盖物覆盖外泄的物料，在其表面形成覆盖层，抑制其蒸发。选用的泡沫必须与泄漏物相容，实际应用时，要根据泄漏物的特性选择合适的泡沫。常用的普通泡沫只适用于无极性和基本上呈中性的物质；对于低沸点，与水发生反应，具有强腐蚀性、放射性或爆炸性的物质，只能使用专用泡沫；对于极性物质，只能使用属于硅酸盐类的抗醇泡沫。

3. 筑堤、筑坝、分流、储留

这些方法主要是为了防止或减少液体流入特定环境而建立的实体障碍物。通常使用混凝土、泥土和其他障碍物临时或永久建堤或坝，用于防止液体溢出或泄漏。修筑围堤是控制陆地上液体泄漏物最常用的方法。常用的围堤有环形、直线型、V形等。通常根据泄漏物流动情况修筑围堤拦截泄漏物。如果泄漏发生在平地上，则在泄漏点的周围修筑环形堤。如果泄漏发生在斜坡上，则在泄漏物流动的下方修筑V形堤。分流就是转向导流，改变液体流向的方法。挖掘沟槽也是控制陆地上液体泄漏物的常用方法。通常根据泄漏物的流动情况挖掘沟槽收容泄漏物。如果泄漏物沿一个方向流动，则在其流动的下方挖掘沟槽。如果泄漏物是四散而流，则在泄漏点周围挖掘环形沟槽。

修围堤堵截和挖掘沟槽收容泄漏物要确定围堤堵截和挖掘沟槽的地点，既要离泄漏点足够远，保证有足够的时间在泄漏物到达前修挖好，又要避免离泄漏点太远，使污染区域扩大，带来更大的损失。如果泄漏物是易燃物，操作时要特别小心，避免发生火灾。

4. 稀释

稀释就是将水加入溶水性危险化学品的过程，从而降低危险化学品的浓度，降低其危险性。可以向有害物蒸气云喷射雾状水，加速气体向高空扩散。对于可燃物，也可以在现场施放大量水蒸气或氮气，破坏燃烧条件。

采用蒸汽驱散的方法，可以将某些物质产生的蒸气用水喷雾的方法驱散或清除。比如液化石油气，可以通过喷射细水雾使之快速与空气混合，将气体浓度降低至燃烧极限下限以下。此外，还应注意，利用喷射细水雾的方法降低危险化学品的蒸气浓度，有可能使危险化学品的浓度进入它们的燃烧极限。

5. 外加包装

最常见的外加包装是应急容器（应急桶），可以充装损坏或泄漏的危险化学品容器。包装容器应能与处置的危险化学品相匹配。当要运送危险化学品时，必须使用符合运输部门技术要求的包装容器（溢出的危险化学品应当采取适当的处置措施）。

6. 堵漏/修补

堵漏/修补就是采用适当的堵漏设备、补片减少或者阻止危险化学品从容

104 危险化学品企业事故应急管理

器的小孔、裂缝或者破裂处流出的处置措施。修补过的容器未经检查和认可不得重新使用。

7. 转移

转移是通过人工、泵或加压的方法，从泄漏或损坏的容器中移出危险液体、气体或固体的过程。转移过程中所用的泵、管线、接头以及盛装容器应与危险化学品相匹配。当转移过程中有可能发生火灾或爆炸时，要注意使用防爆电气设备。

8. 蒸气抑制

蒸气抑制（覆盖）是减少或者消除泄漏物质蒸气扩散的方法，可以通过采用最有效的方法或者使用专门设计的药剂进行。推荐使用泡沫作为蒸气抑制剂。

9. 用真空吸尘器清除

许多危险化学品只有使用真空吸尘器才能将其收集起来。该方法具有不会导致物质体积增大的优势。但在使用时应注意真空吸尘器与所处理物质的匹配问题。同时注意排出的空气应根据需要进行过滤、净化，或采取其他必要的处理方法。是否采用真空吸尘器法应根据危险化学品的性质来决定。

10. 通风

通风是处置处于危险状态的液体或液化压缩气体（如容器爆炸或破裂）的方法。是否采用通风的方法应根据危险化学品的性质而定。该方法实际上是通过控制危险化学品的排放，减小或者保持气体的压力，消除爆炸的可能性。

二、化学方法

化学方法是通过使用化学药剂处理泄漏出来的危险化学品的方法。在任何情况下，所选用的方法都应得到事故指挥人员的批准。个体防护用具应根据危险化学品的类型和现场环境选择，并与可能遭遇的危害相适应。常用化学方法及适用的危险化学品类型见表 3-6。

表 3-6　减轻危险化学品事故后果的化学方法

方法	危险化学品			
	气体		液体	固体
	低压	高压		
吸附	√	√	√	
控制性燃烧	√		√	√

方法	危险化学品			
	气体		液体	固体
	低压	高压		
分散/乳化	√		√	√
闪燃	√	√	√	
凝胶	√		√	√
中和	√	√	√	√
聚合	√		√	
固化			√	
排放和燃烧	√	√		

1. 吸附

所有的陆地泄漏和某些有机物的水中泄漏都可用吸附法处理。吸附法处理泄漏物的关键是选择合适的吸附剂。常用的吸附剂有：活性炭、天然有机吸附剂、天然无机吸附剂、合成吸附剂。

① 活性炭。活性炭是从水中除去不溶性漂浮物（有机物、某些无机物）最有效的吸附剂。

活性炭有颗粒状和粉状两种形式。清除水中泄漏物用的是颗粒状活性炭。被吸附的泄漏物可以回收使用，解吸后的活性炭可以重复使用。

② 天然有机吸附剂。天然有机吸附剂由天然产品如木纤维、玉米秆、稻草、木屑、树皮、花生皮等纤维素和橡胶组成，可以从水中除去油类和与油相似的有机物。

天然有机吸附剂的使用受环境条件如刮风、降雨、降雪、水流流速、波浪等的影响。粒状吸附剂只能用来处理陆上泄漏和相对无干扰的水中不溶性漂浮物。

③ 天然无机吸附剂。天然无机吸附剂有矿物吸附剂（如珍珠岩）和黏土类吸附剂（如沸石）。

矿物吸附剂可用来吸附各种类型的烃、酸及其衍生物、醇、醛、酮、酯和硝基化合物；黏土类吸附剂只适用于陆地泄漏物，对于水体泄漏物，只能清除酚。

④ 合成吸附剂。合成吸附剂能有效地清除陆地泄漏物和水体中的不溶性漂浮物。对于有极性且在水中能溶解或能与水互溶的物质，不能使用合成吸附剂清除。常用的合成吸附剂有聚氨酯、聚丙烯和有大量网眼的树脂。

2. 控制性燃烧

控制性燃烧是一种可控的化学方法。该方法只有经过特殊训练的人员才能实施。在一些事故中，灭火可能会产生更大的火灾、爆炸，如一些液态烃泄漏火灾的处置；或灭火会产生大量的、无法控制的、被污染的消防水。因此，当使用控制性燃烧方法时，应事先与环保部门协商。

3. 分散剂、表面活性剂和生物添加剂

在液体泄漏事故中，某些化学或生物药剂可用于驱散或销毁泄漏的危险化学品。使用这些药剂时，如果不进行围堵，可能会使液体在更大的范围蔓延。分散剂通常用于处理泄漏到水体的液态化学品，它可将泄漏出来的液体分解成若干细小的液滴，并稀释到可以接受的程度，采用该方法应事先征得环保部门的同意。

4. 闪燃

闪燃是一种对产生高蒸气压液体或液化压缩气体的危险化学品进行安全处置的方法。它是通过燃烧减小或控制危险化学品气体的压力来处置泄漏的危险化学品。

5. 凝胶

凝胶是由亲液溶胶和某些增液溶胶通过胶凝作用而形成的冻状物，没有流动性，可以使泄漏物形成固体凝胶体。形成的凝胶体仍是有害物，需进一步处置。选择凝胶时，最重要的问题是凝胶必须与泄漏物相容。

6. 中和

中和是向泄漏的危险化学品中加入酸性或碱性物质，形成中性盐的过程。此外，用于中和处置的固体物质还会对泄漏的液体产生围堵的效果。应特别强调的是，中和应使用专用的药剂，避免产生剧烈的反应或者产生局部的过热。当没有专用的中和药剂时，应考虑给予中和操作人员特殊的保护。中和的优点是可以将危险的物质转化成非危险的物质。

只有酸性有害物和碱性有害物才能用中和法处理。对于泄入水体的酸、碱或泄入水体后能生成酸、碱的物质，也可考虑用中和法处理。对于陆地泄漏物，如果反应能控制，常常用强酸、强碱中和，这样比较经济；对于水体泄漏物，建议使用弱酸、弱碱中和。

常用的弱酸有醋酸、磷酸二氢钠，有时可用气态二氧化碳。磷酸二氢钠几乎能用于所有的碱泄漏，当氨泄入水中时，可以用气态二氧化碳处理。

常用的强碱有氢氧化钠，可用来中和泄漏的氯。有时也用石灰中和酸性

泄漏物。常用的弱碱有碳酸氢钠、碳酸钠和碳酸钙。碳酸氢钠是缓冲盐，即使过量，反应后的 pH 值只有 8.3。碳酸钠溶于水后，碱性和氢氧化钠一样强，若过量，pH 值可达 11.4。碳酸钙与酸的反应速率虽然比钠盐慢，但因其不向环境引入任何毒性元素，反应后的最终 pH 值总是低于 9.4 而被广泛采用。

对于水体泄漏物，如果中和过程中可能产生金属离子，必须用沉淀剂清除。中和反应常常是剧烈的，由于放热和生成气体产生沸腾和飞溅，所以应急人员必须穿防酸碱工作服、戴防烟雾呼吸器。可以通过降低反应温度和稀释反应物来控制飞溅。

现场使用中和法处理泄漏物受下列因素限制：泄漏物的量、中和反应的剧烈程度、反应生成潜在有毒气体的可能性、溶液的最终 pH 值能否控制在要求范围内。

7. 聚合

聚合是危险化学品在催化剂、热或光的作用下发生反应，或自反应，也可与其他物质发生反应，形成聚合体系的过程。

8. 固化

通过加入能与泄漏物发生化学反应的固化剂或稳定剂使泄漏物转化成稳定形式，以便于处理、运输和处置。有的泄漏物变成稳定形式后，由原来的有害变成了无害，可原地堆放不需进一步处理；有的泄漏物变成稳定形式后仍然有害，必须运至废物处理场所进一步处理或在专用废弃场所掩埋。常用的固化剂有水泥、石灰。

① 水泥固化。通常使用普通硅酸盐水泥固化泄漏物。对于含高浓度重金属的场合，使用水泥固化非常有效。许多化合物会干扰固化过程，如锰、锡、铜和铅等的可溶性盐类会延长凝固时间，并大大降低其物理强度，特别是高浓度硫酸盐对水泥有不利的影响，有高浓度硫酸盐存在的场合一般使用低铝水泥。酸性泄漏物固化前应先中和，避免浪费更多的水泥。相对不溶的金属氢氧化物，固化前必须防止溶性金属从固体产物中析出。

② 石灰固化。使用石灰作固化剂时，加入石灰的同时需加入适量的细粒硬凝性材料（如粉煤灰）、研碎了的高炉炉渣或水泥窑灰等。

9. 排放和燃烧

该方法是向容器投放填料，排出聚集在其顶部的高压蒸气，然后继续投放填料排出容器内剩余的液体，并以控制性燃烧的方式将其烧掉。

参考文献

[1] 浙江日报评论员.统筹用好战略与战役战术.浙江日报，2015-10-24.

[2] 江苏响水天嘉宜化工有限公司"3·21"特别重大爆炸事故调查技术报告.

[3] 胡建屏.化学事故中的伤员运送与医疗救护.职业卫生与应急救援，2008，26（2）：20-21.

[4] 李志明.重庆天原化工总厂"4·16"事故抢险救援战例剖析.

[5] 刘铁民，等.重大生产安全事故情景构建理论与方法——基于高含硫油气田井喷等重大事故应急准备研究.北京：科学出版社，2017.

[6] 张成立.危险化学品事故处置中的次生环境灾害和对策.科技信息，2011，（18）：512.

[7] 来创业，周法东，刘宪军.应急检测技术在突发水污染事件的运用.科技风，2017，（11）：137.

[8] 郑淑英，李萍.突发性大气污染事故及其应急监测.化学工程与装备，2010，（10）：189-192.

[9] Zhou L, Fu G, Xue Y. Human and Organizational Factors in Chinese Hazardous Chemical Accidents: A Case Study of the '8.12' Tianjin Port Fire and Explosion Using the Hfacs-Hc. International Journal of Occupational Safety And Ergonomics, 2017: 1-12.

[10] 丁柏铨.对天津港爆炸事件新闻发布会得失的思考.新闻爱好者，2016，（1）：8-12.

[11] 任常兴，张欣，张琰，赵文胜.危险化学品泄漏事故点火源辨识与分析.消防科学与技术，2018，（6）：831-834.

第四章

危险化学品事故应急救援装备和物资

危险化学品行业属于高危行业，具有风险大、事故频发、后果严重的特点，属于国家和社会民众高度关注的行业。危险化学品行业的迅猛发展，也给事故救援工作带来了新的挑战。每年全国发生数百起危险化学品事故，如果危险化学品企业配备了适当的应急救援物资，就能够在第一时间采取正确的应急处置措施，可极大降低事故损失。

我国法律法规明确规定，危险化学品企业应该配备必要的应急救援物资。《安全生产法》规定：危险物品的生产、经营、储存、运输单位以及矿山、金属冶炼、城市轨道交通运营、建筑施工单位应当配备必要的应急救援器材、设备和物资，并进行经常性维护、保养，保证正常运转。《危险化学品安全管理条例》规定：危险化学品单位应当制定本单位危险化学品事故应急预案，配备应急救援人员和必要的应急救援器材、设备，并定期组织应急救援演练。《使用有毒物品作业场所劳动保护条例》规定：从事使用高毒物品作业的用人单位，应当配备应急救援人员和必要的应急救援器材、设备，制定事故应急救援预案，并根据实际情况变化对应急救援预案适时进行修订，定期组织演练。《生产安全事故应急条例》规定：易燃易爆物品、危险化学品等危险物品的生产、经营、储存、运输单位，矿山、金属冶炼、城市轨道交通运营、建筑施工单位，以及宾馆、商场、娱乐场所、旅游景区等人员密集场所经营单位，应当根据本单位可能发生的生产安全事故的特点和危害，配备必要的灭火、排水、通风以及危险物品稀释、掩埋、收集等应急救援器材、设备和物资，并进行经常性维护、保养，保证正常运转。

第一节　危险化学品事故应急救援装备

危险化学品事故应急救援装备种类繁多、功能不同、适用性差异大。目前我国没有统一的分类标准，常见的分类方法有三种：按照适用性分类、按照具体功能分类和按照使用状态分类。从危险化学品事故应急处置与救援的角度，按照具体功能进行分类更科学、更适用。

危险化学品事故应急救援装备按照具体功能通常分为个体防护装备、侦检装备、堵漏装备、灭火装备、医疗救护装备、通信装备、排烟装备、照明装备、洗消装备、警戒装备、破拆装备、救生装备、攀登装备、其他特殊装备等。

一、个体防护装备

个体防护装备指应急救援人员在处置危险化学品事故时为免受化学、生物与放射性物质伤害，保护人体健康、安全穿戴的装备。常用的个体防护装备包括：防护服、呼吸防护用品、其他个体防护用品等。

1. 防护服

防护服可预防化学品通过皮肤进入身体。常用的防护服有化学防护服、消防战斗服、避火服、隔热服、防静电服等。危险化学品事故应急救援人员应根据环境、温度、有毒介质等因素，配置不同种类与等级的防护服。

（1）化学防护服　化学防护服可以避免化学品通过直接损害皮肤或经皮肤吸收对人体造成伤害，分为气体致密型、液体致密型和粉尘致密型三类。

气体致密型化学防护服将人体与外界完全隔绝，对可经皮肤吸收的毒性气体或高蒸气压的化学雾滴有很好的隔绝作用，可提供最高等级的皮肤防护。液体致密型化学防护服主要防止液态化学品对人体的伤害，适合处置液体泄漏的应急人员穿着。粉尘致密型化学防护服用来防止化学粉尘和矿物纤维的穿透，适合空气中可能有漂浮粉尘的应急人员穿着。

（2）消防战斗服　消防战斗服指消防员在灭火时为免受高温、蒸汽、热水、热物体以及其他危险化学品的伤害而穿着的作业服，分为常规型和防寒型两种。

常规型由阻燃抗湿外罩和可脱卸的抗渗水内层组成，防寒型由阻燃抗湿外罩和可脱卸的抗渗水内层、保暖层、内衬层组成。

（3）避火服　在特殊状况下，可着避火服穿越火焰区或短时间进入火焰区，适用于扑救液化石油气等特种火灾。

（4）隔热服　隔热服适合辐射温度不大于700℃、接近火场高温区抢险作业。隔热服穿着方便快捷，反射辐射热效果好，但不能穿越火焰区或短时间进入火焰区。

（5）防静电服　防静电服可防止静电积聚，适合在易燃易爆环境下应急救援时穿着。

2. 呼吸防护用品

呼吸防护用品可预防化学品通过呼吸道进入身体。常用的呼吸防护用品包括空气呼吸器、氧气呼吸器、过滤式防毒面具、强制送风呼吸器等。

（1）空气呼吸器　空气呼吸器适合在高浓度毒气、烟雾、空气悬浮有害污染物或缺氧环境中使用。目前，空气呼吸器多采用 6.8L 的高压碳纤维瓶，可供救援人员呼吸 45min 左右。

空气呼吸器以压缩空气（30MPa）为呼吸气源，不依赖外界环境气体，在呼吸循环过程中面罩内压力均大于环境压力，亦称为正压式空气呼吸器。

（2）氧气呼吸器　氧气呼吸器适合在有毒、缺氧、烟雾、空气中悬浮有害污染物等恶劣环境中使用，能较长时间供给呼吸气。目前，氧气呼吸器最长能提供 4h 的呼吸防护，主要应用于矿山救护及石化、航天、核工业、地铁等的抢险救灾。

氧气呼吸器以高压氧气瓶充填压缩氧气为气源，不依赖外界环境气体，用呼吸舱（或气囊）作储气装置，面罩内的气压大于外界大气压，亦称为正压式氧气呼吸器。

（3）过滤式防毒面具　过滤式防毒面具只能使用于空气中氧气体积分数不低于 18%、温度为 -30～45℃、毒气浓度不高的环境，不能用于槽车、罐等密闭容器环境。

过滤式防毒面具防毒性能主要取决于滤毒罐成分。不同颜色的滤毒罐用于防护不同类型的毒气，防毒时间也不同。使用者应根据毒物种类、浓度选好滤毒罐，并根据面型尺寸选配适宜的面罩。使用中应注意有无泄漏和滤毒罐失效时间。

（4）强制送风呼吸器　强制送风呼吸器的使用限制和过滤式防毒面具一样。

强制送风呼吸器是在过滤式防毒面具上增加了小型电动鼓风机，解决了过滤式防毒面具吸气阻力大的问题，同时增加一只过滤罐，延长了工作时间。

3. 其他个体防护用品

其他个体防护用品主要包括头、眼睛、手、脚等部位的防护用品。

消防头盔是用于保护消防指战员的头部、颈部免受坠落物冲击和穿透以及热辐射、火焰、电击和侧向挤压时伤害的防护器具。

防护眼镜是防止有害物质伤害眼睛的眼部护具，包括化学护目镜、防冲击眼镜等。

手部防护用品包括防化手套、防割手套、绝缘手套、耐高温手套等。防化手套种类繁多，选择时应考虑防护的危险化学品种类，如油类、酸类、腐蚀性物及各种溶剂等，综合指标较佳者为优先选择。

脚部防护用品包括消防战斗靴、防化安全靴、电绝缘鞋（靴）、防静电鞋（靴）等。

二、侦检装备

侦检装备指利用人工或自动的侦检观测方式、获得现场相关信息与数据的仪器和用具。

危险化学品事故侦检装备主要包括：气体检测器材、液体检测器材、气象观测器材、景象观察器材和测温测电器材等。

1. 气体检测器材

气体检测器材主要用于检测事故现场大气有毒有害气体、易燃易爆气体、放射性射线、军事毒剂等的存在与数值以及空气中氧含量，以便为防护与处置做出正确指引。气体检测器材包括气体检测仪、气体检测管、检测试纸、放射性侦检仪。

（1）气体检测仪　气体检测仪类型很多，有检测单一品种气体的检测仪，也有同时检测多种气体的检测仪。如果已知泄漏的化学品，可直接采用单一的能检测该化学品的气体检测仪，如硫化氢、氯气、氧气、易燃气体等。如果不能确认哪种化学品泄漏，应使用多种气体检测仪，常见的有 2～5 探头的多种气体检测仪。

（2）气体检测管　在已知危险化学品的条件下，利用气体检测管内特定检测剂与气体反应，根据气体检测管颜色的变化确定是否存在被测物质，根据气体检测管色变的长度或程度测出化学品的大约浓度。气体检测管可测近 300 种无机和有机气态污染物。气体检测管按测定方法可分为比长型气体检测管和比色型气体检测管。

（3）检测试纸　检测试纸是一种用化学试剂处理过的滤纸、合成纤维或其他合成材料制成的纸样薄片的化学试纸。目前已有的检测试纸可对多种有害化学物质进行定性和半定量测定。

检测试纸可分为蒸气检测试纸和液滴检测试纸。蒸气检测试纸用于检测蒸气状和气溶胶状的物质，如检测氢氰酸、氯化氢和光气等；液滴检测试纸用于检测地面、物体表面等处的液滴状物质，可检测沙林、维埃克斯、梭曼和芥子气等毒剂。

（4）放射性侦检仪　放射性侦检仪是检测大气环境中的 α、β、γ 和 X 射线的安全检测仪器。显示方式有指针显示读数与液晶屏显示读数两种。

用放射性侦检仪能快速寻找 α、β、γ 射线污染源，并确定污染源辐射最强的地方。当射线的强度超过预设值时，侦检仪发出声音报警，将侦检结果显示。

2. 液体检测器材

液体检测器材主要用于事故现场检测酸碱度或有毒有害化学品、军事生化毒剂等，判断物质的存在与数值，以便为防护与处置做出正确指引。液体检测器材包括水质分析仪、便携式多参数分析仪、pH 值测试仪等。

（1）水质分析仪　水质分析仪可对地表水、地下水、废水、饮用水中的化学物质进行定量分析，可分析水中的氰化物、甲醛、硫酸盐、氟、苯酚、二甲苯酚、硝酸盐、磷、氯、铅等几十种有毒有害物质。

（2）便携式多参数分析仪　便携式多参数分析仪配有便携式分光光度计、pH 计、电导仪、浊度计、系列 pH 铂电极、电导率探头以及可以测量 20 余种不同参数所需的试剂和测试组件，这些试剂和测试组件大概可以进行 100 次测试。可测试参数主要包括：酸度、碱度、余氯、电导率、浊度、硝酸盐、亚硝酸盐、铜、铁、锰、硫酸盐、亚硫酸盐、硫化物、氨氮等。

（3）pH 值测试仪　pH 值测试仪采用液晶屏直接显示酸碱度高低值，现场使用直观快捷。常见 pH 值测试仪其端头传感器还可测试液体温度。pH 值测试仪需经常使用标准液标定，以确保其数值准确。也可以配置 pH 值试纸辅助认定。

3. 气象观测器材

气象观测器材可测量风向、风速、温度、湿度和太阳辐射等气象参数。这些气象参数影响危险化学品的扩散速率、扩散范围以及扩散时间等。气象观测器材包括气象仪、手持风速仪等。

（1）气象仪　在危险化学品事故应急救援时，一般采用移动式气象仪。传统的移动式气象仪在测定风速与风向时现场安装转动部件需要较长的时间，而现代的数码气象仪现场安装方便、铺设简单。

（2）手持风速仪　手持风速仪是测量风速的仪器，也能测量温度与湿度等气象数据。手持风速仪多制成小型袋装，使用、携带均非常方便。由于手持风速仪没有测量风向的功能，所以只能应用于事故现场部分区域。

4. 景象观察器材

常用的景象观察器材包括热成像仪、测距仪等。

热成像仪能在黑暗、浓烟条件下观测火源，寻找被困人员，监测高温及余火。精度高的热成像仪能观测到油罐内的储量。

测距仪可以准确得到与目标的距离，对指挥员的判断有很大的帮助。

5. 测温测电器材

常用的测温测电器材包括红外测温仪、交流电探测仪等。

红外测温仪可用于远距离、非接触测量火场建筑物、受辐射的液化石油气储罐、油罐及其他化工装置等的温度。测温范围可从零下数十摄氏度到零上数千摄氏度。

交流电探测仪主要用来探测事故现场垂落的电缆是否带电。

三、堵漏装备

堵漏装备按主体材质分为普通型堵漏装备和防爆型堵漏装备。普通型堵漏装备由不锈钢等材料制成，用于非易燃易爆泄漏场所；防爆型堵漏装备由铍、铝、铜等材料制成，用于易燃易爆泄漏场所。

常用的堵漏装备包括外封式堵漏袋、内封式堵漏袋、捆绑式堵漏带、磁压式堵漏器、粘贴式堵漏器、注入式堵漏器、套管式堵漏器、楔塞式堵漏工具。

1. 外封式堵漏袋

外封式堵漏袋用于堵塞管道、油罐车、桶与储罐等容器上的窄缝状裂口及孔洞，承受压为 1.5bar（0.15MPa），最长能堵 400mm 左右的裂缝。

2. 内封式堵漏袋

内封式堵漏袋用于管道的堵漏，可长时间固定于管道内不变形。一般适用于内径 5～1400mm 的带有快速接头的输气管，短期耐热 90℃，长期耐热 85℃。

3. 捆绑式堵漏带

捆绑式堵漏带包括气压式和胶粘式。气压式用于 50～200mm 以及 200～480mm 直径的管道泄漏，但非断裂时堵漏使用。胶粘式是危险化学品管道泄漏专用的快速堵漏装备。

4. 磁压式堵漏器

磁压式堵漏器可用于大直径储罐和管线的堵漏。适用于中低压设备；适用温度<80℃；适用介质有水、油、气、酸、碱、盐等。

5. 粘贴式堵漏器

粘贴式堵漏器主要用于法兰、盘根、管壁、罐体、阀门等部位发生点状、线状和蜂窝状泄漏时的堵漏。

6. 注入式堵漏器

注入式堵漏器主要用于法兰、阀芯等部位泄漏时的堵漏，适用于各种危险化学品如油品、液化气、可燃气的堵漏。注入式堵漏器分为普通型与防爆型。

7. 套管式堵漏器

套管式堵漏器主要用于各种金属或非金属管道的孔、洞、裂缝的密封堵漏。

8. 楔塞式堵漏工具

楔塞式堵漏工具分为木楔与楔式气压袋两种。

木楔是一种简单、快速和实用的堵漏工具。常见的有 20 多种大小不同的圆锥形、斜楔形等形状木楔。多采用干燥无节疤木材，并做防腐处理。另加抗腐蚀纸布料、防水胶布、工具刀等形成完整的木楔堵漏工具。

楔式气压袋常称为泄漏密封枪。常见楔式气压袋有三种大小不同的楔形气袋和一个圆锥形袋。根据泄漏洞大小选择气袋，充气膨胀填塞漏洞完成堵漏工作，有脚踏充气和压缩二氧化碳充气两种充气方式。单人操作能迅速密封油罐车、液柜车或储罐的小孔。

四、灭火装备

消防装备主要包括灭火器、消防车、消防炮、消防泵等种类。

1. 灭火器

灭火器的种类很多，按移动方式分为手提式、推车式和投掷式，按灭火剂的动力来源分为气瓶式、储压式、化学反应式，按所充装的灭火剂分为干粉灭火器、二氧化碳灭火器、化学泡沫灭火器、清水灭火器等。

（1）干粉灭火器　干粉灭火器用于扑救石油、石油产品、油漆、有机溶剂等易燃液体、可燃气体和电气设备的初起火灾。分为手提式和推车式。

（2）二氧化碳灭火器　二氧化碳灭火器适合扑救电器、珍贵设备、档案资料、仪器仪表等的初起火灾，但不能扑灭钾、钠等轻金属的火灾。用于扑救木柴等 A 类物质火灾，只能灭火焰，仍有复燃的危险。分为手提式和推车式。

（3）化学泡沫灭火器　化学泡沫灭火器按使用场合分为普通型和舟车型两种。普通型适用于扑救一般物质或油类等易燃液体的初起火灾，舟车型适用于扑救车船上各种油类和一般固体物质的火灾。化学泡沫灭火器不适用于扑救电气设备、有机溶剂和轻金属的火灾。分为手提式和推车式。

（4）清水灭火器　清水灭火器适合扑救竹、木、棉、毛、草、纸等 A 类物质的初起火灾，不适用于扑救油脂、石油产品、电气设备和轻金属的火灾。

2. 消防车

消防车可喷射灭火剂，独立扑救火灾，包括泵浦消防车、水罐消防车、泡沫消防车、干粉消防车、二氧化碳消防车、登高平台消防车、云梯消防车、高喷消防车、涡喷消防车、三相射流消防车等。

（1）泵浦消防车　泵浦消防车装备有消防水泵和其他消防器材，可以将应急救援人员运到事故现场，利用消防栓或其他水源，直接进行扑救，也可用来向火场其他灭火设备供水。

（2）水罐消防车　水罐消防车适合扑救一般性火灾，是专职消防队常备的消防车辆。水罐消防车可将水和消防员输送至火场独立进行扑救火灾，也可以从水源吸水直接进行扑救，或向其他消防车和灭火设备供水，在缺水地区也可作为供水、输水用车。

（3）泡沫消防车　泡沫消防车特别适用于扑救油品火灾，也可以向火场供水和泡沫混合液，是石油化工企业、输油码头、机场等消防队必备的消防车辆。

（4）干粉消防车　干粉消防车主要用于扑救可燃和易燃液体、可燃气体、带电设备火灾，也可扑救一般物质火灾。对于大型化工管道火灾，扑救效果尤为显著，是石油化工企业常备的消防车辆。一般分为储气瓶式和燃气式。

（5）二氧化碳消防车　二氧化碳消防车主要用于扑救贵重设备、精密仪器、重要文物和图书档案等火灾，也可扑救一般物质火灾。

（6）登高平台消防车　登高平台消防车主要用于登高扑救高层建筑、高大设施、油罐等火灾，也用于营救被困人员、抢救贵重物资。

（7）云梯消防车　云梯消防车上设有伸缩式云梯，可带有升降斗转台及灭火装置，供消防员登高进行灭火和营救被困人员，适用于高层建筑火灾的扑救。云梯消防车分为直臂云梯消防车和曲臂云梯消防车。

（8）高喷消防车　高喷消防车装备有折叠、伸缩或组合式臂架、转台和灭火喷射装置，可在地面遥控操作臂架顶端的灭火喷射装置在空中向施救目标进行喷射扑救。

（9）涡喷消防车 涡喷消防车是将航空涡轮发动机作为喷射灭火剂动力的新型大功率高效能消防车，灭火能力比常规消防车高 8～10 倍，主要用于油田、炼厂、天然气泵站等危险化学品企业和机场等需要快速扑灭油气大火的场所。

（10）三相射流消防车 三相射流消防车也称多剂联用消防车，是一种高效、快速、环保、稳定及多功能的新型消防车。具有灭火剂用量少，灭火速度快，灭火效率高，灭火后抗复燃，节约环保等优势。可实现单相射流，喷一种灭火剂；也可双相射流，同时喷两种灭火剂；又可三相射流，同时喷三种灭火剂。具有全方位、广谱灭火效应，可扑灭 A、B、C、D、E 类火灾。主要用于石油、天然气、石油化工、煤化工、油罐、仓库等的高大建筑物以及隧道的火灾扑救。

3. 消防炮

消防炮是远距离扑救火灾的消防设备。按启动方式分为远控消防炮和手动消防炮，按应用方式分为移动式消防炮和固定式消防炮，按喷射介质分为水炮、泡沫炮和干粉炮，按驱动动力装置分为气控炮、液控炮和电控炮。

远控消防炮特别适用于有爆炸危险性的场所、有大量有毒有害气体产生的场所、高度超过 8m 且火灾危险性较大的室内场所。

移动消防炮具有机动、灵活的特点，可进入消防车无法靠近的场所，近距离灭火；固定炮具有无须敷设消防带、灭火剂喷射迅速、可减少操作人员数量和减轻操作强度的特点。

水炮适用于扑救一般固体物质火灾，泡沫炮适用于扑救甲、乙、丙类液体火灾，干粉炮适用于扑救液化石油气、天然气等可燃气体火灾。

4. 消防泵

消防泵主要用于消防系统增压送水，可输送不含固体颗粒的清水及理化性质类似于水的液体。按照工作压力分为低压、中低压、高低压消防泵；按照工作原理分为离心泵、水环泵；按照使用状态分为固定消防泵、手抬机动消防泵、卧式消防泵、立式消防泵等；按照动力提供方式分为汽油机消防泵、柴油机消防泵、电动消防泵。

五、医疗救护装备

医疗救护装备指对事故现场伤员进行现场急救、转移的专业工具，主要包括救护车、自动呼吸复苏器、担架、夹板等。

1. 救护车

救护车分为普通救护车和 ICU（intensive care unit）救护车。

普通救护车配有心脏起搏器、输液器、氧气袋等设备，也配有一些急救药品，可以对受伤人员进行紧急处置后，再转移到医院进行正规治疗。

ICU 救护车相当于一个小型的 ICU 病房和小型手术室。氧气、吸引器、心脏起搏器、呼吸机、全套监护器、药品、手术器械等应有尽有。在危险化学品事故发生时，第一时间现场死亡人数是最多的。创建流动便携式 ICU 病房能有效降低危险化学品事故伤员的死亡率和伤残率。

2. 自动呼吸复苏器

自动呼吸复苏器用于对丧失自主呼吸能力的伤员或呼吸困难人员进行供氧。自动呼吸复苏器由 200bar（$1bar = 10^5 Pa$）的氧气瓶供氧，有三种不同方式的紧急心肺复苏方法：由自动呼吸阀给丧失自主呼吸能力的伤员进行供氧；用手动气囊给伤员直接压入输送气体式供氧；使用单向阀口对口吹气式供氧。配有启口锥、压舌板、吸痰器等必要的配套辅件。

3. 担架

担架是运送伤员最常用的工具。担架的种类很多，目前常见的有帆布（软）担架、铲式担架、折叠担架椅、吊装担架、充气式担架、带轮式担架、救护车担架及自动上车担架等。

帆布（软）担架仅适用于一些意识清楚的轻症患者，对重症、创伤骨折尤其脊柱伤患不适用，对昏迷或呼吸困难的人员不利于保持气道通畅，也不适用；折叠担架椅适用于狭窄的走廊、电梯间和旋转楼梯搬运伤员，但对危重者、创伤者不适宜；充气式担架有利于远距离转运伤患；铲式担架适合在各种急救现场、狭小楼道救护和转送各种伤患。

4. 夹板

夹板主要用于对受伤部位进行固定。夹板的种类很多，有高分子夹板、组合夹板、多能关节夹板、四肢充气夹板、真空夹板等多种类型。

六、通信装备

通信装备在突发事件时为应急指挥、应急救援提供通信保障。通常分为一般通信和应急指挥通信装备。

1. 一般通信装备

一般通信装备指企业日常使用的通信系统或网络，包括有线电话、对讲机、移动电话等。

2. 应急指挥通信装备

应急指挥通信装备指在突发事件时可利用的通信系统或网络，即使原有通信系统破坏时，依然可以实现不同部门以及现场的通信联络。应急指挥通信装备包括集群/对讲通信设备、宽带无线数据通信设备、图像采集传输设备、VSAT 卫星通信设备、BGAN 卫星通信设备、卫星电话、短波电台等。

目前主要是通过应急指挥车在事故现场搭建通信网络，实现语音、数据、图像传输，为应急指挥提供通信保障。

七、排烟装备

排烟装备主要用于针对气相危险化学品泄漏后形成的扩散浓度较高和小范围积聚的区域进行吹扫和空气稀释，或对气相化学品在密闭空间的泄漏进行抽排和空气置换。通常分为排烟机和排烟车。

1. 排烟机

常用的排烟机包括水驱动排烟机、机动排烟机、电动排烟机、小型坑道排烟机。

（1）水驱动排烟机　主要用于把新鲜空气吹进建筑物内，排出火场烟雾，也可吹散毒气积聚。水驱动排烟机利用高压水作动力，驱动水动马达运转，带动风扇，因此现场不会因动力设备运转或电机产生火花，是易燃易爆场所抢险救援较理想的装备。

（2）机动排烟机　机动排烟机是利用动力机驱动风扇，高速运转产生气流。其动力由内燃机提供，易燃易爆场所抢险救援时需谨慎使用。机动排烟机优点是转速高，排烟量大。

（3）电动排烟机　电动排烟机是利用电动机驱动风扇，高速运转产生气流。由于动力为电动机，若非防爆电动机，易燃易爆场所抢险救援需谨慎使用。电动排烟机优点是可双向抽排烟，应用较为灵活，甚至可叠加使用。电动排烟机分为交流电式和直流电式。直流电式电动排烟机更方便灵活，适合现场无法供电场所。

（4）小型坑道排烟机　小型坑道排烟机主要是用于密闭空间抽排毒气，或输送新鲜空气到密闭空间内。多采用电动机为动力，也有采用内燃机为动力，但其结构为 90°转向抽排空气，不会将动力机废气吹到密闭空间内。有防爆与非防爆两种选择。

2. 排烟车

排烟车上装备风机、导风管，用于火场排烟或强制通风，以便使消防队员进入着火建筑物内进行灭火和营救工作，特别适宜于扑救地下建筑和仓库等场所火灾时使用。

八、照明装备

照明装备指用于提高现场光照亮度的设备，包括大面积与个人小范围使用的照明设备。按性能分为普通型、防水型、防爆型；按携带方式分为个人携带式、移动式和车载式（照明车），个人携带式又分为手握式和头盔式等；按动力分为蓄电式与电机式，蓄电式又分为可充电（锂电池、镍氢电池、铅酸电池）式与不可充电（干电池）式。

1. 个人携带式照明设备

个人携带式照明设备包括手握式电筒、头盔式电筒、手提式强光照明灯、便携式探照灯等。

手握式电筒、头盔式电筒、手提式强光照明灯适用于小范围照明；便携式探照灯是一种远距离的射灯，照明距离达 1km 之远，既可解决现场照明，又能解决夜间大面积搜索观察需要的照明。

2. 移动式照明设备

移动式照明设备包括气动升降照明灯、充气照明灯柱、逃生导向照明线等。

气动升降照明灯是目前较多应急队伍选择配备的照明设备；充气照明灯柱适合用于户外应急救援大面积照明；逃生导向照明线主要用于浓烟、无照明场所以及水下作业，也可在有毒及易燃易爆气体的环境使用。

3. 照明车

照明车上主要装备发电机、固定升降照明塔、移动灯具以及通信器材，为夜间或缺乏电源的应急救援工作提供照明与电力。

九、洗消装备

洗消装备主要用于化学事故应急救援后救援人员、装备、地面和服装的洗消以及危险化学品废液的收集、输转、处置。

1. 洗消设备

常用的洗消设备包括洗消站、大型公众洗消设备、个人洗消帐篷、移动洗消装备等。

（1）洗消站　洗消站主要在消毒对象数量大，消毒任务繁重时采用。一般由人员洗消场和装备洗消场两部分组成，并根据地形条件及洗消站可占用的面积划定污染区和洁净区，污染区应位于下风方向。

洗消站一般应设在便于污染对象到达的非污染地点，并尽可能靠近水源，洗消场地可在应急准备阶段构筑完成。可按照任务量及洗消对象的情况，全面启动或部分启动。应在被污染对象进入处设置检查点，确定前来的对象有无洗消的必要或指出洗消的重点部位。

（2）大型公众洗消设备　大型公众洗消设备主要用于危险化学品事故救援中受污染人员的洗消。以大型公众洗消帐篷为主，配置相关洗消器材。大型公众洗消帐篷面积 $60m^2$ 左右。可选择支架或充气式帐篷。相关洗消器材有：电动充、排气泵，洗消供水泵，洗消排污泵，洗消水加热器，暖风发生器，温控仪，洗消喷淋器，洗消液均混罐，移动式高压洗消泵，洗消喷枪，洗消废水回收袋等设备。

（3）个人洗消帐篷　个人洗消帐篷主要用于事故现场少量受污染人员的洗消，一般以充气式帐篷较多，内有喷淋装置、洗消槽底板、充气泵、供水管和排水管、废水收集袋等。

（4）移动洗消装备　根据危险化学品的性质选定了洗消剂后，洗消人员要用一定的移动洗消装备将洗消剂送到染毒区域并进行洗消操作。根据所需消毒范围大小的不同以及所用消毒剂量多少的差异，可选用各种形式的移动洗消器材，如水罐消防车、泡沫消防车、喷洒车、洒水车和喷雾器等。

2. 输转装备

常用的输转装备包括有毒物质密封桶、液体抽吸泵、液体吸附/吸收垫等。

（1）有毒物质密封桶　主要用于收集并转运有毒物质和污染严重的土壤。密封桶一般用高分子材料制成，防酸碱，耐高温。

（2）液体抽吸泵　用于快速抽取各种液体，特别是黏稠、有毒液体，如柴油、机油、废水、泥浆、液态危险化学品、放射性废料等。能吸走地上的化学液体或污水，有效防止污染扩散。

（3）液体吸附/吸收垫　可快速有效地吸附或吸收液体泄漏物。

十、警戒装备

警戒装备主要用来圈划危险区域或安全区域，指引各个部门和人员的工作位置与进出方向，避免造成混乱。常用的警戒装备包括警戒标志杆、警戒带、警戒灯、警示牌、警戒桶等。

十一、破拆装备

破拆装备指救援人员在执行救人、灭火、排险等任务时必须强行破坏某些装置的结构所使用的工具、设备。破拆工具分为手工破拆工具、动力破拆工具和化学破拆工具三大类。

1. 手工破拆工具

手工破拆工具包括多功能消防斧、铁铤和无火花防爆工具。

铁铤主要用于破拆门窗、地板、吊顶、隔墙以及开启消火栓等，寒冷地区也可用其破冰取水。无火花防爆工具采用铍、铝、铜制作，用于易燃易爆环境。

2. 动力破拆工具

动力破拆工具包括锯、气动切割刀、气动破拆工具组、液压剪扩两用钳。

锯包括电动往复锯、无齿锯、机动链锯、双轮异向切割锯。电动往复锯是破拆首选快速切割器材，用于切割金属、玻璃、木质、塑质和石材等；无齿锯用于切断金属阻拦物、切割混凝土或木料；机动链锯用于切割各类木质结构；双轮异向切割锯能快速切割各种材料。

气动切割刀用于切割薄壁、车辆金属和玻璃等。

气动破拆工具组主要用于凿门、交通事故救援、飞机破拆、防盗门破拆、船舱甲板破拆、混凝土开凿等。

液压剪扩两用钳是液压破拆工具中一把综合功能的剪钳，用于剪切、扩张、牵拉等。与液压动力泵配合，可进行剪、扩、拉等作业。

3. 化学破拆工具

常用的化学破拆工具包括氧气切割器、丙烷气体切割器。

氧气切割器用于刺穿、切割、开凿等烧割破拆。氧气切割器切割温度达5500℃，能熔化大部分物质，对生铁、不锈钢、混凝土、花岗石的切割快速有效。

丙烷气体切割器用于较坚固，不易为手锯、电锯破拆的金属结构障碍物，如金属门、窗、构件，车船外壳，金属管道等。丙烷气体切割器切割厚度可达13cm，也用于焊接。

十二、救生装备

救生装备是指救援人员在灾害现场中营救被困人员或自救的工具。救生装备种类较多，主要有气垫类、绳索吊带类和牵引撑杆类。

1. 气垫类

气垫类包括救生气垫和起重气垫。

救生气垫用于保护逃生人员由高处坠落时不会直接与地面撞击。起重气垫用于升举扶正倒翻车辆或提升重物等。

2. 绳索吊带类

绳索吊带类包括救生绳和防坠落用品，与安全生产中的防坠落保护与攀岩运动保护器材相通用或几乎相近。常见防坠落用品包括安全带、安全网、安全绳、脚扣、缓冲器、自锁钩、攀登挂钩、安全吊带等。

3. 牵引撑杆类

牵引撑杆类包括牵引机、撑杆和开缝器。

牵引机用于将重物拉动，平移或提升。撑杆用于撑开、顶升障碍重物。开缝器应用在仅有小缝隙但要提升重物的场合。

十三、攀登装备

攀登装备是在没有现成的登高装置时临时设立的简易登高辅助设备。救援人员利用这些装备可以快速架设、移动、攀爬，很快进入更高的位置。

攀登装备包括单杠梯、挂钩梯、二节拉梯、三节拉梯、救生软梯、套管式折叠梯等，使用时应根据攀登高度、险情类型选用合适的攀登装备。

十四、其他特殊装备

1. 机器人

机器人能代替救援人员进入易燃易爆、有毒、缺氧、浓烟等危险场所进行数据采集、处理、反馈，有效地解决应急人员在上述场所面临的人身安全、数据信息采集不足等问题。现场指挥人员可以根据其反馈结果，及时对灾情作出科学判断，并对事故现场处置作出正确、合理的决策。

机器人按功能分为灭火机器人、火场侦察机器人、危险物品泄漏探测机器人、破拆机器人、救人机器人、多功能消防机器人等。

机器人具有无生命损伤、可重复使用、人工智能等优点，但维护保养复杂、造价高昂，使其不能大量配备、广泛使用。

2. 无人机

近年来，无人机在重大危险化学品事故中的应用越来越广泛，主要应用在事故侦检、空中监测、辅助消防等方面。

无人机通过先进的飞控系统、数据链系统，实现对事故现场进行持续空中侦查、监控，有效解决了应急人员在危险化学品事故场所面临的人身安全、数据采集量少、侦检时间不足和难以实时反馈信息等问题。

3. 专勤消防车

专勤消防车指具备某专项技术的消防车，包括抢险救援消防车、供水消防车、供液消防车、消防坦克、器材消防车等。

（1）抢险救援消防车

抢险救援消防车上装备各种应急侦检探测仪器、救生救护器材、防护设备、破拆工具等，更高级的有起重吊臂、牵引机、发电机和照明柱等。一辆多功能抢险救援消防车能完成常见的应急救援工作。

（2）防化洗消车　防化洗消车专门针对危险化学品事故处置配备了常用的器材，如侦检探测仪器、空（氧）气呼吸器、排烟机、洗消帐篷、大小照明器材等，功能齐全、专业性强。

（3）供水消防车　供水消防车上装有大容量的储水罐，还配有消防水泵系统，作为火场供水的后援车辆，特别适用于干旱缺水地区。它也具有一般水罐消防车的功能。

（4）供液消防车　供液消防车是专给火场输送补给泡沫液的后援车辆，车上的主要装备是泡沫液罐及泡沫液泵装置，用来存放、输送泡沫液。

（5）消防坦克　消防坦克由军用坦克改装，具有防火、防爆、防毒、清障等突出特点，多用于危险化学品泄漏、大规模严重火灾等重大险情。

（6）器材消防车　器材消防车用于将消防吸水管、消防水带、接口、破拆工具、救生器材等各类消防器材及配件运送到事故现场。

4. 重型车辆

危险化学品事故应急救援中可能用到的重型车辆包括反向铲、装载机、车载升降台、翻卸车、推土机、起重机、叉车、挖掘机、槽罐车等。

5. 船舶

船舶主要用于水上危险化学品事故的应急救援，包括消防船、消拖两用船、应急守护船、溢油回收船、破冰船、拖船、起重船、多用途工作船等。

第二节　吸附剂与灭火剂

一、吸附剂

吸附棉、吸附剂和吸收剂在化学品泄漏处理中是必备、不可或缺的材料，主要通过吸附或吸收来达到清理净化化学品泄漏效果。但是化学品的酸性、碱性并未改变，毒性依然存在。某些特殊的吸收剂（如 ENPAC 纳米中和固化剂）虽然没有通过化学意义上的中和反应，但通过纳米吸收效应，取得中和化学品的效果（pH 值趋近 7），危险化学品的危险性和毒性大大降低。

1. 吸附棉

吸附棉也叫吸收棉、工业吸附棉。按照吸收物质特性分为：吸油棉、化学吸液棉（又叫化学品吸附棉、吸液棉）和通用型吸附棉。吸附棉可以控制和吸附石油烃类、酸性（包括氢氟酸）/碱性危险化学品、非腐蚀性液体和海上大规模溢油等。吸附棉是油品和化学品泄漏、溢漏、溅漏后，处置时最常用到的物品。

吸油棉经过脱水及脱油处理后，只吸油，不吸水，专业适用于吸收石油烃类、烃类化合物等，如石油、汽油、润滑油、油漆等。此类产品用于水面上时因不吸收水，吸附饱和以后漂浮在水上，可吸附自重 10～20 倍的油。通常为白色，可用于机械油污、排水沟油污、仓库码头油污及河流油污等的处理，保持工作环境洁净，杜绝油气挥发而引起爆炸事故。

化学吸液棉在加了表面活性剂后再进行脱水、脱油处理，便可抗强酸、强碱，适用于酸性、腐蚀性及其他化学液体、化学油品的吸附，适用于诸如酸性、腐蚀性及其他危害性液体的泄漏处理。通常为粉红色或红色。接触刺激性或腐蚀性的化学液体后，聚丙烯材料不会发生分解，鲜艳的粉红色或红色依然非常醒目，防止误用和盗用。吸液棉也可以吸收石油类液体和水性溶液。

通用型吸附棉经过脱水及脱油以及加了表面活性剂后，加入其他纤维，则既可吸油又可吸水，可应用于机械维护、汽车保养及工厂车间的油水处理等。

适用于油品、水、冷却剂、溶剂、颜料、染剂和其他不明液体。通用型吸附棉通常为灰色。

吸附棉产品形式通常有吸附垫（吸附片）、吸附条（吸附索）、吸附卷、吸附枕、吸油围栏。吸附片适用于小面积范围的泄漏处理，使用时可直接把吸附片放在液体表面，泄漏液体将会迅速被吸附，安全方便。吸附卷适用于室内地面的泄漏处理，发生泄漏时操作者可直接铺于地面进行吸附。此外，由于吸附卷均为撕取型自取式装，所以在需要时也可代替吸附片进行操作。吸附条适于大面积或多容量的泄漏使用，可先使用吸附棉来圈定泄漏范围并逐渐缩小泄漏范围。根据实际泄漏面积，选择适宜长度的吸附条，圈定时要确保吸附条两端的接点重叠，形成对泄漏物的强大屏障。吸附枕单独使用或配合吸附条使用。使用时，操作者可直接把吸附枕放在较大面积的（或已被吸附条圈定范围后的）泄漏液体上，直接、迅速吸附泄漏液体。

但吸附棉的问题也比较突出，就是吸附的液体容易从本体中再溢出，选择性高，只对个别的化学液体有用，吸附的化学液体的活性或 pH 值没有改变，毒性依然存在，处理废弃物的综合成本不低。

2. 活性炭

活性炭是从水中除去不溶性漂浮物（有机物、某些无机物）最有效的吸附材料。活性炭是无毒物质，除非大量使用，一般不会对人或水中生物产生危害。由于活性炭易得而且实用，所以它是目前处理水中低浓度泄漏物最常用的吸附材料。2005 年吉林双苯厂爆炸事故发生后，大量硝基苯流入松花江，由于松花江流量太大，无法实施人工筑坝围堵污染水体，为处理松花江受污染问题，哈尔滨用了 1400 多吨粉末及颗粒活性炭在取水口处用来吸附松花江中的硝基苯污染物，取得较好效果。

3. 天然无机吸附材料

天然无机吸附材料分为矿物吸附剂（如珍珠岩）和黏土类吸附剂（如沸石）。矿物吸附剂可用来吸附各种类型的烃及其衍生物、醇、醛、酮、酸、酯和硝基化合物。黏土类吸附剂能吸附分子或离子，并且能有选择地吸附不同大小的分子或不同极性的离子。黏土类吸附剂只适用于吸附陆地泄漏物，对于水体泄漏物，只能清除酚。由天然无机材料制成的吸附剂主要是粒状的，其使用受刮风、降雨、降雪等自然条件的影响。

无机吸附剂取材（甚至就地取材）方便，价格便宜，目前国内广泛用于油品化学品泄漏处理，尤其是干燥的沙子。用黏土处理化学品泄漏和油品泄漏，虽然易于应用，但黏土中含有对健康非常有害的材料（被美国环境保护署和其他组织认为致癌）。这些松散吸附材料吸附的液体容易溢出，吸附量最多是其质量的 10 倍。吸附化学品性能也不好，通常它们只吸油。在吸附处理同样多的化学液体或油品，要消耗更多的黏土，产生的废弃物也多，处理废弃物的成本也大大增加。所以，黏土不是一种很好的化学品泄漏和溢油处理吸附剂。

4. 有机吸附剂

有机吸附剂是由天然产品如木纤维、玉米秆、稻草、木屑、树皮、花生皮等纤维素和橡胶组成，可以从水中除去油类和与油相似的有机物。天然有机吸附材料具有价廉、无毒、易得等优点，但再生困难。木屑绝不可用于处理活性及氧化物质，容易造成爆炸。

5. 消油剂

消油剂是溢油分散剂的俗名，是目前使用最多的溢油处理剂，通常由主剂和溶剂组成。消油剂的消油机理，是应用表面活性剂的孵化能力，以及溶剂能降低溢油黏度和表面张力的特性，从而使溢油分散，形成小颗粒，最终被水分解。现有消油剂多为毒性较低的醇型，分为普通型和浓缩型。船舶使用的消油剂，通常是在回收大部分溢油后处理水面残油，或是因风浪大无法回收溢油时使用。消油剂的使用多采用直接喷洒的方式，浓缩型按说明书稀释后喷洒。无论如何，在沿海国管辖区域内使用消油剂前，务必事先向当局申请，说明其牌号、用量和使用地点，经批准后方可使用。

液体危险化学品泄漏事故应急处置流程较为多样化，具体采用何种方法要视具体情况而定，其中要考虑很多因素，包括危险化学品种类、性质，事故特点，环境条件等。因此处理流程一般不固定，据了解，在多种处理方法中，吸附法仍是处理液体危险化学品泄漏事故最为常用的一种方法，尤其针对不溶水性危险化学品泄漏事故更为快速有效。

① 少量液体危险化学品泄漏在陆地　主要采用活性炭、沙土或其他惰性材料吸收，然后用无火花工具运至废物处理场所，也可用不燃性分散剂制成的乳液刷洗，经稀释后排入废水处理系统。

② 大量液体危险化学品泄漏在陆地　可以先用大量泡沫覆盖，然后采用活性炭吸附，喷雾状水将其冷却和稀释。

③ 少量液体危险化学品泄漏到水中　主要采用活性炭吸附，或用大量清水稀释降低浓度。

④ 大量液体危险化学品泄漏到水中　主要采用合成吸附材料及活性炭吸附收集，集中后的有机物回收利用或适当处理。

二、灭火剂

灭火剂是指能够有效地破坏燃烧条件，即物质燃烧的三个要素（可燃物、助燃物和着火源），终止燃烧的物质。

根据灭火机理，灭火剂大体可分为两大类：物理灭火剂和化学灭火剂。物理灭火剂主要是通过减小空气中氧气浓度来达到灭火目的，而化学灭火剂则是通过减小自由基的浓度而起灭火作用。

物理灭火剂不参与燃烧反应，它在灭火过程中起到窒息、冷却和隔离火焰的作用，在降低燃烧混合物温度的同时，稀释氧气，隔离可燃物，从而达到灭火的效果。物理灭火剂包括水，泡沫灭火剂，二氧化碳、氮气、氩气及其他惰性气体灭火剂。

化学灭火剂是通过切断活性自由基（主要指氢自由基和羟自由基）的连锁反应而抑制燃烧的。化学灭火剂包括卤代烷灭火剂、干粉灭火剂等。

1. 水及水系灭火剂

（1）水 水是最便利的灭火剂，具有吸热、冷却和稀释效果，它主要依靠冷却、窒息及降低氧气浓度进行灭火，常用于扑灭 A 类火灾。

水在常温下具有较低的黏度、较高的热稳定性和较高的表面张力，但在蒸发时会吸收大量热量，能使燃烧物质的温度降低到燃点以下。水的热容量大，1kg 水温度升高 1℃，需吸收 4.1868kJ 的热量，1kg 100℃的水汽化成水蒸气则需要吸收 2257kJ 的热量。同时，水汽化时体积增大 1700 多倍，水蒸气稀释了可燃气体和助燃气体浓度，并能阻止空气中的氧通向燃烧物，阻止空气进入燃烧区，从而大大降低氧的含量。

水可以用来扑救建筑物和一般物质的火灾，稀释或冲淡某些液体或气体，降低燃烧强度；浸湿未燃烧的物质，使之难以燃烧；能吸收某些气体、蒸气和烟雾，有助于灭火；能使某些燃烧物质的化学分解反应趋于缓和，并能降低某些爆炸和易燃物品如黑色火药、硝化棉等的爆炸和着火性能。

当水喷淋呈雾状时，形成的水滴和雾滴的比表面积将大大增加，增强了水与火之间的热交换作用，遇热能迅速汽化，吸收大量热量，以降低燃烧物的温度和隔绝火源，从而强化了其冷却和窒息作用。另外，对一些易溶于水的可燃、易燃液体还可起稀释作用，能吸收和溶解某些气体、蒸气和烟雾，如二氧化硫、氮氧化物、氨等，对扑灭气体火灾、粉尘状的物质引起的火灾和吸收燃烧物产生的有毒气体都能起一定的作用。采用强射流产生的水雾能使可燃、易燃液体产生乳化作用，使液体表面迅速冷却、可燃蒸气产生速度下降而达到灭火的目的。

水的禁用范围如下。

① 不溶于水或密度小于水的易燃液体引起的火灾，若用水扑救，则水会沉在液体下层，被加热后会引起暴沸，形成可燃液体的飞溅和溢流，使火势扩大。

② 遇水产生剧烈燃烧物，如金属钾、钠、碳化钙等的火灾，不能用水，而应用沙土灭火。

③ 硫酸、盐酸和硝酸引发的火灾，不能用水流冲击，因为强大的水流能使酸飞溅，流出后遇可燃物质，有引起爆炸的危险；酸溅在人身上，能灼伤人。

④ 电气火灾未切断电源前不能用水扑救，因为水是良导体，容易造成触电。

⑤ 高温状态下化工设备的火灾不能用水扑救，以防高温设备遇冷水后骤冷，引起形变或爆裂。

（2）水系灭火剂　通过改变水的物理特性、喷洒状态达到提高灭火的效能，细水雾、超细水雾灭火技术就是大幅增加水的比表面积，利用 $40 \sim 200 \mu m$ 粒径的水雾在火场中完全蒸发，起到冷却效果好、吸热效率高的作用。采用化学方法，在水中加入少量添加剂，改变水的物理化学性质，提高水在物体表面的黏附性，提高水的利用率，加快灭火速度，主要用于 A 类火灾的扑灭。

水系灭火剂主要包括：

① 强化水：增添碱金属盐或有机金属盐，提高抗复燃性能；

② 乳化水：增添乳化剂，混合后以雾状喷射，可灭闪点较高的油品火，一般用于清理油品泄漏；

③ 润湿水：增添具有湿润效果的表面活性剂，降低水的表面张力，适用于扑救木材垛、棉花包、纸库、粉煤堆等火灾；

④ 滑溜水：增添减阻剂，减少水在水带输送过程中的阻力，提高输水距离和射程；

⑤ 黏性水：增添增稠剂，提高水的黏度，增强水在燃烧物表面的附着力，还能减少灭火剂的流失。

发生火灾需选用水系灭火剂时，一定要先查看其简要使用说明，正确选用。

2. 泡沫灭火剂

泡沫灭火剂指能与水相溶，并且可以通过化学反应或机械方法产生灭火泡沫的灭火剂，适用于 A 类、B 类和 F 类火灾的扑灭。

泡沫灭火剂的灭火主要是依靠水的冷却和泡沫隔绝空气的窒息作用：①泡沫的相对密度一般为 0.01～0.2，远小于一般的可燃、易燃液体，因此可以浮在液体的表面，形成保护层，使燃烧物与空气隔断，达到窒息灭火的目的；②泡沫层封闭了燃烧物表面，可以遮断火焰的热辐射，阻止燃烧物本身和附近可燃物质的蒸发；③泡沫析出的液体可对燃烧表面进行冷却；④泡沫受热蒸发产生的水蒸气能够降低氧的浓度。

目前常用的泡沫灭火剂主要有：蛋白、氟蛋白、水成膜、抗溶水成膜和 A 类泡沫灭火剂等。

（1）蛋白泡沫灭火剂　蛋白泡沫灭火剂（P）是以动物或植物性蛋白质的水解浓缩液为基料，加入适当的稳定剂、防腐剂和防冻剂等添加剂的起泡性液体。主要成分是水和水解蛋白，按与水的混合比例来分有 6％型和 3％型两种。

蛋白泡沫灭火剂主要用于扑救各种非水溶性可燃液体火灾，如各种石油产品、油脂等 B 类火灾，也可用于扑救木材、橡胶等 A 类火灾。其具有良好的稳定性，因而被广泛用于油罐灭火中。此外，蛋白泡沫灭火剂的析液时间长，可以较长时间密封油面，常将其喷在未着火的油罐上防止火灾的蔓延。使用蛋白泡沫灭火剂扑救原油、重油储罐火灾时，要注意可能引起油沫沸溢或喷溅。

蛋白泡沫灭火剂与其他几种泡沫灭火剂相比，其主要优点是抗烧性能好、价格低廉；其主要缺点是流动性差，灭火速度慢和有异味，储存期短，易引起二次环境污染。

（2）氟蛋白泡沫灭火剂　向蛋白泡沫灭火剂中添加少许氟碳表面活性剂即成氟蛋白泡沫灭火剂（FP）。氟蛋白泡沫灭火剂原料易得、价格低廉，添加的氟碳表面活性剂改善了蛋白泡沫的流动性和疏油能力，其中含有的二价金属离子增强了泡沫的阻热和储存稳定性，是目前国内使用最多的泡沫灭火剂。

氟蛋白泡沫灭火剂主要用于扑救各种非水溶性可燃液体和一般可燃固体火灾，被广泛用于扑救非水溶性可燃液体大型储罐、散装仓库、生产装置、油码头的火灾。在扑救大面积油类火灾时，氟蛋白泡沫与干粉灭火剂联用效果更好。

氟蛋白泡沫灭火剂在灭火原理方面与蛋白泡沫灭火剂基本相同，但氟碳表面活性剂的加入，使其与普通蛋白泡沫灭火剂相比具有发泡性能好、易于流动、疏油能力强及与干粉相容性好等优点，其灭火效率大大优于普通蛋白泡沫灭火剂。它存在的缺点是有异味，储存期短，易引起二次环境污染。

（3）成膜氟蛋白泡沫灭火剂　在氟蛋白泡沫灭火剂的基础上加入氟碳表面活性剂和碳氢表面活性剂的复配物，进一步降低泡沫液的表面张力，使其在可燃液体上的扩散系数为正值，从而可以迅速在燃烧液体表面上覆盖一层水膜，可以有效地阻止可燃液体蒸气向外挥发，其灭火速度也得到了进一步提高。成膜氟蛋白泡沫灭火剂（FFFP）目前在一些欧洲国家有很广泛的使用，特别是在英国几乎全部采用这种灭火剂。

成膜氟蛋白泡沫灭火剂与氟蛋白泡沫灭火剂相比最大的优点是封闭性能好，抗复燃性强。其缺点是受蛋白泡沫基料的影响大，储存期比较短。

（4）水成膜泡沫灭火剂　水成膜泡沫灭火剂（AFFF）是由成膜剂、发泡剂、泡沫稳定剂、抗烧剂、抗冻剂、助溶剂、防腐剂等组成，又称"轻水"泡沫灭火剂。

这种泡沫灭火剂与成膜氟蛋白泡沫灭火剂相似，在烃类表面具有极好的铺展性，能够在油面上形成一张"毯子"。在扑灭火灾时能在油类表面析出一层薄薄的水膜，靠泡沫和水膜双重作用灭火，除了具有成膜氟蛋白泡沫灭火剂的在油面上流动性好、灭火迅速、封闭性能好、不易复燃等特点外，还有一个优点就是储存时间长。正是由于它的这些优点，自 20 世纪 60 年代末研发以来，在世界各地得到了推广应用。后来又通过向其中加入一些高分子聚合物，阻止了极性溶剂吸收泡沫中的水分，可以减少极性溶剂对泡沫的破坏作用，使灭火剂泡沫能较长时间停留在极性溶剂燃料表面，最终达到能扑灭极性溶剂如醇、醚、酯、酮、胺火灾等。

水成膜泡沫灭火剂可在各种低、中倍数泡沫产生设备中使用，主要用于扑灭 A 类、B 类火灾。广泛用于大型油田、油库、炼油厂、船舶、码头、机库、高层建筑等的固定灭火装置，也可用于移动式或手提式灭火器等灭火设备，可与干粉灭火剂联用。

抗溶水成膜泡沫灭火剂由于对极性溶剂有很强的抑制蒸发能力，形成的隔热胶膜稳定、坚韧、连续，能有效防止对泡沫的损坏，主要用于扑灭 A 类和 B 类火灾，除可扑救醇、酯、醚、酮、醛、胺、有机酸等水溶性可燃、易燃液体火灾，亦可扑救石油及石油产品等非水溶性物质火灾，是一种多功能型泡沫灭火剂。

（5）A 类泡沫灭火剂　A 类泡沫灭火剂在 20 世纪 80 年代研发成功，并在美国、澳大利亚、加拿大、法国、日本等国家迅速推广。

A 类泡沫灭火剂主要由发泡剂、渗透剂、阻燃剂、降凝剂、稳泡剂、增稠剂等组成，是一种配方型超浓缩产品，泡沫液渗透性好，电导率低，表面张力低，析液时间长，泡沫的稳定性高，同时该泡沫液能节约大量消防用水，同时具有较强吸热效能，能在可燃物的表面形成一层防辐射热的保护层。同时还具有无毒、无污染性，能生物降解，属于绿色环保型灭火剂，是各国重点开发研究的新型泡沫灭火剂。

压缩空气泡沫系统（CAFS）是 A 类泡沫灭火技术的基础，新型 A 类泡沫灭火剂与 CAFS 的完美结合相对于传统意义上的 A 类泡沫灭火剂有着极大的优势：

① 发泡倍数的可调性。消防人员在使用过程中可以根据不同的燃烧物、燃烧状态调整泡沫混合液中混入压缩空气的体积，从而产生由湿到干等不同类型的泡沫，最大限度地提高扑灭火灾的能力。

② 析液时间的可控性。消防人员在灭火的同时可选择将析液时间较长、垂直表面附着力较强的泡沫覆盖在火灾周围的设施，以达到防火的目的。

③ 无毒、无污染性。新型 A 类泡沫灭火剂不但能高效扑灭 A 类和 B 类火灾，而且有很好的防火作用，一旦发生火灾，能有效保护其周围的建筑物。主要适用于城市建筑、森林、石油化工企业、大型化工厂、化工材料产品仓库等消防灭火。

3. 干粉灭火剂

在常温下，干粉是稳定的，当温度较高时，其中的活性成分分解为挥发成分，增强其灭火作用。为了保持良好的灭火性能，一般规定干粉灭火剂的储存温度不超过 49℃。

（1）干粉灭火剂的分类　干粉灭火剂一般分为 BC 干粉、ABC 干粉和 D 类火灾专用干粉灭火剂。

① BC 干粉灭火剂。BC 干粉灭火剂由碳酸氢钠（92%）、活性白土（4%）、云母粉和防结块添加剂（4%）组成。

② ABC 干粉灭火剂。ABC 干粉灭火剂由磷酸二氢钠（75%）和硫酸铵（20%），以及催化剂、防结块剂（3%）、活性白土（1.85%）、氧化铁黄（0.15%）组成。

③ D 类火灾专用干粉灭火剂。根据原料的不同，D 类火灾专用干粉灭火剂分为石墨类、氯化钠类和碳酸氢钠类。

（2）干粉灭火剂的灭火原理　干粉灭火剂常储存在灭火器或灭火设备中。除扑救金属火灾的专用干粉灭火剂外，主要通过加压气体（二氧化碳或氮气）的作用，将干粉从喷嘴喷出，形成一股雾状粉流，射向燃烧区。当喷出的粉雾与火焰接触、混合时，发生一系列的物理化学反应：①干粉中的无机盐的挥发性分解物，与燃烧过程中所产生的自由基或活性基团发生化学抑制和副催化作用，使燃烧的链反应中断而灭火；②干粉的粉末落在可燃物表面外，发生化学反应，并在高温作用下形成一层玻璃状覆盖层，从而隔绝氧，进而窒息灭火；③干粉中的碳酸氢钠受高温作用发生分解。碳酸氢钠受热分解的化学反应方程式如下：

$$2NaHCO_3 \longrightarrow Na_2CO_3 + H_2O\uparrow + CO_2\uparrow$$

该反应是吸热反应，反应放出大量的二氧化碳和水，水受热变成水蒸气并吸收大量的热能，起到一定的冷却和稀释可燃气体的作用。

（3）干粉灭火剂的适用范围　干粉灭火剂本身是无毒的，由于它是干燥、易于流动的细微粉末，喷出后形成粉雾。但在室内使用不恰当时也可能对人的健康产生不良影响，如人在吸收了干粉颗粒后会引起呼吸系统发炎。将不同类型的干粉掺混在一起后，可能产生化学反应，产生二氧化碳气体并结块，有时还可能引起爆炸。干粉的抗复燃能力也较差。因此，对于不同物质发生的火灾，应选用适当的干粉灭火剂。干粉灭火剂主要用于扑灭以下火灾：

① 各种固体火灾（A 类）；

② 可燃、易燃液体火灾（B 类）；

③ 天然气和石油气等可燃气体火灾（C 类）；

④ 一般带电设备火灾（E 类）；

⑤ 动植物油脂火灾（F 类）。

4. 气体灭火剂

在 19 世纪末期，气体灭火剂开始使用。由于气体灭火剂施放后对防护仪器设备无污染、无损害等优点，其防护对象也逐步扩展到多个领域，气体灭火剂适用于扑灭 A、B、C、E 和 F 类火灾。

气体灭火剂种类较多，但得以广泛应用的仅有惰性气体（如二氧化碳、烟烙尽灭火剂等）和卤代烷及其替代型灭火剂（如 1211、1301、七氟丙烷、六氟丙烷、三氟甲烷和三氟碘甲烷）。

（1）惰性气体灭火剂　惰性气体灭火剂包括二氧化碳、烟烙尽灭火剂等。加入惰性气体，可以降低燃烧时的温度，起到冷却的作用，也可使氧气浓度降低，起到窒息的作用。

① 二氧化碳。二氧化碳灭火剂在通常状态下是无色无味的气体，相对密度为 1.529，比空气重，价格低廉，获取、制备容易，用于在燃烧区内稀释空气，减少空气的含氧量，从而降低燃烧强度。当二氧化碳在空气中的浓度达到 30%～35% 时，就能使火焰熄灭。因此，早期的气体灭火剂主要采用二氧化碳。

在 20 世纪 90 年代后期，在没有完全能够替代卤代烷灭火剂的替代物出现前，二氧化碳灭火剂因具有不破坏大气臭氧层的特点，作为传统技术在各种不同防护场所得到普遍的应用，产品向多元化方向发展。

a. 二氧化碳灭火剂灭火原理。二氧化碳主要依靠窒息作用和部分冷却作用灭火。二氧化碳具有较高的密度，约为空气的 1.5 倍。在常压下，液态的二氧化碳会立即汽化，一般 1kg 的液态二氧化碳可产生约 $0.5m^3$ 的气体。灭火时，二氧化碳气体可以排除空气而包围在燃烧物体的表面或分布于较密闭的空间中，降低可燃物周围或防护空间内的氧浓度，产生窒息作用而灭火。

二氧化碳灭火剂是以液态二氧化碳充装在灭火器内，当打开灭火器阀门时，液态二氧化碳就沿着虹吸管上升到喷嘴处，迅速蒸发成气体，体积扩大约 500 倍，同时吸收大量的热量，使喷筒内温度急剧下降，当降至 $-78.5℃$ 时，一部分二氧化碳就凝结成雪片状固体。它喷到可燃物上时，能使燃烧物温度降低，并隔绝空气和降低空气中含氧量，使火熄灭。当燃烧区域空气含氧量低于12％，或者二氧化碳的浓度达到30％～35％时，绝大多数的燃烧都会熄灭。

b.二氧化碳灭火剂适用范围。由于二氧化碳不导电，不含水分，灭火后很快散逸，不留痕迹，不污损仪器设备，所以它适用于扑灭各种易燃液体火灾，特别适用于扑灭600V以下的电气设备、精密仪器、贵重生产设备、图书档案等火灾以及一些不能用水扑灭的火灾。

二氧化碳不能扑灭金属（如锂、钠、钾、镁、铝、锑、钛、镉、铂、铽等）及其氧化物、有机过氧化物、氧化剂（如氯酸盐、硝酸盐、高锰酸盐、亚硝酸盐、重铬酸盐等）的火灾，也不能用于扑灭如硝化棉、火药等本身含氧的化学品的火灾。因为当二氧化碳从灭火器中喷出时，温度降低，使环境空气中的水蒸气凝集成小水滴，上述物质遇水发生化学反应，释放大量的热量，抵制了冷却作用，同时放出氧气，使二氧化碳的窒息作用受到影响。

c.二氧化碳灭火器使用方法

在使用二氧化碳灭火器时，应首先将灭火器放稳在起火地点的地面，拔出保险销，一只手握住喇叭筒根部的手柄，另一只手紧握启闭阀的压把。对没有喷射软管的二氧化碳灭火器，应把喇叭筒往上扳70°～90°。使用时，不能直接用手抓住喇叭筒外壁或金属连接管，防止手被冻伤。在室外使用二氧化碳灭火器时，应选择上风方向喷射；在室内窄小空间使用时，灭火后操作者应迅速离开，以防窒息。二氧化碳灭火，主要是窒息作用，对有阴燃的物质则难以扑灭，应在火焰熄灭后，继续喷射二氧化碳，使空气中的含氧量降低。

② 烟烙尽灭火剂。烟烙尽是一种气体灭火剂，主要由52％氮气、40％氩气和8％二氧化碳组成，美国商标为INERGEN，由美国安素公司（ANSUL）生产，它主要通过降低起火区域的氧浓度来灭火。由于烟烙尽是由大气中的基本气体组成的，因而对大气层没有耗损，在灭火时也不会参与化学反应，且灭火后没有残留物，故不污染环境。此外，它还有较好的电绝缘性。由于其平时是以气态形式储存，所以喷放时，不会形成浓雾或造成视野不清，人员在火灾时能清楚地分辨逃生方向，而且对人体基本无害。

但是该灭火剂的灭火浓度较高，通常须达到37.5％以上，最大浓度为42.8％，因而灭火剂的消耗量比1301灭火剂要多，应用过程中其灭火时间也长于1301灭火剂。此外，与其他灭火系统相比，这种系统的成本较高，设计使用时应当综合考虑性价比。

（2）卤代烷及其替代品灭火剂　卤代烷（哈龙）灭火剂具有电绝缘性好、化学性能稳定、灭火速度快、毒性和腐蚀性小、释放后不留残渣痕迹或者残渣少等优点，并且具有良好的储存性能和灭火效能，可用于扑救可燃固体表面火灾（A 类）、甲乙丙类液体火灾（B 类）、可燃气体火灾（C 类）、电气火灾（E 类）等。某些卤代烷灭火剂与大气层的臭氧发生反应，致使臭氧层出现空洞，使生存环境恶化。人们近来关注甚多的一个专题就是为了保护大气臭氧层，限制和淘汰哈龙灭火剂，研究开发替代物。

我国于 1991 年 6 月加入《关于消耗臭氧层物质的蒙特利尔议定书》，国务院在 1993 年 1 月批准实施《中国逐步淘汰消耗臭氧层物质国家方案》，作为行动纲领，我国逐步淘汰消耗臭氧层物质（简称 ODS）的生产和消费。哈龙替代产品的研制工作也在世界范围内得到广泛的开展。但是至今为止，尚未找到一种能在灭火性能和适用范围上可完全取代哈龙的替代型灭火剂。

哈龙替代物（包括气体类、液化气体类）在国际上划分为四大类：①HBFC，氢溴氟代烷；② HCFC，氢氟代烷类；③ HFC236，六氟丙烷（FE36）；HFC227，七氟丙烷（FM200）；FIC，氟碘代烷类；④IG，惰性气体类，包括 IG01、IG55、IG541。

国际社会相继开发了多种不同的替代哈龙的灭火剂，其中被列为国际标准草案 ISO 14520 的替代物有 14 种，综合各种替代物的环保性能及经济分析，七氟丙烷灭火剂最具推广价值并已在我国及国际社会得到广泛应用，该灭火剂属于含氢氟烃类灭火剂，由美国大湖公司研发，具有灭火浓度低、灭火效率高、对大气无污染等优点。

七氟丙烷灭火剂（HFC227ea，美国商标为 FM-200）是一种无色、几乎无味、不导电的气体，其化学分子式为 CF_3CHFCF_3，分子量为 170，密度大约为空气的 6 倍，采用高压液化储存。灭火机理为抑制化学链反应，其灭火原理及灭火效率与 1301 灭火剂相类似，对于 A 类和 B 类火灾均能起到良好的灭火作用。七氟丙烷灭火剂不会破坏大气层，在大气中的残留时间也比较短，其环保性能明显优于 1301 灭火剂，其毒性较低，对人体产生不良影响的体积分数临界值为 9%，并允许在浓度为 10.5% 的情况下使用 1min。七氟丙烷的设计灭火浓度为 7%，因此，正常情况下对人体不会产生不良影响，可用于经常有人活动的场所。

七氟丙烷灭火剂适用于扑灭 A、B、C 类火灾，但不适用于如下材料所发生的火灾：①无空气仍能迅速氧化的化学物质（如硝酸纤维火药等）的火灾；②活泼金属（如钠、钾、镁、钛和铀等）的火灾；③金属氧化物、强氧化剂、能自燃的物质的火灾；④能自行分解的化学物质（如联胺）的火灾。

5. 气溶胶灭火剂

气溶胶是液体或固体微粒悬浮于气体分散介质中，直径在 $0.5\sim1\mu m$ 之间的一种液体或固体微粒。分为冷气溶胶和热气溶胶，反应温度高于 300℃的称为热气溶胶，此外是冷气溶胶。

（1）气溶胶灭火剂的灭火机理　气溶胶灭火剂生成的气溶胶中，气体与固体产物的比例约为 6：4，其中固体颗粒主要是金属氧化物、碳酸盐或碳酸氢盐、炭粒以及少量金属碳化物；气体产物主要是氮气、少量的二氧化碳和一氧化碳。一般认为，固体颗粒气溶胶同干粉灭火剂一样，是通过吸热分解降温、气相和固相的化学抑制以及惰性气体使局部氧含量下降等机理发挥灭火作用。但大量的实验表明，气溶胶灭火剂中气溶胶产物的释放速度及固体颗粒尺寸显著影响灭火效率；气溶胶灭火剂在相对封闭的空间释放后，空间中氧含量降低很小。

① 物理抑制作用。由于气溶胶的粒径小，比表面积大，因此极易从火焰中吸收热量而使温度升高，达到一定温度后固体颗粒发生熔化而吸收大量热量；气溶胶粒子易扩散，能渗透到火焰较深的部位，且有效保留时间长，在较短的时间内吸收火源所放出的一部分热量，使火焰的温度降低。

② 化学抑制作用。化学抑制分为均相和非均相抑制作用，均相化学抑制起主导作用。均相过程发生在气相，固体微粒分解出的钾元素，以蒸气或离子形式存在，能与火焰中的自由基进行多次链反应。非均相过程发生在固体微粒表面，由于它们相对于活性基团氢、羟、氧的尺寸要大得多，因而产生一种"围墙"效应，活性基团与固体微粒相碰撞时被瞬时吸附并发生化学反应，活性基团的能量被消耗在这个"围墙"上，导致断链反应，固体微粒起到了负催化的作用。气溶胶中的低浓度氨气对火焰的作用与卤代烷灭火剂的作用相似，有化学抑制作用，被用于贫煤矿的防火和灭火，但其效率低于固体微粒。

（2）气溶胶灭火剂的应用　气溶胶灭火剂主要适用于扑灭 A、B、C 和 D 类火灾，同常规气体灭火系统相比，气溶胶灭火剂不仅适用于舱室、仓库及发动机室等相对封闭空间和石油化工产品的储罐等封闭半封闭空间，也适用于开放式空间。国际上安装气溶胶灭火系统的有核电站控制室、军事设施、舰船机舱、通信设备室及飞机发动机舱等。

第三节　危险化学品企业应急装备和物资的配备

危险化学品企业应急物资的配备可以参阅《危险化学品单位应急救援物资配备要求》（GB 30077—2013）。该标准在修订编制过程中参考了有关国际标准和国外化工公司应急物资配备标准，主要有美国消防协会防火规范、美国 Air Product 等公司的应急装备标准等。该标准规定了危险化学品企业物资配备的最低要求，配备的应急救援物资并不能满足所有危险化学品企业的要求，危险化学品企业还应根据自身的特点和要求，配备其他的应急救援物资以满足救援任务的需要。

一、作业场所应急装备和物资配备

作业场所一般泛指生产场所，危险化学品企业作业场所主要包括生产装置区、罐区、仓库等有员工直接作业的生产区域。

作业场所的员工一般是突发事故的第一发现人，也是第一时间的现场处置人。为作业场所配备必要的应急救援物资，现场员工能在第一时间利用应急救援物资抢救受害人员并进行现场应急处置，从而避免事故的扩大，减少人员的伤亡。

危险化学品企业作业场所应急救援物资的配备，主要是为了满足一线员工在危险化学品泄漏、火灾等突发事件初期所开展的个体防护及专业应急处置工作所必需的物资需求。

以基础配备与特殊需求相结合的原则进行物资的配备，所配备的应急物资应具备实用性、功能性、安全性、耐用性等特性，应根据作业场所泄漏、火灾事故风险特点，初期应急处置需求和基层义务应急消防队所承担救援任务的需要进行选择性配备。

应急装备和物资的场地和用房，应结合企业基层事故风险特点，可在满足使用功能需要的前提下，设置在接近泄漏、火灾事故易发区域且便于人员车辆迅速出动的部位，具备条件的单位，可单独设置。应急物资应存放于应急器材专用柜或指定地点，方便取用，所有物资须按相关物资管理办法进行管理，由专人负责，并定期进行保养和维护。

作业场所的一线操作工在突发事故下应履行以下应急职责：①穿戴合适的个体防护器材，确保自身的安全；②使用规定的报警通信设备及时、准确报警；③使用相关侦检器材确认事故现场危险；④开展现场伤亡人员的急救；⑤初期泄漏、火灾事故的应急处置；⑥设立警戒隔离标识等。因此，作业场所配备的主要装备及物资类型有：报警通信设备，如对讲机等；个体防护设备，如正压式空气呼吸器、过滤式防毒面具、化学防护服等；侦检勘探设备，如气体浓度检测仪、手电筒等；现场急救设备，如急救箱、洗消设施等；泄漏处置设备及材料，如泄漏洗消设备、消防沙、蛭石、特种吸附材料等；灭火处置设备，如便携式灭火器；应急处置工具，如铜质扳手、堵漏器具、警戒带、风向标等。依据日常现场作业人员处理一起初期泄漏或火灾等突发事件的需求量进行主要装备及物资的配备。

二、危险化学品企业应急装备和物资的配备

危险化学品企业应急救援物资配备主要目的是满足企业应急救援专业队所承担专业救援任务的需要。因此，从企业自身的特点考虑，企业应进行危险性分析，根据危险化学品的种类、数量和发生事故的特点，配备相应的应急救援物资；从应急救援物资的特点考虑，应急救援物资应具备实用性、功能性、安全性、耐用性的特点以及满足单位实际需要。

1. 企业应急救援队伍的个人防护装备配备标准

个人防护装备配备体现"以人为本"的理念，也是应急救援人员的个人安全保障。事故救援过程中个人防护装备是应急救援人员的最后一道保护屏障。只有确保应急救援人员自身安全的前提下才能进行抢险救援，因此，应配备应急救援人员的个人防护装备，确保救援人员在事故救援过程中的生命安全。个人防护装备配备标准考虑了危险化学品企业应急救援队伍的特点，以满足单位应急救援任务为实际需要。个人防护装备如正压式空气呼吸器、化学防护服等，以应急救援队伍执勤人员为基数确定配备数量。

2. 企业应急救援队伍抢险救援车辆配备标准

抢险救援车辆配备的数量决定危险化学品企业应急救援队伍的作战能力，危险化学品企业抢险救援车辆的主要功能是扑灭危险化学品火灾、抢救受害人员和运输抢险救援装备等。各类危险化学品企业车辆配备数量和抢险救援车辆品种配备要结合企业自身的风险类型。如生产或储存剧毒或高毒危险化学品的企业属于高危企业，社会影响大，这类企业应配备气防车，用于发生事故时现场中毒人员的抢救和事故处置。

3. 危险化学品企业应急装备和物资配备要求

企业应急救援队伍抢险救援物资包括侦检、个体防护、警戒、通信、输转、堵漏、洗消、破拆、排烟、照明、灭火、救生等物资及其他器材。沿江河湖海的危险化学品企业还应考虑水上应急救援物资的配备。

除作业场所的应急救援物资外的其他应急救援物资，可由危险化学品企业与其周边其他相关企业或应急救援机构签订互助协议，这些企业或机构的应急救援物资应在接到报警后 5min 内到达现场，可作为本企业的应急救援物资。

三、区域级危险化学品事故应急装备和物资配备

随着我国经济的快速发展，应统筹我国化工园区和危险化学品企业主要分

布和油气通道建设布局，强化区域覆盖能力需求，兼顾"一带一路"建设的安全保障，提高快速应急处置能力，提高重特大事故应急救援能力。在现有应急救援资源的基础上，根据危险化学品企业的分布情况，针对可能造成的事故，整合大型企业现有应急救援力量，发挥企业救援力量基础好、专业性强、经验丰富的优势，建设我国危险化学品事故应急救援队伍体系。在全国范围内，根据地域、化工企业、现有应急力量等的分布情况，对国家级应急救援队伍进行合理规划和布局，合理辐射周边的救援区域，协同作战，形成区域救援能力。

依托目前基础条件较好、管理水平较高、应急能力较强的应急救援队伍，针对大型石化装置、大型罐区和油气管道事故特点，配备急需装备，完善薄弱环节，全面提升应急救援能力。

按照"专业分工，功能完备，立足长远，性能卓越"的配备原则，针对现有石油化工装置和储罐大型化、集群化的特点，依据各应急队伍及其周边覆盖区域内的应急需求，个性化配备国际先进、性能尖端的应急救援装备以及远程研判和智能处置设备，提升应急处置能力。

综合考虑我国重点石油、化工企业和危险化学品、重大危险源的分布以及现有应急救援资源情况，根据队伍覆盖半径的客观要求，整合大型企业现有应急救援资源，加强装备建设，建立统一指挥、协调有力、运转高效的国家危险化学品应急救援体系和救援机制。通过建设国家级危险化学品应急救援队伍，形成强有力的区域救援能力，救援力量覆盖全国所有地区，实现危险化学品应急救援网络的无盲区。通过加强危险化学品事故应急救援技术指导中心建设，为危险化学品事故的应急救援提供强有力的技术支撑。

参考文献

[1] 张俊杰.远程大流量消防供水系统的需求设计.消防科学与技术，2016，(8)：111-113.

[2] 尤嵩菀，李功淼，沈同强.浅谈无人化装备在抢险救灾中的运用——对两起特大爆炸事故救援的反思.中国应急救援，2019，(5)：58-61.

[3] 沈耀宗.Auto CAFS技术浅析.武警学院学报，1997，(3)：76-78.

[4] 王沁林，李明才，阎秉立.第二代泡沫消防车——压缩空气泡沫系统在灭火中的运用.消防产品与技术，2005，(2)：14-19.

[5] 李慧清，乔启才，崔文彬，等.压缩空气泡沫系统(CAFS)产生泡沫阻火性能试验研究.森林防火，2002，(1)：22-24.

第五章

危险化学品企业应急管理

思想理念是应急准备和应急救援工作的源头和指引。危险化学品企业要坚持以人为本、安全发展，生命至上、科学救援理念，树立安全发展的红线意识和风险防控的底线思维，依法依规开展应急管理工作。

第一节　生命至上和科学救援

危险化学品种类繁多，危害性质各异，其生产工艺复杂危险。不同危险化学品事故的演变机理和救援措施千差万别，一旦处置不当，极易引起次生和衍生事故。因此危险化学品事故的应急救援必须把握事故演变的科学规律，进而采取针对性和有效性的科学应急救援工作。科学的思想理念是做好应急管理和应急救援工作的关键要素[1]。

一、以人为本和红线意识

在党的十九大报告明确提出了"树立安全发展理念，弘扬生命至上、安全第一的思想，倡导生命至上、科学救援的应急救援理念，发展决不能以牺牲安全为代价"的要求。习近平总书记在谈到安全生产的时候指出："人命关天，发展决不能以牺牲人的生命为代价。这必须作为一条不可逾越的红线。"

以人为本就是指在安全生产和应急救援的各项活动过程中，必须把人的因素放在首位，一切依靠人，一切为了人。

"一切依靠人"：在安全生产和应急救援过程中，既有技术、设施设备、操作规程、应急预案等因素，也需要组织机构、规章制度、监督检查等，但这些都是需要人去实施、运作和推动的。因此归根到底，一切都要依靠人的行动来实现。

"一切为了人"：人既是应急救援的主体（管理者），也是应急救援的客体（被救援者），每个人都处在特定的应急准备和救援的特定管理层次上，离开了人的需要就没有管理的目的[2]。

在企业安全生产和应急救援工作中，必须要扎扎实实地遵守和落实各项制度规定的要求，守住保命"底线"，站在敬畏生命、守护生命的高度，捍卫保命法则，决不逾越"红线"！在事故应急救援过程中对伤亡人员"不抛弃、不放弃"。处理好主次关系、分出轻重缓急，把坚守安全生产"红线"摆在突出位置，不断强化"红线意识"。在研究和确认应急救援方案的过程中，时刻把"红线"作为一项原则和标准，确保不突破、不降低。

在实践过程中要做好以下工作：

① 积极推进全员应急，提高和强化全员尤其是基层员工的应急意识和能力，配备必要的个体防护装备和应急救援专业器材；

② 摆正应急管理与安全生产的关系，应急管理是安全生产的最后一道防线，应充分发挥预防、减少和消除事故等多种功能；

③ 坚持"救早救小"原则，提高第一时间应急响应效率；

④ 提高领导的事故现场风险研判和科学指挥决策能力，明确"救人"为应急救援的首要任务，在救援过程中，确保救援人员安全，遇到突发情况危及救援人员生命安全时，迅速撤出救援人员。

二、底线思维

所谓"底线思维"，就是客观地设定最低目标，立足最低点，争取最大期望值的一种积极的思维方式，是一项至关重要的方法论。底线思维是应急管理工作的核心。习近平总书记多次强调："要善于运用'底线思维'的方法，凡事从坏处准备，努力争取最好的结果，这样才能有备无患、遇事不慌，牢牢把握主动权。""要坚持底线思维、注重防风险，做好风险评估，努力排除风险因素，加强先行先试、科学求证，加快建立健全综合监管体系，提高监管能力，筑牢安全网。""要坚持底线思维，保持如临深渊、如履薄冰的态度，尽可能把各种可能的情况想全想透，把各项措施制定得周详完善，确保安全、顺畅、可靠、稳固。"

1. 底线思维的内涵

"底线思维"有较为鲜明的特征："底线思维"注重危机、风险、底线的界定与防范，对于困难和挑战估计得大一些、多一些，特别是要对不利因素做更加充分的估计和更加充足的准备，确保"托底""保底""守底"；"底线思维"的积极意义主要在于它使人勇于面对事实并接受出现的最差、最坏情况，让人充分觉悟到，一旦处于底线的位置上，唯有坚定信心、克服恐惧心理、摆脱内心的焦虑才能战而胜之。"底线思维"的实施要点在于立足全局、突出重点，要善于取舍，看到事物的远景并有相应的对策，对下一步的行动心中有数，对各种替换方案和解决办法保持更加开放的思维而得以高瞻远瞩。从唯物主义辩证法的角度看，"底线思维"最大的对立统一就是"底"与"顶"的有机结合，没有"守底"就难达其"顶"，而没有"攀高"也就无所谓"守底"，此谓"守乎其低而得乎其高"。底线思维是包括辩证法、实践论在内的系统、科学思维[3]。

2. 底线思维在应急管理中的应用

底线思维的要旨和方法与应急管理的核心、原理高度契合，融会贯通。应急管理体系中所谓的"一案三制"只是工具、方法和程序，没有上升到思维，抽象到思维。为这些有用的工具和方法找到一个统帅，就是"底线思维"，它能强化应急管理。

底线思维是一种典型的后顾性思维取向，拥有了这种思想就会认真计算风险，估算可能出现的最坏情况，并且接受这种情况。提出基于底线的应急管理措施，确保安全的可控和在控。作为领导干部、管理者乃至普通员工都要结合自身工作想想工作风险的底线在哪里？突破这些底线的后果会怎样？防范这些底线的主体是谁？守住这些底线的措施是什么？要时刻提醒自己要重视安全生产工作，注重落实安全和应急的组织措施和技术措施。牢固树立底线意识，就能进一步强化忧患意识和责任意识，摒弃为了出政绩、树形象而不顾一切后果、急功近利的发展模式和只有前瞻没有后顾的错误思维方式，从守住底线开始，量力而行、稳中求进、步步为营、谋求发展。

3. 底线思维的养成

底线思维的形成需要一个固化的过程，要反复抓，抓反复，形成思维定势。可与安全文化进班子、进基层、进班组、进岗位、进社区"五进"模式有机结合，通过会议、学习培训、主题活动等方式开展反复训练，促进底线思维的形成。应急管理职能部门和专家团队通过定期检查走访和安全行为观察与沟通的方式，及时发现员工存在的缺陷和不足，并一起分析原因、制定改进措施，加深对底线思维的认识，提高底线思维在安全管理中的应用能力。

要强化底线思维培养和训练，其对象是全体员工，重点是各级管理人员，关键是各级领导干部，要让全员都掌握底线思维的方式方法，从而自觉运用。案例传承法，分类收集成功与失败的事故案例，尤其是重特大事故案例，让这些案例成为集体的记忆、团队的教材。现场震撼法，到现场，抓证据，给震撼，亲眼所见，现场说理，永远大于空洞说教，近年来，各地应急管理部门在发生事故的现场召开警示会就是很好的做法。岗位轮换法，让受训者在预定的时期内变换工作岗位，使其获得不同岗位的工作经验。岗位轮换能增进培训对象对各部门管理工作的了解，扩展员工的知识面，对受训对象以后完成跨部门、合作性的任务打下基础，同时能较好地树立全局观，提升底线思维运用的质量。

三、应急管理法治化和制度化

目前，很多危险化学品企业存在应急救援相关制度软化、刚性缺失等情况，救援过程中过度依靠领导者的个人经验、能力甚至是直觉，各种法律法规、规章制度和应急预案流于形式。突发事件发生后，各级领导不是首先按法律法规和应急预案的规定启动应急响应，而是"跟着感觉走"，自己凭经验和能力进行临时性决策，"即兴发挥"，其救援的效果在很大程度上不是取决于应急救援相关制度规范是否到位、科学，而在于领导个人的经验多少和能力高低。江苏响水"3·21"、山东青岛"11·22"、天津港"8·12"等涉及危险化学品的特别重大事故，暴露出诸多如应急救援预案实用性不够、应急救援队伍能力不强、应急物资储备不足、现场救援机制不完善、救援程序不明确、救援指挥不科学等问题。

"没有规矩，不成方圆"。应急救援的效能来源于科学完备的制度保障，其关键在于建章立制，完善法律体系和预案体系，实现对突发事件的制度化响应，提高应急指挥的规范化、程序化水平。危险化学品企业坚持法治思维，就是要清楚认真把握依法治国方针，依法依规开展应急管理和应急救援工作。有关危险化学品生产安全事故应急管理工作的法律、法规、规章、标准等要求是应急管理工作的最低要求，必须执行。在日常工作中，危险化学品企业要将风险防控底线思维与法治思维相结合，建立健全各项应急管理工作制度，科学设定各项工作指标，对平时的应急管理等工作加强考核。

1. 法律法规识别

识别法律法规，依法开展应急管理工作，是坚守法治底线，做好风险防控和应急管理工作的基本要求。

① 建立安全生产应急管理法律法规、标准规范的管理制度，明确主管部门，确定获取的渠道、方式；

② 及时识别和获取适用、有效的法律法规、标准规范；

③ 建立法律法规、标准规范清单和文本数据库，并及时更新。

2. 法律法规转化

法律法规的转化就是依据法律法规条文，对标企业自身实际，制定满足或达到法规条款要求的方法和措施。

① 将识别出的应急法律法规、标准规范，转化为企业应急管理制度、工作措施或工作任务等。将法律法规条款转化为制度时，必须注意结合企业的组织和岗位情况，转化成责任明确、程序流程清晰、具体可操作的制度，杜绝抄转方式的转化。

② 对相关人员进行培训。培训时应坚持理论和实际相结合，需要企业针对岗位实际存在的风险和应急处置方案在制度中予以明确，不能简单地照样抄发。

3. 建立应急管理制度

危险化学品企业应建立以下相关应急管理制度：

① 应建立健全应急值班值守、信息报告、应急投入、物资保障、人员培训及预案管理（定期评估、修订、备案、公布）等应急救援管理制度，应明确并公示企业应急领导小组及联系方式等信息；

② 根据《生产安全事故应急预案管理办法》及有关标准、规定编制应急预案管理制度；

③ 建立应急救援物资的有关制度和记录：物资清单，物资使用管理制度，物资测试检修制度，物资租用制度，资料管理制度，物资调用和使用记录，物资检查维护、报废及更新记录。

四、科学救援

我国传统的应急救援具有经验式、粗放式、突击式的特征，重经验、轻制度，重上层、轻基层，重战术、轻战略。突发事件一旦发生，各级领导都在接报后"第一时间赶赴现场""第一时间做出部署"，但到了事发现场究竟该做什么、不该做什么，先做什么、后做什么，各级各类不同领导之间谁听谁的，却不甚清楚。最后出现的情况是事发现场闹闹哄哄，各方人员严重错位、越位、不到位：本该承担行政指挥职责、负责统筹协调的领导都第一时间奔赴现场，在现场越位扮演着战术指挥的角色；现场真正的战术指挥和具体操作人员则忙着请示汇报，领导在听取汇报后则做出很笼统、很原则的指示要求，在此过程中可能耽误宝贵的应急救援时机。

在危险化学品事故应急救援过程中要做好以下工作：

① 建立对基层一线"第一响应者"的委托授权机制，让熟悉情况的基层一线拥有更多的指挥权，以根据千变万化的现场情况及时灵活地做出决策。切实按照"属地管理为主、高度授权"的原则，推进应急指挥权向基层一线人员倾斜，强化事故现场处置，赋予生产现场带班人员、班组长和调度人员直接决策权和指挥权，使其在遇到险情或事故征兆时能立即下达停产撤人命令，组织涉险区域人员及时、有序撤离到安全地点，减少事故造成的人员伤亡。

② 在行动前要了解有关危险因素，明确防范措施，科学组织救援，积极搜救遇险人员。遇到突发情况危及救援人员生命安全时，救援队伍指挥员有权做出处置决定，迅速带领救援人员撤出危险区域，并及时报告指挥部。

③ 按照"综合协调、权责对等、专业处置"的原则，科学界定战略、战役、战术三个层次之间的关系，建立行政指挥和战术指挥分工明确、衔接紧密的应急指挥组织架构和专业化的应急指挥程序。"让专业的人来干专业的事"，建立规范化的专业处置程序，明确指挥要点，严格按规程进行处置。积极推广突发事件现场指挥官制度，进一步明确现场指挥官的职权、任命条件和运转程序；根据"谁先到达谁先指挥，依法逐步移交指挥权"的原则，建立现场动态灵活的应急指挥机制，规范现场指挥权的交接方式和程序。

第二节　事故应急指挥系统

关于突发事件应急标准方法，事故应急指挥系统（incident command system，ICS）是具有典型意义的。该体系虽然起源于美国，但是包括澳大利亚、新西兰、加拿大等国家均将它运用到本国的突发事件应急响应过程中，并取得了令人满意的效果。为此，包括英国、日本在内的许多国家扩展了该体系的相关研究，注重吸收其核心思想并结合本国实情构建了适用于本国的突发事件应急救援指挥体系。国际上的许多学者一致认为，该体系在突发事件现场应急指挥过程中较其他指挥体系具有明显的优势，可以将其视为现代城市突发事件现场应急救援的一个通用模式或标准[4,5]。

1970 年，美国加利福尼亚州发生森林火灾，参与应急救援的部门和人数太多，又缺少协调组织结构、统一的通信频率和方式等诸多问题，使指挥官疲于应对汇报，难以有效指挥。该州对应急指挥中存在的问题进行讨论和研究，由该州应急管理办公室、森林与消防局等 7 个部门联合组成一个应急指挥体系，即南加利福尼亚州紧急事故火灾抢救资源系统，也就是 ICS 的萌芽。经过 20 多年的发展，到了 90 年代中期，美国联邦应急管理署所属的应急管理学院（EMI）已经将 ICS 作为重要的经典课程讲授，并把它推广到了全国的应急管理领域。事故应急指挥系统（ICS）成为应对所有突发事件的一种有效的工具，这标志着 ICS 的基本成型。2004 年，美国国土安全部在对 ICS 的术语涵义、组织和程序方面做了一些修改后，在全国突发事件应急管理系统中全盘采用 ICS。自此，ICS 上升到应急法规和标准的层面。

ICS 的目的是在共同标准化的结构下，将设施、设备、人员、程序和通信联合为一个整体，提高事故应急管理的效率与质量。ICS 是一个通用模板，不仅适用于组织短期事故现场行动，还适用于长期应急管理行为，从单纯到复杂事故，从自然灾害到人为事故都可适用。应急指挥系统适用于各级政府、各领域和行业，以及企事业单位，可广泛适用于各类突发公共安全事件。ICS 与传统的应急管理模式相比较具有明显的优越性：使用通用语言和响应程序；使用联合行动最优化；消除了重复行动；建立统一的指挥职位；考虑了行动、后勤、策划和财务等集体审批；鼓励协作的响应环境和资源共享，降低响应成本，可实现效率最大化；使通信故障最低化，提高信息交互效率；支持制定和实施统一的事故行动计划（IAP），确保实现应急管理目标[6]。

ICS 是一个实施应急指挥的工具，具有标准化、弹性化的结构，即不论事件大小、事件类型，还是事前计划、事发应对都可以普遍适用。ICS 规定了应急的角色、组织结构、职责、程序、术语和实际操作的表格等，使应急指挥过程明确、有序、高效。

ICS 建立了一整套的标准化的现场指挥程序性文件和模块化的组织结构，包括：通用的术语、整合的通信和统一的指挥框架。当突发事件发生时，各应急组织机构应急功能清晰、授权明确，并可依据不同的应急职责及时进行考核。

一、ICS 的基本特征

ICS 体现了标准化与灵活性之间的平衡，在现场指挥标准化、应急组织与功能的模块化、应急资源管理等方面具有突出特点。

1. 通用术语

使用通用术语有助于定义组织功能、事件设施、资源描述和职位名称。

2. 指挥权的建立和移交

指挥职能必须从事故一开始就明确指定。当指挥权移交时，必须发布一个简报，以确保指挥功能持续的安全性和有效性。

3. 指挥链与单一指挥

指挥链是指事故应急指挥序列中有序的管理层次。单一指挥是最经典的也是最基本的原则，是指应急组织的各级机构及个人必须服从一个上级的命令和指挥，只有这样才能保证政令统一，行动一致，报告关系清晰，避免由多头、相互矛盾的指示引起的混乱。

4. 联合指挥

在涉及多部门参与的单一管辖区、多部门参与的多个管辖区的事件，联合指挥允许不同法律、地域的职能部门一起有效地工作，而不影响各部门机构的权限、责任或义务。

5. 目标管理

目标管理包括建立总体目标；开发基于事件目标的策略；发布任命、计划、程序和协议；为各种事件管理职能活动确定具体的、可衡量的目标，并指导实现这些活动，以支持确定的战略；记录结果以考核业绩，促进纠正行动。

6. 模块化组织

事件指挥组织以模块化的方式发展，它基于事件的规模和复杂性，以及事件所造成的危险环境的特性。

7. 事件行动计划

突发事件行动预案提供了沟通全部突发事件（包括行动和支持活动）目标一致的手段。

8. 合理的管理幅度

管理控制范围是事件管理有效和高效的关键。在 ICS 中，任何负有事件管理监督责任的个人的控制范围应以 3～7 个下属为宜。

9. 事故场所和设施

在事发地附近建立各种类型的行动支持设施，以完成各种目的行动。典型的指定设施包括事故指挥所、基地、营地、集结区、大规模伤员分流区以及其他需要的设施。

10. 全面的资源管理

保持资源利用的准确和最新情况是事件管理的一个重要组成部分。这些资源包括用于或可能用于事故管理或应急响应活动的人员、团队、设备、供应品和设施。

11. 综合通信

建立和使用共同的通信方案、共享通信程序和系统结构，以方便事件通信。

12. 信息和情报管理

必须建立一个收集、分析、共享和管理与事故相关的信息和情报的流程。

13. 责任制

在所有事故辖区和事故行动过程中各个职能领域的有效的责任制至关重要，必须做到以下几点。

① 签到。所有单位及应急人员，必须按照事故指挥官制定的程序报到，并接受相应的应急任务。

② 事件行动计划。所有应急行动必须在应急行动方案（IAP）的指导和协调下进行。

③ 单一指挥。所有参与事故的应急人员都有且仅有一个指定的领导或任务分配者。

④ 个人责任。所有的应急人员都应运用良好的判断力参与应急，并对自己的行为负责。

⑤ 控制幅度。每个应急管理人员必须能够充分监督和指挥自己的下属，并沟通和管理其相应的应急资源。

⑥ 资源追踪。每个应急管理人员必须记录和报告其资源所发生的变化情况。

14. 派遣/调度

应急人员和设备应仅在要求时或由适当权力机构调度时使用，防止应急资源的过度使用。

二、ICS 的组织架构

无论哪一种类型或哪一个级别的事故指挥系统，其组织机构基本原型都采用"1+3+4"的模式，由指挥、行动、策划、后勤和财务这五部分组成。ICS 基本原型见图 5-1。

1. 指挥部门

事故应急指挥成员包括应急指挥员和各类专职岗位。

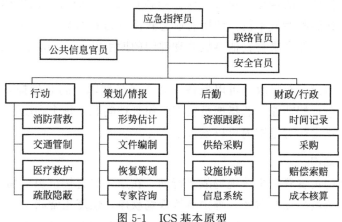

图 5-1　ICS 基本原型

应急指挥员主要职责是：实施应急指挥；协调有效的通信；协调资源分配；确定事故优先级；建立相互一致的事故目标及批准应急策略；将事故目标落实到响应机构；审查和批准事故行动计划；确保整个响应组织与事故指挥系统/联合指挥融为一体；建立内外部协议；确保响应人员与公众的健康、安全和沟通媒体等。

专职岗位是指直接向事故应急指挥员负责并在指挥部门内负责专门事务的岗位，在特殊情况下，有权处理一些事先并未预测到的重大问题。事故应急指挥系统中主要有三类专职岗位，即公共信息官员、安全官员和联络官员。

① 公共信息官员（PIO）负责与公众或媒体沟通，以及与其他相关机构交流事故信息。公共信息官员应能准确而有序地报告有关事故原因、规模和现状等信息，还包括资源使用状况等内外部需要的一般信息。公共信息官员要发挥监督公共信息的重要作用。无论是哪一类指挥机构，仅能任命唯一的公共信息官员。所有事故重要信息的发布必须经事故指挥员批准。

② 安全官员（SO）监测事故行动并向事故指挥员提出关于行动安全的建议，包括应急响应人员的安全与健康。安全官员直接对事故应急指挥负责，安全问题最终由各级事故指挥员负责。在应急行动过程中，安全官员有权制止或防止危及人员生命的不安全行为。在应急指挥系统内，无论有多少机构参与，仅任命唯一的安全官员，联合指挥结构下的其他部门或机构可以根据需要委派安全官员助手。行动部门领导、策划部门领导必须在应急响应人员安全与健康问题上与安全官员密切配合。

③ 联络官员（INO）是应急指挥系统与其他机构，包括政府机构、非政府机构和企事业单位等的连接点。联络官员征求并收集参加应急救援的各个职

能单位和支援单位的意见，及时向应急指挥员报告，同时也把指挥部的战略、战术意图传达给各参战单位，使所有应急救援行为更加统一、协调、有序。各参战部门也可以任命来自其他事故管理部门的助手或人员协助联络官员开展协调工作。

针对大型或复杂事故，可以配备一名或多名副职（副总指挥），协助总指挥员行使应急指挥功能。总指挥员负责组织管理副职，每个副职都对总指挥员负责，在其指定权力范围内可以发挥最大作用。

2. 行动部门

行动部门负责管理事故现场战术行动，在第一线直接组织现场抢险，减少各类危害，抢救生命与财产，维护事故现场秩序，恢复正常状态。行动部门可组织消防营救、交通管制、医疗救护、疏散隐蔽等应急行动。根据现场实际情况，可采用一个单位独立行动或几个单位联合行动。

根据事故的类型、参与机构、事故应急目标等情况，事故行动部门可以采用多种组织与执行方式，也可以根据辖区的边界和范围来选择对应的组织方式。

当应急活动或资源协调超出行动部门管理的范围时，则应在行动部门之下建立分片、分组或分部。分片是根据地理分界线来划分事故应急区域。分组则根据事故应急执行任务的实际活动划分出负责某些具体行动的功能组别。

出现以下三种情况时，则应考虑建立分部：一是分片或分组数量和任务超出行动部门领导控制范围，分部之下再配备相应的分片或分组。二是可以根据事故性质设置功能分部。一般事故的行动部门领导来自消防部门，副手来自警察、公共卫生部门。三是事故已扩散到多个区域。在事故涉及多辖区的情况下，可能要求国家、省、市、社区或企事业单位建立各自分部并在统一指挥下联合响应。

3. 策划部门

策划部门负责收集、评价、传递事故相关的战略信息。该部门应掌握最新情报，了解事故发展变化态势和事故应急资源现状与分配情况。策划部门的主要功能是制定应急活动方案（IAP）和事故指挥地图，并在指挥员批准后下达到相关应急功能单位。策划部门一般是由部门领导、资源配置计划、现状分析、文件管理、撤离善后和技术支持这六个基本单位组成。

部门领导单位负责组织和监督所有事故相关的资料收集和分析工作，提出替代战略行动、指导策划会议、制定各行动期间应急活动方案。

资源配置计划单位负责提出有关人员、队伍、设施、供给、物资材料和主要设备的需求计划；确认所分配资源的最新位置与使用现状；制定当前和下次行动所用资源的管理清单。

现状分析单位负责收集、处理和组织管理现状信息；准备现状概述报告；提出事故有关工作的未来发展方向；准备地图等资料；收集并传递用于应急活动方案的信息与情报。

文件管理单位负责准确而完善地保存事故文件，包括解决事故应急问题重大步骤的完整记录；为事故应急人员提供文件资料复制服务；归档、维护并保存文件，以备法律、事故分析和留作历史资料之用。

撤离善后单位负责制订事故解散计划，具体指示所有人员采取善后行动。该单位应在事故的一开始就开展工作。一旦事故善后计划被批准，善后单位确保将计划通知到现场及其他有关部门，并指导监督其实施。

技术支持单位可由专家组和专业技术支撑单位两部分组成。根据事故风险分析的需求选择各专业领域，包括气象、消防、急救、环境、防疫、化学和法律等技术专家。依据事故应急管理需要，请专家参加策划部门的工作，也可直接作为总指挥的顾问。另外，还应选择一些专业科技单位作为技术支撑单位，包括一些防灾中心和安全科技研究院。

4. 后勤部门

后勤部门负责所有的事故应急资源需求，包括通过采购部门订购资源，向事故应急人员提供后勤支持和服务。

供应单位负责采购、接收、储存和处理事故应急资源、人力和供应。供应单位为所有的需求部门提供支持。供应单位还负责应急装备的运送，包括所有装备和便携式非消耗性设备的储存、支付和服务。

装备与设施单位负责建立、保持和解散用于事故应急行动的设施。该单位还为事故应急行动提供必要的设施维护和保安服务支持。装备与设施单位还在事故区域或周边地区设立应急指挥工作站、基地和营地，移动房屋或其他形式的掩体。事故救援基地与营地往往设立在有现成建筑物的场所，可以部分或全部利用现有建筑。装备与设施单位还提供和建立应急人员必需的生活设施。

交通运输支持单位的工作主要包括：维护并修复主要战略性设备、车辆、移动式地面支持设备；记录所有分配到事故工作的地面设备（包括合同设备）的使用时间；为所有移动设备提供燃料；提供支持事故应急行动的交通工具；制订并实施事故交通计划，维持并保证交通顺畅有序。

通信单位制订通信计划，以提高通信设备与设施的使用效率，安装和检测所有通信设备，监督并维护事故通信中心，向个人分配并修复通信设备，在现场对设备进行维护与维修。通信单位的主要责任之一是为应急指挥系统进行有效的通信策划，尤其是在多机构参与事故应急时，这类策划对无线网的建立、机构间频率的分配、确保系统的相容性、优化通信能力都非常有意义。通信单位领导应参与所有的事故策划会议，确保通信系统能支持下一步行动期间的战略性行动。如无特殊情况，无线通信不得使用代码，避免复杂词汇或噪声引发的误解，以降低出错的概率。

食品供应单位确定食品和水的需求，尤其在事故扩散范围很大时更为重要。食品供应单位必须能够预测事故需求，包括需要饮食的人员数量、类型、地点，以及因为事故复杂性而对食品的特殊要求。该单位应为事故应急响应全过程提供食品服务，包括所有的偏远地点（如营地和集结区域），以及向不能离开岗位的行动人员提供饮食。食品单位应密切保持与策划、供应和交通运输等有关部门的联系。为确保食品安全，饮食服务前与服务中必须仔细策划和监测，包括请公共卫生、环境卫生和检验安全专家参与。

医疗单位的主要责任：为事故人员制订事故医疗计划；制定事故人员重大医疗紧急处理程序；提供 24 小时持续医护，包括对事故人员提供疫苗接种和对带菌者预控；提供职业卫生、预防、精神健康服务；为事故受伤人员提供交通服务；确保从起点到最终处置点，全程跟踪护送事故受伤人员，帮助完成人员受伤或死亡的文字登记工作；协调人员死亡时的人事和丧葬工作。

5. 财务/行政部门

事故管理活动需要财务和行政服务支持时，就必须建立财务/行政部门。对于大型复杂事故，涉及来自多个机构的大量资金运作，财务/行政部门则是应急指挥系统的一个关键部门，为各类救援活动提供资金。该部门领导必须向指挥员跟踪报告财务支出情况，以便指挥员控制额外开支，以免造成不良后果。该部门领导还应监督开支是否符合相关法律法规，注意与策划以及后勤部门配合，行动记录应与财务档案一致。

当事故强度和范围都较小或救援活动单一时，不必建立专门的财务管理部门，可在策划部中设置一位这方面的专业人员以行使这方面的职能。

三、标准化的组织架构

1. 标准化的现场指挥

① 通用的术语。在应对突发事件的指挥过程中，使用通用的术语，这在多部门参与的应急管理中十分重要。关于应急术语的使用，ICS 有两个原则：第

一，现场人员、设备、资源等使用共同的名称；第二，描述用文字而不用编号。

② 整合的通信。在 ICS 中，整合的通信就是指使用共同的频率、共同的术语、共同的通信计划和标准操作程序等，根据突发事件的大小和复杂程度，可以建立多路通信网络。

③ 统一的指挥框架。ICS 在突发事件的应急指挥中，每一个应急人员（包括普通操作人员、各组/部门负责人等）仅向一位指定人员负责，在事件现场向一位被指派的监督者报告。这个原则使得报告的关系更清晰，减少了由多头、冲突的指挥带来的混乱。ICS 这种统一的指挥结构，使参与应急工作的多个单位（即使在地理上属于不同的区域或者在功能上属于不同的部门）在共同应急目标的指引下，消除重复、无序行动。尤其当突发事件涉及多个区域或多个单位时，统一的指挥框架可以有助于提高应对突发事件的效能。

2. 模块化的组织

ICS 基于应急功能，采用"1＋3＋4"的模块化的组织形式，其对指挥官员、公众信息官员、安全官员、联络官员、行动部门、策划部门、后勤部门、财务/行政部门的功能和职责，都进行了清晰的定义。同时，ICS 的各应急模块又有一定的灵活性，指挥官员可以根据现场状况，对各部门的应急力量配备进行合理调整。

3. 有效的资源管理

在突发事件的应对中，有效率地管理各项应急资源非常重要。应急资源包括所有的参与人员和针对突发事件准备的主要设备（设备应当包括相关的操作与维护人员）。在突发事件的处理中，应急资源的状态由负责应急资源的管理人员统筹管理与补充。ICS 采用标准化的表格对应急过程进行记录和管理。在 ICS 的附件表格中，包括标准化表格 21 个，如资源状态卡，ICS 用不同颜色的"T"形卡片对应急队伍、现场人员、车辆、装备等应急资源进行了分类登记和管理，这使得现场资源的调度清晰、高效。

第三节　应急能力评估研究

应急能力评估是应急能力建设的前提，加强企业应急能力建设，已成为企业长远发展的重要战略任务，而在企业应急能力建设的基础性工作中，应急能力评估是基础中的基础。对企业进行应急能力评估的主要目的是检验企业在发生安全生产事故时所拥有的人力、预案、物资等应急要素的完备性，从而最大限度地减少安全生产事故给企业造成的损失。这种能力是反映企业实力的一个重要方面，也是企业职工形成并保持安全感、享受企业提供的人性化管理的一个重要方面。

一、国外应急能力评估研究

1. 美国应急能力评估

美国联邦应急管理署（FEMA）和国家应急管理协会（NEMA）于1997年合作开发了应急能力评估程序（capability assessment for readiness，CAR）。该评估着重于美国政府应急管理工作中的13项管理职能、56个要素、209个属性和1014个指标，构成了政府、企业、社区、家庭联动的灾害应急能力评估系统。应急能力评分标准分为4种，分别为3分、2分、1分以及N/A。其分数定义如下：3分为完全符合；2分为大致上都符合；1分为急需加强、改进；N/A为不需评估。

2000年又对CAR进行了修正，适用于评估州应急能力的程序是由13项管理职能、104个属性、453个指标组成的3级体系，适用于评估地方政府应急能力的程序是由13项管理职能、98个属性、520个指标组成的3级体系，这些属性或指标根据政府级别的不同而在细致程度和表述方法上稍有区别。评分等级分成了6个等级：5为能力很强，4为能力较强，3为能力一般，2为能力较弱，1为能力很弱，N/A为不适用。其中，13项管理职能分别为：法律与职权、灾害鉴定和风险评估、灾害管理、物资管理、计划、指挥控制协调、通信和预警、行动程序、后勤装备、训练、演练及评估与改进、公众教育与危机沟通、财务管理。

2. 日本应急能力评估

日本应急能力评估项目主要包括9个一级要素：①危机的掌握与评估；②减轻危险的对策；③整顿体制；④情报联络体系；⑤器材与储备粮食的确保与管理；⑥应急反应与灾后重建计划；⑦居民间的情报流通；⑧教育与训练；⑨应急水平的维持与提升。依据此9大要素，再往下细分各个要素。

在制定绩效考核评估制度时，确定了危险评估—减灾整备—计划方针—评估结果的闭环作业流程，来制定灾害应急绩效评估项目。

3. 加拿大应急能力评估

加拿大政府制定了加拿大应急管理框架。该框架确定了应急管理的四大支柱及其相关内容，即预防和减灾、准备、应急抢险和恢复。从预防和减灾、应对和恢复方面对应急能力进行评估。具体包括：①在预防和应急准备阶段，进行应急反应能力评估，评估项目包括社区备灾水平、预警系统的有效性、社区预期伤亡和损失的反应能力；②在应急抢险阶段，评估灾害对安全、卫生、经济、环境、社会、人道主义、法律和政治产生的影响；③在恢复阶段，进行损害评估，包括公共评估（对公共财产和基础设施的损害）和个体评估（对个人、家庭、农业和私营部门的影响或损害）。

二、危险化学品企业应急能力评估原则

邓云峰等人通过对城市重大事故应急能力评估指标及评估方法的研究，提出了城市应急能力评估体系框架。该体系包括 18 个一级指标、67 个二级指标和 405 个三级指标。其中，18 个一级指标分别为法制基础、管理机构、应急中心、专业队伍、专职队伍与志愿者、危险分析、监测与预警、指挥与协调、防灾减灾、后期处置、通信与信息保障、决策支持、装备与设施、资金支持、培训、演习、宣传教育和预案编制[7-9]。

危险化学品企业应急能力评估涉及的因素众多，十分复杂，如何在众多复杂的影响因素中取舍，有条理地选取合适的、能够体现应急能力的因素十分重要。因此选取评估指标、建立评估指标体系，要从企业实际情况出发，全面综合地考虑各种影响因素，遵循以下原则，进行选择[10]：

① 系统性原则。对安全生产的应急准备能力进行整体评估涉及生产经营单位的管理、规章制度、人员物资、装备设施等多方面因素，这些因素彼此相关，互相影响。因此在建立评估指标体系时，应该将这些因素按其相关性和重要性划分层级，将其整合为一个层次分明的系统，使整个评估指标体系能够全面、系统、合理地体现生产经营单位的应急准备能力。

② 科学性原则。选取评估指标应该结合生产经营单位应急准备工作的特点，能充分体现其应急准备能力，并且结合国内外应急准备评估方面的相关法律法规，有科学可信的依据。同时指标的选取也不是越多越详尽越好，很多指标内容相似，并且重要性不大，对最终的评估结果影响很小，这样的指标过多还会增加评估过程的计算难度，增加误差，因此应该科学地选择、取舍、简化评估指标。

③ 稳定性原则。选取的评估指标应该具有稳定性，确保在不同情况下，指标的状态都趋于稳定。尽量避免选取的评估指标受主观因素、环境因素、气象因素、时间因素等外部条件的影响，保证其可靠度。

④ 可操作性原则。选取指标时应该尽量考虑其可行性，保证与该评估指标相关的参考资料等内容容易获得，数据具有可靠性，且能通过一些简单的评

估指标综合体现复杂的评估内容，提高评估工作的可操作性。

根据上述原则，作为超大型石化企业的中国石化将应急能力评估分为三级指标，将应急组织与制度、应急值班与监测预警、应急指挥与响应、关键岗位应急能力、应急队伍能力、应急设施与应急物资、应急预案、应急演练这8项初步设为一级评估指标，在这8项一级指标下根据情况设置17个二级指标，二级指标下又设有更加详细的46个三级指标。

应急能力评估实现量化评分。应急能力评估参考指标总分120分。对于不适用项，相应分值不计入总分。

评估得分＝($\sum$实际参与评估项得分)/($\sum$实际参与评估项总分)×100

评估组根据企业实际运行情况可评估确定"否决项指标"，该指标为一票否则，即如果判定该企业存在"否决项指标"时，则该企业的最终评估结果为"不合格"。如企业未按要求建立应急指挥中心、应急救援中心；防水管网压力、流量等关键指标测试不达标；应对重大风险的紧急切断、泄放等关键安全设施缺失或无法正常使用；员工未能根据现场异常险情的报警信息，正确开展初期应急处置，导致事故发生或扩大等。

三、中国石化应急能力评估

1. 应急组织与制度

生产经营单位负有安全生产监督管理职责，应设置应急组织机构，配备相应的专职或兼职安全生产应急管理人员，明确各级组织机构的管理层级和应急职责。

（1）应急组织体系管理　企业应落实应急管理主体责任，明确主要负责人是企业应急管理第一责任人，完善应急管理组织体系，明确各部门、各岗位的应急管理和处置职责，明确公共安全应急管理部门。油田、炼化、销售企业应设置应急管理专职岗位，其他企业可根据实际需求设置专（兼）职应急管理岗位。

企业应在风险评估基础上组建应急队伍，主要包括应急救援中心、基层单位义务应急队和应急专家库。企业应建立应急救援中心，承担各类突发事件综合应急救援、日常应急培训等职责。也可通过与外部应急队伍签订协议的方式，做好应急保障。基层单位应组建义务应急队。一般应由基层单位负责人担任队长，队伍人数占一线操作员工总体比例原则上不低于20％。企业应根据危险化学品中毒、火灾爆炸、井喷、油气管道泄漏、海难等突发事件应急救援的技术需求，建立应急专家库。

（2）应急专业制度管理　企业应组织对应急专业相关法律、法规、标准、制度的识别并留有识别记录等，作为应急管理的有效依据。

企业制度体系中应包括应急管理相关制度，覆盖企业生产安全、公共安全、自然灾害等各类突发事件应急管理全流程，涉及企业应急值守、应急报告、应急物资、应急队伍等。制度通过企业正式文件管理流程发布，发放到主要岗位。

2. 应急值班与监测预警

（1）应急值班　企业应建立应急指挥中心（与企业生产调度合署办公），并实行 24 小时应急值班；重点监管的危险化工工艺、重点监管的危险化学品、危险化学品重大危险源（两重点一重大）等特殊时期要有领导带班应急值班；应急值班记录和交接班记录完整、规范。

应急指挥中心能够实现快速接警，并将信息有序、高效分发给承担应急职能的相关人员（预案明确的应急职能组、相关作业现场人员等）。具备条件的企业还应实现与消防、治安、保卫等联合接警。

（2）监测与预警　企业应将可燃（有毒）气体报警、火灾报警、视频监控、周界报警等信号引入中控室、应急指挥中心等，便于当班操作人员能实时监控和确认；当班操作人员应熟悉异常险情（如机泵振动超标、仪表参数异常报警、管线出现砂眼等）处置流程，发现异常险情及时、有效采取处置措施。

企业应及时获取国家、地方政府、上级单位发布的台风、暴雨、洪汛等自然灾害、事故灾难和公共卫生、公共安全等外部预警信息，及时通报相关岗位人员，落实预警措施和应对措施。

3. 应急指挥与响应

（1）应急研判与指挥　应急指挥中心应具备大屏幕综合显示系统，能够同时展示视频监控、相关工艺操作系统等信息，确保应急指挥人员实时掌握相关应急信息，实现科学的应急研判。

企业生产作业现场的工业电视、移动应急视频设备等采集的信息应实现与企业和集团公司总部应急指挥中心的互联互通；配置卫星通信应急指挥车的企业，指挥车采集的视频信息应实现与所属企业和集团公司总部应急指挥中心的互联互通；企业内部对讲系统、电话报警系统等应实现实时联通。

应急指挥中心应具备视频会议功能，为远程应急会商提供基础条件，包括与集团公司总部的视频会议功能；企业与所属单位分散办公的，还应具备与所属单位视频会议功能。

（2）应急资源查询与调度　应急信息平台应收集企业及周边地区的专职应急队伍、应急专家等资源信息，应急时可以快速查询和调度。

应急信息平台应收集企业及周边地区的应急物资（含装备）等资源信息，

应急时可以快速查询和调度。

（3）应急辅助决策　存在大规模硫化氢泄漏、大型罐区火灾爆炸等高风险的企业，应急信息平台应根据需求配置地理、气象、人口分布、环境敏感点分布等信息系统。

存在大规模硫化氢泄漏、大型罐区火灾爆炸等高风险的企业，应急信息平台应根据需求配置泄漏（火灾）计算模型等相关辅助软件工具，实现火灾、爆炸、泄漏等事故扩散影响范围，消防水和消防泡沫用量，罐区火灾事故安全距离等内容的科学计算，并基于电子地理信息实现可视化展示。

4. 关键岗位应急能力

（1）关键岗位应急能力评估　主要领导应熟悉本单位主要风险，熟知本人应急职责，了解本单位应急组织机构，清楚指挥各类突发事件的主要原则和要点，能够及时与集团公司、地方政府相关部门建立联系。

分管领导应熟知企业主要事故风险，熟知本人应急职责，熟悉分管业务应急响应的相关知识，对分管范围内可能发生的突发事件能够准确研判并做出安排，明确事故现场应急指挥与处置关键环节。

HSE 部门负责人应熟知企业主要安全、环保等事故风险和应急预案，能详细描述本人应急职责，熟悉企业应急管理体系与制度、预警和信息报告程序，熟悉应急处置环节和要点，熟悉应急通信方式，能够迅速组建专家队伍，快速启动应急联动。

应急相关职能部门负责人应熟知业务领域主要风险，能详细描述本人及部门应急职责、职责范围内的信息报告程序，熟悉相关事件应急处置关键环节和能够调用的资源等。

值班人员应熟知企业生产过程主要风险和应急预案，能详细描述本岗位应急职责，熟悉事故分级和研判条件，熟悉发布预警和事故信息报告程序，熟悉各类事故初期应急处置流程和要点。

义务应急队长（基层单位负责人/班组长）应熟悉负责区域主要风险，具备区域事故现场初期指挥和初期处置能力，熟知报警和信息报告程序，具备心肺复苏等自救互救能力，发生突发事件时能够准确研判、组织现场（涉及有毒有害、可燃气体等）环境检测和人员疏散避险等工作。

全体基层操作人员都应熟悉负责区域主要风险，掌握个体防护装备使用方法，能够准确报警，能够按照岗位操作规程等处置各类异常险情。义务应急队员还应能够熟练操作各类气体检测器材，具备心肺复苏等自救互救能力和消（气）防设施操作技能，能够开展初期灭火、警戒与疏散等突发事件初期处置工作。

（2）应急培训管理 企业制订的各级各类人员培训计划应包含应急专业内容，确保全员具备应急知识和技能。新上岗、转岗人员应通过应急培训及考核；在岗员工应定期组织应急培训及考核；消防控制室值班与操作人员、消（气）防员以及应急相关特种作业人员等应依法持证上岗。企业应按照培训计划开展应急培训，考核应与上岗、晋级等挂钩。

5. 应急队伍能力

（1）应急救援中心管理 应急救援中心的专职应急人员应熟练掌握辖区内各单位工艺设备基础知识、应急救援程序，熟练操作各类装备器材，体技能训练达标。应急救援中心应实行 24 小时执勤，基层站（队）紧急出动时间符合要求。

应急救援中心编制的应急预案，应明确应急救援程序、力量部署、救援要点等内容，职责清晰、切实可行，并根据演练等情况及时组织评估、修订。应急救援中心应定期组织各类应急演练，检验提升队伍应对不同突发事件、气候条件（含夜间）的实战能力。

消防装备器材应实现定人管理、定点摆放、定期维护保养，完好率达标。

区域应急联防应统计应急资源，建立联防预案，编制增援路线，定期组织联防预案演练及装备技术、救援案例等交流活动。

（2）外部协议应急队伍管理 外部协议应急队伍应根据企业实际需求配置应急装置设施，队伍人员应熟悉现场，应急时能及时到位。

6. 应急设施与物资

生产经营单位应根据自身风险和应急需求，建立应急设施，配备应急装备，储备应急救援器材、设备、物资和个体防护用品，并进行经常性的检查、维护、保养，确保其平时完好、可靠，应急时可用、会用，并建立台账，专人负责。装备器材应实现定人管理、定点摆放、定期维护保养，完好率达标。

（1）生产作业现场应急设施管理 企业应结合实际，依法依规为生产作业现场配备各类应急设施，重点包括可燃（有毒）气体、火灾等检测报警设施，消防水、消防泡沫等消防设施，消防道路、避难室等疏散避险设施，以及出入口控制系统、防冲撞装置、联动报警装置等公共安全应急设施。

应急设施管理规范，日常巡检、维护保养到位，应急设施运行正常。

（2）应急物资管理 企业应根据应对自然灾害、火灾、油气泄漏等突发事件需求，合理配置各类应急物资，确保种类齐全、数量充足、性能优良。应急物资管理规范，定期组织盘点和维护保养，确保完好备用。

企业应动态掌握周边溢油回收、管道抢修、动力、照明、通信、排水等大型装备信息，建立应急物资调用机制。

7. 应急预案

（1）**企业级应急预案**　企业在应急预案编制前应完成事故风险评估和应急资源调查。在编制应急预案时应成立由主要领导负责，工艺、设备、安全等相关专业人员共同参与的应急预案编制组，确保预案编制质量。按照《生产经营单位生产安全事故应急预案编制导则》（GB/T 29639）及相关法律法规、管理办法，根据事故风险评估和危险源调查的结果，编制具有针对性的各级应急预案，对应急预案的可靠性和实用性负责，并按照国家有关法规、标准完成应急预案各项管理工作。

根据国家相关标准规范，应急预案关键要素应齐全。综合应急预案应包括应急组织机构及其职责、应急预案体系、预警及信息报告、应急响应、保障措施、应急预案管理等关键要素；专项应急预案应当明确突发事件应急处置程序和措施等关键要素。应急组织机构及职责应清晰，预案应明确各级应急指挥中心、现场指挥部的组成和职责。突发事件分类和分级应清晰，预案应明确各级预案启动条件。应急响应程序应清晰，预案应明确信息报告、派出现场人员、选调应急专家、协调应急资源、信息发布、应急保障等应急响应各个步骤内容。应急处置措施应具体可行，预案应明确现场监测、警戒疏散、医疗救护、危险源控制、危害处理、次生灾害防范、恢复重建等各项具体措施。

应急预案编制后应组织审核（评审），经主要领导签署后方能正式发布，发放至所有相关单位和岗位。应急预案发布后，应依法向政府部门和上级单位备案。

应急预案附件内容需齐全，通讯录、重大风险源清单、重要应急资源清单、重要图录等齐全，附件应及时更新。

企业应每年组织预案评估，及时开展应急预案修订。

（2）**基层单位现场处置方案/岗位应急处置卡**　基层单位应组织工艺、设备、安全等相关专业人员开展风险分析，对于危险性较大的场所、装置或者设施，编制现场处置方案和应急处置卡。

企业应针对具体场所、装置或者设施制定现场处置方案，明确基层应急响应程序、应急工作职责、应急处置措施和注意事项等内容，并涵盖企业场所、装置主要风险。

企业应针对工作场所、岗位的特点，编制简明、实用、有效的应急处置卡，重点突出现场先期报告、处置、救援和避险等环节。

现场处置方案、应急处置卡编制完成后，应经审核后正式发放到所有相关岗位。当风险发生重大变化或设备、工艺发生重大调整后及时组织修订。

8. 应急演练

生产经营单位应根据自身风险特点，以及国家相关标准制定基于情景和应急能力的应急演练计划和方案。并根据实际情况，采取桌面演练、功能演练、技术演练和实战演练等方式组织演练实施，确保演练的频次与覆盖面，每一次演练都应有评估、改进记录。

（1）演练实操　演练目标明确、合理、有针对性，参演人员应涵盖应急预案中主要职责部门或分组，演练现场布置、器材设备等硬件条件，保障人员数量及工作能力满足演练需求。基层单位能及时发现工艺、设备、仪表等异常信息险情，并及时报告预警，信息报告内容完整、程序规范。事故信息能通过内部信息通报系统（如应急指挥中心的信息群发）及时推送给相关领导、职能部门、消防等专职应急队伍，并持续更新。演练单位（应急指挥中心）能根据接报信息，及时做出应急准备或应急启动的决策，并能在达到相应条件时准确启动对应的应急预案。能够按要求及时成立现场应急指挥部，对事故组织协商、研判及指挥，参与应急处置的成员、单位能够及时就位，按照应急预案的要求开展应急响应行动，职责明确，且进入现场的救援人员保证个体防护装备齐全。搜救人员能及时抢救并转移被困（失踪）或受伤人员，对伤员采取正确的初期急救措施。警戒与疏散人员制定了明确的疏散方案，能及时告知事故现场及周边无关人员疏散避险，准确划定合理的警戒区或初始隔离区，各种警戒与管制标志、标识设置明显，人员进出通道受到有效管制。现场指挥人员能及时有效地开展现场侦测检查，获取事故的准确信息，并对其潜在危害进行科学分析，制定救援方案，高效有序地开展救援。

（2）演练管理　各单位应针对重大风险、生产异常、设备故障等实际情况，定期组织应急演练，做到全员参与，并覆盖所有应急预案。每一次应急演练都应组织评估。

企业应针对演练发现的问题，明确整改措施和时限，实现闭环管理。

第四节　应急预案体系介绍

《突发事件应急预案管理办法》对应急预案的定义是指各级人民政府及其部门、基层组织、企事业单位、社会团体等为依法、迅速、科学、有序应对突发事件，最大限度减少突发事件及其造成的损害而预先制定的工作方案。从定义可以看出应急预案的两个显著特征，即预案是一种工作方案，是预先制定的。

应急预案的重要作用是为事故应急救援工作形成一个应急体系、建立一套应对机制、培养一种响应意识、确定一类处置方法。应急预案平时指导应急准备，战时规范应急救援，是应急管理的主线、应急体制和机制的载体、应急法制的延伸、应急培训的教材、应急演练的脚本、应急行动的指南。应急预案是在对事故风险特点和影响范围评估的基础上，选择出最优反应程序，达到及时、有效帮助应急行动者采取行动路线，并对现有资源进行优化部署和配置的目的，从而最大限度地预防和应对突发事件、保证人身和财产安全。

一、国外应急预案简介

国外一般将突发事件应急预案称为"应急计划"，1984 年印度发生的博帕尔事故促进各国修改法律法规、完善重大事故应急救援体系。美国、日本、俄罗斯等国家以及联合国国际劳工组织相继出台的各种法规和标准中都把"应急计划和响应"作为其中的重要内容。

国外应急预案的主要作用是在发生威胁员工、顾客或公众人身安全，或扰乱、中断正常生产经营秩序，或造成财物、环境破坏的突发事件时，如何迅速、有序地开展应急行动，并使参与应急救援的机构和人员明确在应急响应中的位置和作用，保证救援现场的秩序，更好地提高救援效能。

国外政府机构和企业习惯把应急预案分为两部分：场内预案和场外预案。场内预案一般包括：风险分析、对外联系方式、报警程序、应对突发事件的应急响应程序、关键应急岗位人员的任命和职责、应急指挥中心运转、应急资源等企业内部针对突发事件的应急响应内容。场外预案一般包括：专用设备的信息、专家信息源、志愿组织信息、化学品信息等应急辅助信息内容，场外预案的对象基本上是地方政府机构、志愿者组织或周边民众。

国外政府机构和企业应急预案遵循以下基本原则：

① 明确经过授权的专人在现场发布人员疏散或停产的命令；

② 随时更新关键人物名单，并按重要度排列顺序，明确现场应急指挥等关键岗位"A""B"角色接替原则；

③ 明确现场"疏散管理员"，以协助他人疏散并在疏散后清点人数；

④ 明确在疏散过程中，需要员工继续坚守现场应急或需要停止的关键作业环节；

⑤ 明确现场声、光警报系统，有线广播系统、对讲系统、应急电源等资源和内容。

通常国外政府机构和企业应急预案至少包含以下基本内容：

① 应对突发事件最有效的报警方法；

② 人员疏散方案和程序；

③ 现场人员紧急逃生方案和逃生路线的分配，人员疏散、逃生路线图，

包括平面逃生路线图、工作场所疏散路线图、安全避险区域位置等；

④ 内外部应急响应紧急联系人信息，包括姓名、职务、部门和电话号码；

⑤ 应急响应人员及必须在现场从事其他工作人员的疏散、逃生程序；

⑥ 医疗救护人员的职责；

⑦ 疏散后人员集中并清点人数的程序；

⑧ 备用应急通信及指挥中心场所的选定原则；

⑨ 现场安全场所的选定原则［用来存放财务账册、法律文件、紧急情况下员工的联系人（家属、亲友）名单等重要文件资料］；

⑩ 明确人员疏散或采取其他必要行动，以及报警的方法。

以下是某国著名合资企业的一些好的做法：

（1）应急指挥中心及其备用的确认　公司设有专门的应急指挥中心，一旦应急指挥中心受到破坏或不能正常运作，公司消防站作为备用的应急指挥中心。公司现场人员必须全部疏散时，坐落在园区的消防站将作为临时应急指挥中心。

（2）应急响应后的恢复

① 对于所有人数的清点。在事故中，保安等指定部门将生成一份所有人员的名单，包括员工和承包商人员，作为一份历史记录。第二份名单是在灾后形成的，包括人员受伤情况，人员撤离至哪里，没有清点的人员有哪些，是否死亡，这份名单是保密的，仅供现场指挥查阅。

② 恢复通信系统。如果现场或者场外的通信受到影响，工程服务部门将负责修复场内的通信系统。

③ 恢复生产。在灾后，将尽快成立一个损失情况评估小组，这个小组将深入各个单元对设备、财产的损坏情况进行评估。一旦评估小组工作完成，所有的修复工作将马上展开。当然，对于重点区域也将根据商业恢复计划考虑优先级别。

（3）报警系统

① 生产装置和建筑物内安装了火灾和气体探测报警系统。该系统能够向中央控制室的中央数据系统和消防站报告所有区域的情况。区域内的每个系统具有探测与生产风险有关的火焰、热量、烃类化合物、毒性、烟雾，以及手动报警的能力。个别区域的系统能够自动发出针对具体区域的音频和视频报警。因此，中央控制室能够根据情况，手动启动任一区域或整个工厂的报警系统。火灾和气体探测报警系统能发出 3 种不同的声音："火灾"——稳定音调；"气体泄漏"——每隔 1s 交替音调；"消除警报"——每隔 5s 交替音调。

② 在高噪声区（如压缩机房），报警指示灯结合声音报警器一起使用，因

为那里的员工可能佩戴听力保护器。报警指示灯根据指示灯的颜色，来传达事故类型：火灾是红色；易燃气体或有毒气体泄漏是黄色。

二、我国应急预案体系

为了健全完善应急预案体系，真正形成"横向到边、纵向到底"的预案体系，按照"统一领导、分类管理、分级负责"的原则，按照不同的责任主体，目前我国突发公共事件应急预案体系划分为国家总体应急预案、专项应急预案、部门应急预案、地方应急预案、企事业单位应急预案、重大活动应急预案六个层次。

① 国家总体应急预案是全国应急预案体系的总纲，是国务院为应对特别重大突发公共事件而制定的综合性应急预案和指导性文件，是政府组织管理、指挥协调相关应急资源和应急行动的整体计划和程序规范，由国务院制定，国务院办公厅组织实施。

② 专项应急预案主要是国务院及其有关部门为应对某一类型或某几个类型的特别重大突发公共事件而制定的涉及多个部门（单位）的应急预案，是总体应急预案的组成部分，由国务院有关部门牵头制定，国务院批准发布实施。

③ 部门应急预案是国务院有关部门（单位）根据总体应急预案、专项应急预案和职责为应对某一类型的突发公共事件或履行其应急保障职责的工作方案，由部门（单位）制定，报国务院备案后颁布实施。

④ 地方应急预案主要包括省级人民政府的突发公共事件总体应急预案、专项应急预案和部门应急预案，各市（地）、县（市）人民政府及其基层政权组织的突发公共事件应急预案。上述预案在省级人民政府的领导下，按照分类管理、分级负责的原则，由地方人民政府及其有关部门分别制定。预案确定了各地政府是处置发生在当地突发公共事件的责任主体，是各地按照分级管理原则，应对突发公共事件的依据。

⑤ 企事业单位应急预案是各企事业单位根据有关法律、法规，结合本单位特点制定的单位应急救援的详细行动计划和技术方案。预案确立了企事业单位是其内部发生突发事件的责任主体，是各单位应对突发事件的操作指南，当事故发生时，事故单位立即按照预案开展应急救援。

⑥ 重大活动应急预案是指举办大型会展和文化体育等重大活动，主办单位制定的应急预案。

企事业单位应急预案是关注的重点。生产经营单位安全生产事故应急预案是国家安全生产应急预案体系的重要组成部分。按照《生产安全事故应急预案管理办法》，生产经营单位主要负责人负责组织编制和实施本单位的应急预案，并对应急预案的真实性和实用性负责；各分管负责人应当按照职责分工落实应急预案规定的职责。

生产经营单位应当根据有关法律、法规、规章和相关标准，结合本单位组织管理体系、生产规模和可能发生的事故特点，与相关预案保持衔接，确立本单位的应急预案体系，编制相应的应急预案，并体现自救互救和先期处置等特点。生产经营单位应急预案分为综合应急预案、专项应急预案和现场处置方案。

综合应急预案，是指生产经营单位为应对各种生产安全事故而制定的综合性工作方案，是本单位应对生产安全事故的总体工作程序、措施和应急预案体系的总纲。生产经营单位风险种类多、可能发生多种类型事故的，应当组织编制综合应急预案。综合应急预案应当规定应急组织机构及其职责、应急预案体系、事故风险描述、预警及信息报告、应急响应、保障措施、应急预案管理等内容。

专项应急预案，是指生产经营单位为应对某一种或者多种类型生产安全事故，或者针对重要生产设施、重大危险源、重大活动防止生产安全事故而制定的专项性工作方案。对于某一种或多种类型的事故风险，生产经营单位可以编制相应的专项应急预案，或将专项应急预案并入综合应急预案。专项应急预案应当规定应急指挥机构与职责、处置程序和措施等内容。

现场处置方案，是指生产经营单位根据不同生产安全事故类型，针对具体场所、装置或者设施所制定的应急处置措施。对于危险性较大的场所、装置或者设施，生产经营单位应当编制现场处置方案。现场处置方案应当规定应急工作职责、应急处置措施和注意事项等内容。事故风险单一、危险性小的生产经营单位，可以只编制现场处置方案。

生产经营单位应当在编制应急预案的基础上，针对工作场所、岗位的特点，编制简明、实用、有效的应急处置卡。应急处置卡应当规定重点岗位、人员的应急处置程序和措施，以及相关联络人员和联系方式，便于从业人员携带。

生产经营单位编制的各类应急预案之间应当相互衔接，并与相关人民政府及其部门、应急救援队伍和涉及的其他单位的应急预案相衔接。

除上述三个主要组成部分外，生产经营单位应急预案需要有充足的附件支持，主要包括：有关应急部门、机构或人员的联系方式；应急物资装备的名录或清单；规范化格式文本；关键的路线、标识和图纸；相关应急预案名录以及与相关应急救援部门签订的应急救援协议或备忘录等。附件信息发生变化时，应当及时更新，确保准确有效。

以直属国务院国有资产管理委员会的中央管理的总公司（总厂、集团公司、上市公司）应急预案体系为例，其应急预案体系层级及所属关系包括以下方面：

① 集团公司级应急预案。由集团公司有关部门牵头制定，其级别相当于省级人民政府应急预案，需报国家安全生产监督管理部门和国务院国有资产管理委员会备案，预案体系包括：总体（综合）应急预案、专项应急预案和应急预案附件。

② 直属企业级应急预案。由集团公司直属企业负责制定，其级别相当于市级人民政府应急预案，需报省级安全生产监督管理部门和集团公司主管部门进行备案，预案体系包括：总体（综合）应急预案、专项应急预案和应急预案附件。

③ 二级单位级应急预案。由直属企业所辖各二级单位负责制定，其级别相当于县（区）级人民政府应急预案，需报所在市级安全生产监督管理部门和直属企业主管部门进行备案，预案体系包括：总体（综合）应急预案、专项应急预案和应急预案附件。

④ 基层单位级应急预案。由各基层单位（车间、装置、作业队）根据实际情况制定，需报上级企业主管部门进行备案，预案体系包括：应急响应程序图、现场应急处置方案和附件。

三、应急预案编制基本原则

危险化学品企业应急预案普遍存在不实用的现象，造成这种现象的原因有以下几个方面[11]。

① 企业编制应急预案前的基础工作有待加强。部分企业在编制应急预案之前只是简单地分析了可能发生的突发事件类型，没有对危险化学品行业特殊的生产风险、地域风险、社会风险、气象灾害风险等进行全面的风险辨识和对本企业的应急资源、应急能力进行评估，导致专项应急预案的设置不够合理。

② 预案编制过程须进一步规范。部分企业在编制应急预案时，都是由相关职能处室的几名甚至一名同事依据相关导则及上级单位应急预案的格式，编制出本单位的应急预案。编制前没有针对企业实际做深入的风险分析和危险源辨识工作，编制过程中也没有与企业突发事件应急处置现场真实抢险程序相吻合，这样的应急预案其针对性和实用性值得商榷。

③ 企业预案的实用性不高。许多企业在制定针对各类突发事件的应急处

置程序和措施时，并没有把日常应急处置的程序和好的经验写到应急预案中，没有对本单位已发生的突发事件应急救援过程进行分析和归纳，制定的各类突发事件的应急处置措施没有和企业实际相结合。

④ 企业应急演练工作还需进一步加强。受资金、时间等限制，少数企业的综合应急演练流于形式，不按照预案进行操作，演练如同演戏，不能及时发现应急预案中的问题，并予以修订。

⑤ 企业应急培训工作需进一步强化。由于重特大事故的发生概率较低，基层应急管理人员现场经验不足，应急处置相关人员普遍缺乏实际操作经验和相关技能。

⑥ 企业突发事件升级机制和联动机制需进一步明确。目前，各级企业应急预案中，普遍存在与上下级企业、地方政府、承包商或协议应急单位的衔接不够的问题。石油石化行业存在点多面广、部分企业自身应急力量不足的实际现状，处置突发事件时，部分企业更多的是需要依靠地方应急力量和协议应急力量，因此应急预案中必须要明确与地方政府和相关单位应急预案的相互衔接。

⑦ 需要建立有效的应急指挥平台和应急资源共享保障体系。应急指挥平台的应用，能够极大地提升应急救援的时效性和对突发事件现场趋势的预判性。

危险化学品企业在编制、修订应急预案时，始终要遵循合规、科学、适用、简明的要求，结合本单位的应急管理和风险分析现状，并遵从以下原则[12]。

（1）建立"以人为本，环境优先，稳定舆情，减少损失"的应急响应优先原则。

① 以人为本。在应急预案中，应首先考虑到应急处置过程中各方面的妥善处置，这里主要包括伤亡人员的快速转移、救护及对家属人员的安抚，以及对员工及周边民众的个体防护和有序隔离、疏散。

② 环境优先。在制定应急预案时，应充分考虑突发事件本身及应急处置过程中可能产生的环境污染及控制，主要措施包括：事件现场周边环境（空气、水体及土壤）的监测和监控；泄漏物的封堵和回收；消防废水的估算和回收。在确保控制环境污染的条件下再采取相关应急措施。

③ 稳定舆情。在应急预案中，应对第一时间新闻信息发布的方式、内容等进行规定，正确引导新闻的发布，避免不当信息或谣言的传播，防止发生社会的动荡不安。

④ 减少损失。企业编制应急预案，需要以控制和消灭事故，减少事故损

失为核心内容。

（2）建立"谁主管，谁负责"的应急管理基本原则。

企业是安全生产应急管理的责任主体，也是应急投入的主体，必须强化主体责任，建立"谁主管，谁负责"的问责制度。在应急预案中明确各级应急管理人员的职责和问责制度，不但可以增强应急管理人员的责任意识，还能细化应急管理各项功能，提升应急预案的可实施性。

企业的应急管理不同于常规管理，需要统一指挥和适度集权，在强调了应对重特大突发事件的应急响应重心的下移和第一现场的处置权的同时，科学合理地设置应急组织机构，明晰上下级之间、部门之间、领导指挥与现场处置之间的权、责、利关系，充分明晰主要领导负总责、分管领导具体负责、部门分工负责的应急管理基本原则。

（3）建立基于风险分析和应急能力评估的突发事件分类、分级原则。

风险分析是为了解决企业突发事件分类和专项应急预案的设置工作，企业存在什么样的重大风险就必须要编制有针对性的专项应急预案。而应急能力评估工作所解决的是企业应急预案中对各类突发事件的分级工作。应急能力评估主要是对企业应急人员的组成和数量、应急物资保障、企业周边政府和社会应急力量、企业区域联防应急能力等的评估，估算企业所能够处置的事件的类型和规模，以协助企业在发生超出其应急处置能力的突发事件时，能够及时判断，并向上一级单位请求其启动应急预案。

在做好风险分析和应急能力评估后，危险化学品企业应根据国家、地方政府的相关法律、法规和标准，结合本单位机构设置、管理模式等实际情况，制定各级各类应急预案，上下一致、层级清晰、职责明确、接口严谨。

科学、合理的突发事件等级划分，是企业及所属单位准确启动相应级别应急行动预案的关键因素。如：某突发事件发生后，基层单位完全有能力处理，如果突发事件等级划分过高，启动了高一级别（或更高级别的）的应急预案，出动大量的人力、物力，结果造成应急资源无谓的"浪费"。如果突发事件等级划分过低，基层难以处理，再请求救援，会贻误战机，造成更大的损失。因此，准确、实事求是地划分突发事件的等级，是为了准确启动应急预案，把损失降到最低，也避免在应急救援中造成更大的人力、物力的浪费。

企业在分级分类制定应急预案的同时，对于新建、改建、扩建及检维修项目，各单位要与承包商等相关方进行施工作业前的危害识别和风险评估，编制相应的应急预案或现场应急处置方案。较大规模集会、节会、庆典、会展、商贸、文化、体育等公众聚集活动的应急预案，按照"谁主办，谁负责"的原则，由组织承办方负责制定。

危险化学品企业应按照企业规模和机构设置情况确定突发事件的分级，原则上按照企业的机构编制，有一级机构设置，就应该有一级应急预案。如大型危险化学品企业就可分为集团公司级、直属企业级、二级单位级和基层单位级。应将各级应急管理责任落实到单位、人头。分级是贯彻安全管理"全员、全过程、全方位、全天候"四全原则、提高应急管理系统本质安全化的有效措施。分级要突出"三敏感"的原则，即对敏感时间、敏感地点和敏感性质的事件定级要从高。

（4）健全应急指挥中心和现场指挥部两个应急组织构架原则。

应对各类突发事件的应急处置好比一场"战争"，应急指挥中心是制定应急处置基本方案和调配应急资源的"参谋部"，主要解决"战略"方面的问题，公司的主要领导和职能部门领导要按照应急预案规定的应急职责在应急指挥中心开展相关工作。现场指挥部是实施现场应急救援和应急处置的"前线部队"，负责解决"战术"上的问题，依据"谁主管，谁负责"的原则，由公司分管领导担任现场指挥，按照事故应急处置分以下功能小组：工艺抢险组、消防灭火组、医疗救护组、环境监测组、通信保障组、后勤保障组等。

在重特大事故应对过程中除了建立应急指挥中心和现场指挥部以外，还要建立专门的媒体应对及新闻发布中心，并指定专门新闻发言人。

四、应急预案管理

1. 预案评审

危险化学品企业应当对本单位编制的应急预案进行评审，并形成书面评审纪要。应急预案的评审或者论证应当注重基本要素的完整性、组织体系的合理性、应急处置程序和措施的针对性、应急保障措施的可行性、应急预案的衔接性等内容。

参加应急预案评审的人员应当包括有关安全生产及应急管理方面的专家。与所评审应急预案的生产经营单位有利害关系的评审人员，应当回避。为推动落实企业主体责任，企业对应急预案的质量负责，应急预案评审人员应由企业按照上述原则自主选择。

2. 预案签署、公布与发放

应急预案经评审或者论证后，由本单位主要负责人签署，向本单位从业人员公布，并及时发放到本单位有关部门、岗位和相关应急救援队伍。事故风险可能影响周边其他单位、人员的，生产经营单位应当将有关事故风险的性质、影响范围和应急防范措施告知周边的其他单位和人员。

危险化学品企业应急预案应以多种方式公布发放，如网站公开、厂区内外明显位置张贴悬挂等。应杜绝实际工作中应急预案签署后束之高阁，主要用来应付主管部门检查的现象。

3. 预案备案

危险化学品等危险物品的生产、经营、储存、运输单位应当在应急预案公布之日起 20 个工作日内，按照分级属地原则，向县级以上人民政府应急管理部门和其他负有安全生产监督管理职责的部门进行备案，并依法向社会公布。属于中央企业的，其总部（上市公司）的应急预案，报国务院主管的负有安全生产监督管理职责的部门备案，并抄送应急管理部；其所属单位的应急预案报所在地的省、自治区、直辖市或者设区的市级人民政府主管的负有安全生产监督管理职责的部门备案，并抄送同级人民政府应急管理部门。使用危险化学品达到国家规定数量的化工企业按照隶属关系报所在地县级以上地方人民政府应急管理部门备案。油气输送管道运营单位的应急预案还应当抄送所经行政区域的县级人民政府应急管理部门。

申报应急预案备案，应当提交下列材料：应急预案备案申报表；应急预案评审意见；应急预案电子文档；风险评估结果和应急资源调查清单。

4. 预案评估

应急预案编制单位应当建立应急预案定期评估制度，对预案内容的针对性和实用性进行分析，并对应急预案是否需要修订作出结论。危险物品的生产、经营、储存、运输企业，使用危险化学品达到国家规定数量的化工企业应当每3 年进行一次应急预案评估。应急预案评估可以邀请相关专业机构或者有关专家、有实际应急救援工作经验的人员参加，必要时可以委托安全生产技术服务机构实施。

5. 预案修订

以下情况，应急预案应当及时修订并归档：①依据的法律、法规、规章、标准及上位预案中的有关规定发生重大变化的；②应急指挥机构及其职责发生调整的；③安全生产面临的风险发生重大变化的；④重要应急资源发生重大变化的；⑤在应急演练和事故应急救援中发现需要修订预案的重大问题的；⑥编制单位认为应当修订的其他情况。

应急预案修订涉及组织指挥体系与职责、应急处置程序、主要处置措施、应急响应分级等内容变更的，应按照有关应急预案报备程序重新备案。

第五节 应急演练

近年来，我国从法律法规和管理要求层面都对企业提出了加强应急演练的要求，如《生产安全事故应急预案管理办法》《生产经营单位生产安全事故应急预案评审指南》等都有对企业应急预案演练方面的具体要求。《生产安全事故应急演练基本规范》（AQ/T 9007—2019）中，对应急演练的术语、类型、内容、组织与实施、评估与总结等内容给出了相关说明。目前国内法规和标准对应急演练偏重管理要求[13]。

就国外的情况看，美国和澳大利亚在演练策划方面的标准指南最有特色。美国环保署早在 1988 年 5 月就发布了化工突发事件应急准备演练指南，2005年美国国土安全部发布了国土安全演练与评估计划（Homeland Security Exercise and Evaluation Program，HSEEP），系统阐述了应急演练的策划、实施、评估与改进方法和过程。澳大利亚也出台了演练管理指南。与 HSEEP 相比，澳大利亚的指南在演练需求分析部分阐述得更清楚一些，而其他方面则不及 HSEEP 具体[14]。

近年来，在化学事故的现场，由于现场人员缺乏必备的应急技能导致盲目施救伤亡扩大的案例比比皆是。演练的根本在于演"真"练"实"。演"真"，就要使事故演习场景逼真，让参演者身临其境，以便产生应急救援的急迫感。假使以后发生类似险情，才能心里有底，不至于手忙脚乱。练"实"，就是演练人员要实实在在练，抱着无所谓的态度，无组织、无纪律、松松垮垮、慢慢腾腾，是无法练就真本事的。所以参演者在事故场景布置好之后，在应急救援总指挥分工明确之后，一定要快速、准确赶到事故场景发生地，在确保自身安全前提下，在最短时间内完成处置。目前，危险化学品企业的应急演练主要问题表现在：一是重"演"轻"练"，事件场景和应急响应都按照固定的脚本进行，且脚本在情景的设置上大多没有科学考虑事故演变机理，为演练科目而机械设置，导致演练流于形式；二是重"战术"轻"战略"，以现场单项演练（如消防灭火演练）为主，缺少针对事件态势判别、应急资源评估等战略环节的演练；三是缺乏针对企业特点的演练方法和工具，演练没有针对性。

一、演练流程

应急演练的目的主要有以下 5 个方面。

① 检验预案。通过开展应急演练，查找应急预案中存在的问题，进而完善应急预案，提高应急预案的实用性和可操作性。

② 完善准备。通过开展应急演练，检查对应突发事件所需应急队伍、物资、装备、技术等方面的准备情况，发现不足及时予以调整补充，做好应急准备工作。

③ 锻炼队伍。通过开展应急演练，增强演练组织单位、参与单位和人员等对应急预案的熟悉程度，提高其应急处置能力。

④ 磨合机制。通过开展应急演练，进一步明确相关单位和人员的职责任务，理顺工作关系，完善应急机制。

⑤ 科普宣教。通过开展应急演练，普及应急知识，提高公众风险防范意识和自救互救等灾害应对能力。

应急演练原则主要有以下 4 个方面：

① 结合实际、合理定位。紧密结合应急管理工作实际，明确演练目的，根据资源条件确定演练方式和规模。

② 着眼实战、讲求实效。以提高应急指挥人员的指挥协调能力、提高应急队伍的实战能力为着眼点。重视对演练效果及组织工作的评估、考核，总结推广好经验，及时整改存在的问题。

③ 精心组织、确保安全。围绕演练目的，精心策划演练内容，科学设计演练方案，周密组织演练活动，制定并严格遵守有关安全措施，确保演练参与人员及演练装备设施的安全。

④ 统筹规划、厉行节约。统筹规划应急演练活动，适当开展跨地区、跨部门、跨行业的综合性演练，充分利用现有资源，努力提高应急演练效率。

1. 演练组织结构

演练应在相关预案确定的应急领导机构或指挥机构领导下组织开展。演练组织单位要成立由相关单位领导组成的演练领导小组，通常下设策划部、保障部和评估组；对于不同类型和规模的演练活动，其组织机构和职能可以适当调整。根据需要，可成立现场指挥部。

(1) 演练领导小组 演练领导小组负责应急演练活动全过程的组织领导，审批决定演练的重大事项。演练领导小组组长一般由演练组织单位或其上级单位的负责人担任；副组长一般由演练组织单位或主要协办单位负责人担任；小组其他成员一般由各演练参与单位相关负责人担任。在演练实施阶段，演练领导小组组长、副组长通常分别担任演练总指挥、副总指挥。

(2) 策划部 策划部负责应急演练策划、演练方案设计、演练实施的组织协调、演练评估总结等工作。策划部设总策划、副总策划，下设文案组、协调组、控制组、宣传组等。

（3）保障部　保障部负责调集演练所需物资装备，购置和制作演练模型、道具、场景，准备演练场地，维持演练现场秩序，保障运输车辆，保障人员生活和安全保卫等。其成员一般是演练组织单位及参与单位后勤、财务、办公等部门人员，常称为后勤保障人员。

（4）评估组　评估组负责设计演练评估方案和编写演练评估报告，对演练准备、组织、实施及其安全事项等进行全过程、全方位评估，及时向演练领导小组、策划部和保障部提出意见、建议。其成员一般是应急管理专家、具有一定演练评估经验和突发事件应急处置经验的专业人员，常称为演练评估人员。评估组可由上级部门组织，也可由演练组织单位自行组织。

（5）参演队伍和人员　参演人员包括应急预案规定的有关应急管理部门（单位）工作人员、各类专兼职应急救援队伍以及志愿者队伍等。

参演人员承担具体演练任务，针对模拟事件场景作出应急响应行动。有时也可使用模拟人员替代未现场参加演练的单位人员，或模拟事故的发生过程，如释放烟雾、模拟泄漏等。

2. 演练准备

（1）制订演练计划　演练计划由文案组编制，经策划部审查后报演练领导小组批准。主要内容包括：确定演练目的，明确举办应急演练的原因、演练要解决的问题和期望达到的效果等；分析演练需求，在对事先设定事件的风险及应急预案进行认真分析的基础上，确定需调整的演练人员、需锻炼的技能、需检验的设备、需完善的应急处置流程和需进一步明确的职责等；确定演练范围，根据演练需求、经费、资源和时间等条件的限制，确定演练事件类型、等级、地域、参演机构及人数、演练方式等；安排演练准备与实施的日程计划，包括各种演练文件编写与审定的期限、物资器材准备的期限、演练实施的日期等；编制演练经费预算，明确演练经费筹措渠道。

（2）设计演练方案　演练方案由文案组编写，通过评审后由演练领导小组批准，必要时还需报有关主管单位同意并备案。主要内容包括：

① 确定演练目标。演练目标应简单、具体、可量化、可实现，每项演练目标都要在演练方案中有相应的事件和演练活动予以实现，并在演练评估中有相应的评估项目判断该目标的实现情况。

② 设计演练情景与实施步骤。演练情景要为演练活动提供初始条件，还要通过一系列的情景事件引导演练活动继续，直至演练完成。演练情景包括演

练场景概述和演练场景清单。

③ 设计评估标准与方法。演练评估是通过观察、体验和记录演练活动，比较演练实际效果与目标之间的差异，总结演练成效和不足的过程。演练评估应以演练目标为基础。每项演练目标都要设计合理的评估项目方法、标准。

④ 编写演练方案文件。演练方案文件是指导演练实施的详细工作文件。根据演练类别和规模的不同，演练方案可以编为一个或多个文件，编为多个文件时可包括演练人员手册、演练控制指南、演练评估指南、演练宣传方案、演练脚本等，分别发给相关人员。对涉密应急预案的演练或不宜公开的演练内容，还要制定保密措施。

⑤ 演练方案评审。对综合性较强、风险较大的应急演练，评估组要对文案组制定的演练方案进行评审，确保演练方案科学可行，以确保应急演练工作的顺利进行。

（3）演练动员与培训　在演练开始前要进行演练动员和培训，确保所有演练参与人员掌握演练规则、演练情景和各自在演练中的任务。

所有演练参与人员都要经过应急基本知识、演练基本概念、演练现场规则等方面的培训。对控制人员要进行岗位职责、演练过程控制和管理等方面的培训；对评估人员要进行岗位职责、演练评估方法、工具使用等方面的培训；对参演人员要进行应急预案、应急技能及个体防护装备使用等方面的培训。

（4）应急演练保障

① 人员保障。演练参与人员一般包括演练领导小组、演练总指挥、总策划、文案人员、控制人员、评估人员、保障人员、参演人员、模拟人员等，有时还会有观摩人员等其他人员。在演练的准备过程中，演练组织单位和参与单位应合理安排工作，保证相关人员参与演练活动的时间；通过组织观摩学习和培训，提高演练人员素质和技能。

② 经费保障。演练组织单位每年要根据应急演练规划编制应急演练经费预算，纳入该单位的年度财务预算，并按照演练需要及时拨付经费。

③ 场地保障。根据演练方式和内容，经现场勘察后选择合适的演练场地。桌面演练一般可选择会议室或应急指挥中心等，实战演练应选择与实际情况相似的地点，并根据需要设置指挥部、集结点、接待站、供应站、救护站、停车场等设施。演练场地应有足够的空间，良好的交通、生活、卫生和安全条件，尽量避免干扰公众生产生活。

④ 物资和器材保障。根据需要，准备必要的演练材料、物资和器材，制作必要的模型设施等。

⑤ 通信保障。应急演练过程中应急指挥机构、总策划、控制人员、参演

人员、模拟人员等之间要有及时可靠的信息传递渠道。

⑥ 安全保障。演练组织单位要高度重视演练组织与实施全过程的安全保障工作，大型或高风险演练活动要按规定制定专门应急预案，采取预防措施，并对关键部位和环节可能出现的突发事件进行针对性演练。演练出现意外情况时，演练总指挥与其他领导小组成员会商后可提前终止演练。

3. 演练实施

① 演练启动。演练正式启动前一般要举行简短仪式，由演练总指挥宣布演练开始并启动演练活动。

② 演练执行。演练总指挥负责演练实施全过程的指挥控制；应急指挥机构指挥各参演队伍和人员，开展对模拟演练事件的应急处置行动，完成各项演练活动；演练控制人员应充分掌握演练方案，按总策划的要求，熟练发布控制信息，协调参演人员完成各项演练任务。

③ 演练解说。在演练实施过程中，演练组织单位可以安排专人对演练过程进行解说。解说内容一般包括演练背景描述、进程讲解、案例介绍、环境渲染等。对于有演练脚本的大型综合性示范演练，可按照脚本中的解说词进行讲解。

④ 演练记录。演练实施过程中，一般要安排专门人员，采用文字、照片和音像等手段记录演练过程。文字记录一般可由评估人员完成，主要包括演练实际开始与结束时间、演练过程控制情况、各项演练活动中参演人员的表现、意外情况及其处置等内容，尤其是要详细记录可能出现的人员"伤亡"（如进入"危险"场所而无安全防护，在规定的时间内不能完成疏散等）及财产"损失"等情况。

照片和音像记录可安排专业人员和宣传人员在不同现场、不同角度进行拍摄，尽可能全方位反映演练实施过程。

⑤ 演练宣传报道。演练宣传组按照演练宣传方案做好演练宣传报道工作。认真做好信息采集、媒体组织、广播电视节目现场采编和播报等工作，扩大演练的宣传教育效果。对涉密应急演练要做好相关保密工作。

4. 演练结束与终止

演练完毕，由总策划发出结束信号，演练总指挥宣布演练结束。演练结束后所有人员停止演练活动，按预定方案集合进行现场总结讲评或者组织疏散。保障部负责组织人员对演练现场进行清理和恢复。

演练实施过程中出现下列情况，经演练领导小组决定，由演练总指挥按照事先规定的程序和指令终止演练：①出现真实突发事件，需要参演人员参与应急处置时，要终止演练，使参演人员迅速回归其工作岗位，履行应急处置职责；②出现特殊或意外情况，短时间内不能妥善处理或解决时，可提前终止演练。

5. 演练评估与总结

演练评估是在全面分析演练记录及相关资料的基础上，对比参演人员表现与演练目标要求，对演练活动及其组织过程作出客观评价，并编写演练评估报告的过程。所有应急演练活动都应进行演练评估。

演练总结可分为现场总结和事后总结。

① 现场总结。在演练的一个或所有阶段结束后，由演练总指挥、总策划、专家评估组长等在演练现场有针对性地进行讲评和总结。内容主要包括本阶段的演练目标、参演队伍及人员的表现、演练中暴露的问题、解决问题的办法等。

② 事后总结。在演练结束后，由文案组根据演练记录、演练评估报告、应急预案、现场总结等材料，对演练进行系统和全面的总结，并形成演练总结报告。演练参与单位也可对本单位的演练情况进行总结。

演练总结报告的内容包括：演练目的，时间和地点，参演单位和人员，演练方案概要，发现的问题与原因，经验和教训，以及改进有关工作的建议等。

对演练暴露出来的问题，演练单位应当及时采取措施予以改进，包括修改完善应急预案、有针对性地加强应急人员的教育和培训、对应急物资装备有计划地更新等，并建立改进任务表，按规定时间对改进情况进行监督检查。

演练组织单位在演练结束后应将演练计划、演练方案、演练评估报告、演练总结报告等资料归档保存。

对于由上级有关部门布置或参与组织的演练，或者法律、法规、规章要求备案的演练，演练组织单位应当将相应资料报有关部门备案。

二、桌面演练

桌面演练是一种圆桌讨论式的演习活动，针对事先假定的演练情景，演练人员针对演练情景中的相关问题以无时间压力的口头讨论方式说明应对方法，从而促进相关人员掌握应急预案中所规定的职责和程序，提高指挥决策和协同配合能力。

相较于现场演练，桌面演练具有突出的优点：一是成本低，可经常组织开展；二是形式灵活，易于组织、互动性好；三是场地要求低，对生产无干扰；四是采用"头脑风暴"的形式进行，参与性强；五是便于提高关键岗位人员的实际应急能力。

桌面演练系统是建立在地理信息系统（GIS）、灾害仿真技术和网络基础之上，通过对灾害现场和灾害过程的模拟仿真，为参训者在计算机系统上提供执行各项应急救援任务的虚拟环境。参训者在此环境中按照职能和任务的不同，模拟不同的角色，各角色相互合作，协同训练，完成所设定的任务。具体包括预案分解、创建训练、编辑训练、运行训练和训练回放等。虚拟演练系统还可以设定训练组织者、操作员、观察员等角色。

1. 主要功能模块

本节介绍的情景交互式桌面演练系统，由中国石化安全工程研究院开发，包括 7 个功能模块。

① 演练设定模块。对演练的信息进行设定，包括演练基本信息设定（名称、开始时间、结束时间、场景简介）、参演部门与参演用户设定、演练脚本设定（时间节点、显示内容）等功能。

② 演练控制模块。对演练的进程进行控制，包括脚本控制、节点控制、总结评估等功能。其中，总结评估对接警与通知、指挥与控制、警报与紧急公告、通信联络、监测与评估、警戒与治安、疏散与安置、医疗与卫生、信息发布、应急人员安全、抢险救援、现场反馈、现场恢复、后勤保障、财务管理等子项进行评分（需预设评分标准）。

③ 信息查询模块。对相关应急信息进行查询，包括应急预案查询、应急物资查询、应急通讯录查询、危险物质 MSDS 信息查询等功能。

④ 灾害模拟模块。对各类灾害后果进行模拟，包括泄漏、火灾、爆炸等类型。

⑤ 地图工具模块。包括基本地图工具和协同标绘工具。其中，基本地图工具包括放大、缩小、平移、全图、测距、面积、点选、清除等功能；协同标绘工具包括文本标绘、事故类型标绘、行军标绘、车辆标绘、人员标绘等功能。

⑥ 用户管理模块。对用户和密码进行管理，包括添加用户、删除用户、密码维护等功能。

⑦ 系统帮助模块。系统功能帮助说明，可进行浏览和搜索。

2. 桌面演练步骤

利用该系统进行桌面演练，通常需要经过以下步骤：

① 基础数据处理阶段。将企业电子地图（包括影像图和矢量图）、企业应急预案、应急物资、应急通讯录以及危险物质数据库进行数据处理和录入。

② 演练脚本编制阶段。设置脚本的时间节点和显示内容，预设应急处置的要点以便评估时进行比照。

③ 演练实施阶段。主持人（管理员）通过管理员账户登录系统，对演练基本信息、参演部门和人员进行设定，根据演练脚本的设定控制时间节点的开始时间、结束时间和显示内容等信息进行控制；参演人员（普通用户）通过网络登录系统，根据系统显示的演练信息进行桌面演练，作出应急响应。演练信息通过文本、地图和视频等形式实时显示。

④ 评估与总结阶段。根据参演人员的桌面演练表现，评估人员（可以单独进行角色设置，也可以由主持人兼任）根据评估表和系统预设的应急处置要点进行评分；对演练过程中暴露的应急管理问题进行记录，并可以导出为 Excel 表格形式，用于演练结束后总结报告的编写。

3. 桌面演练评估表

评估表主要适用于为化学品单位专门开展的桌面演练，重点针对应急指挥协调、研判决策、资源调度等内容进行定量评估，重点记录演练发现的问题。桌面演练评估示例表见表 5-1。

表 5-1 桌面演练评估示例表

序号	评估项目	评估内容	评估要点	分值	得分
	总分：100 分				
1	策划与准备（10 分）	1.1 演练目标明确、合理、有针对性	未明确演练目标，扣 2 分； 未结合演练单位安全风险设计演练目标，扣 1 分； 未结合应急预案设计演练目标，扣 1 分； 演练目标与演练单位现状不符，扣 2 分	4	
		1.2 参演人员涵盖了应急预案的主要职责部门或分组	对照应急预案，每缺一个职责部门或分组参演，扣 0.5 分	3	
		△1.3 演练现场布置、设施设备、标志标识及人员着装等满足演练需要	未按照演练需求进行现场分区（演练、导调、评估、观摩），扣 1 分； 未设置指挥部与各分组标识，扣 1 分； 设施设备、视频音频效果等影响演练，扣 1 分； 演练有着装要求的，参演人员未按要求着装，扣 1 分	3	

续表

序号	评估项目	评估内容	评估要点	分值	得分
2	演练情景 （10分）	2.1 演练情景应涵盖事件发生、事件发展过程、事件后果和事件终止等全过程，内容完整	演练情景内容不完整、主要环节缺失，每一处扣1分； 情景信息有歧义，每一处扣1分	4	
		△2.2 演练情景设置科学、合理	演练情景出现关键内容缺失（如无气象条件信息、无事件持续时间、无具体发生场所、后果描述不完整等），每一处扣1分	2	
		△2.3 演练情景节点信息能够连贯展示	情景展示出现中断或长时间停顿，每一处扣1分	2	
		△2.4 能通过多媒体文件、沙盘、信息条或演练软件等多种形式展示应急演练情景，满足演练要求	仅通过口述或文字描述，不能直观展现情景的，扣2分； 情景信息展示不清晰，每有一处扣0.5分	2	
3	演练实施 （70分）	3.1 参演人员熟悉事故信息的接报程序、方法和内容	依据演练情景，未能将事故信息及时上报给相关单位（包括上级单位、专职应急队伍、地方政府、应急协议单位及联防区等），每缺失一家单位，扣1分； 每报错或遗漏一项重要信息，扣1分	4	
		3.2 演练单位能够依据给出的演练情景，准确对事故等级和严重程度进行研判	对事故等级没有做研判，扣2分； 研判无依据，扣1分	2	
		3.3 演练单位能够准确启动对应相关应急预案	没有准确启动对应应急预案，扣1分	1	
		3.4 演练单位能及时成立指挥部，并依据应急预案明确应急分组	没有成立指挥部，扣2分； 成立指挥部时间滞后，扣1分； 每缺失一个应急分组，扣1分； △需召开首次会议的，未体现相关内容，扣1分	3	
		△3.5 考虑了特殊时间（夜间、节假日等）对应急响应的影响	如果情景事件发生在夜间、节假日等特殊时间，未考虑对人员到位时间、资源调度方式影响的，扣2分； 考虑了特殊时间影响，但未制定有效措施的，扣1分	2	
		3.6 指挥部依据应急预案进行了合理分工部署	对照应急预案的分组，未进行合理分工，每有一项重要工作遗漏（信息报告、人员救护、警戒疏散、资源保障、应急联动等），扣1分	5	

序号	评估项目	评估内容	评估要点	分值	得分
3	演练实施（70分）	3.7 指挥部制定的应急处置方案科学、可行	方案中每有一处措施不合理（如罐区火灾扑救的供水保障、消防污水处置，有毒气体泄漏的人员防护、疏散途径等），扣1分	5	
		3.8 指挥部根据情景信息，合理调集应急资源和装备	演练单位不明确本单位的应急资源状况的，扣2分； 不明确应急协议单位、地方政府、联防区单位应急资源状况的，每有一单位扣1分； 应急资源调度方式不合理，每有一处扣1分	5	
		3.9 总指挥能够表现出较强指挥协调能力，能够根据情景信息，及时研判事态变化，动态调整应急要点	没有针对情景事态发展，动态调整应急要点（如响应升级后与地方政府、上级单位的协调和分工），每出现一处扣1分	5	
		3.10 依据情景对应急人员的个体防护措施（PPE）进行了分析和明确	未考虑现场应急处置人员（包括专职、兼职队伍）的个体防护措施，扣2分； 每有一处个体防护措施不合理，扣1分	3	
		△3.11 参演人员能根据情景信息和应急需求，与政府部门、协议单位、联防区单位等进行应急联动	未考虑应急联动需求，扣3分； 每有一处联动单位（政府部门、协议单位、联防区单位）遗漏或不能联动，扣1分	3	
		△3.12（承担通信保障职责）参演人员制定了保障应急通信畅通的有效措施	未考虑演练单位内部（专职队伍与各分组）的通信问题，扣1分； 未考虑与增援队伍力量的通信问题，扣1分； 未考虑现场与指挥中心信息互通，扣1分； 未考虑与上级单位及地方政府信息互通，扣1分	3	
		△3.13（承担信息公开职责）参演人员准确把握了舆情应对和信息公开的途径和措施	未考虑舆情与信息公开问题，扣3分； 不明确舆情应对的职责部门和相关措施，扣1分； 不明确信息公开程序及途径，扣1分	3	
		△3.14（承担警戒疏散职责）参演人员提出了有效的现场警戒和交通管制措施	未明确现场警戒范围，扣2分； 不清楚划定警戒范围的依据，扣1分； 需要交通管制的，未能提出实现途径和措施，扣1分	3	

续表

序号	评估项目	评估内容	评估要点	分值	得分
3	演练实施（70分）	△3.15（承担人员救护职责）参演人员提出了必要的医疗救护措施，熟悉可用的医疗救护资源	未考虑医疗救护需求，扣3分；提出的人员救护措施不合理，扣1分；对周边医疗救护资源的分布不明确，扣2分	3	
		△3.16（承担疏散安置职责）参演人员对人员疏散和安置工作进行了合理部署	未考虑人员疏散需求或未划定人员疏散范围，扣2分；划定了疏散范围但未明确具体措施等，扣1分	3	
		3.17 应急终止程序符合实际，与应急预案中规定的内容相一致	应急终止条件未研判，扣2分；每出现一处遗漏（如现场未得到有效处置，导致次生、衍生事件的隐患未消除，受伤人员未得到妥善救治，环境污染未得到有效控制，社会影响未减到最小，政府应急处置未终止等），扣1分	2	
		3.18 参演人员能够正确理解演练情景信息，响应与情景同步	超前或滞后于情景进行响应，每有一人次扣0.5分	5	
		3.19 参演人员熟悉各自应急职责，做出的各项决策、行动符合角色身份要求	每出现一处不符合角色应急职责的响应，扣0.5分	5	
		3.20 参演人员及时、有效地完成演练中应承担的角色工作内容，人员的能力能够得到充分检验和锻炼	参演人员不能承担角色内容，每出现1人扣0.5分；出现一个分组参演人员能力未得到检验和锻炼，扣1分	5	
4	总体效果（10分）	4.1 演练结束后，通过讲评或自评总结了演练存在的不足和发现的问题	演练后未讲评或自评，扣5分；内容未真实反映本次演练的问题，1处扣1分	5	
		4.2 应急预案得到了验证和检验，通过演练发现了应急预案的不足之处	未检验应急预案，扣5分；应发现应急预案存在的问题未发现，1处扣1分	5	

注：1.本表主要适用于危化品单位专门开展的桌面演练，重点针对应急指挥协调、研判决策、资源调度等内容进行定量评估。

2.各单位开展的培训式桌面演练，以及在实战演练前后组织的桌面推演等，可参照本表进行定性评估，重点记录演练发现的问题。

3.表格中带"△"标示为可选项，如果演练不涉及此项内容，可不计入总分，最终得分为实际得分之和/实际分值×100。

三、实战演练

实战演练是指参演人员利用应急处置涉及的设备和物资，针对事先设置的突发事件情景及其后续的发展情景，通过实际决策、行动和操作，完成真实应急响应的过程，从而检验和提高相关人员的临场组织指挥、队伍调动、应急处置技能和后勤保障等应急能力，实战演练通常要在特定场所完成。目前地方政府和相关化工企业经常联合开展示范性演练，这种演练多为实战性演练，突出应急响应流程示范、应急队伍力量展示、应急装备技术检验、现场应急作业处置等。

示范性演练一般会对整个演练场景进行展示，观摩时间多为 2 小时左右，将多个灾害情景集中到某一特定场所，在有限的时间与空间内，展示应急处置全过程。

1. 演练策划准备

示范性演练往往需要较长时间的演练策划准备。此类演练一般要遵循先桌面后实战、先单项操练后合成演练、从简单到复杂的循序渐进过程。前期演练组织方需要召开若干工作会议，包括演练选址、现场勘察、筹备工作会议；演练场景策划团队开展情景设计讨论会、多次桌面演练，确定演练场景方案；针对演练场景，各参演队伍开展科目训练，在此基础上再开展多次合成演练。通过工作会议、桌面演练、单项操练、合成演练等多种准备工作，以演代练，练演结合，参演人员彼此熟悉，发现机制设计、流程方案上的不足与问题，加强政企之间、不同层级政府之间、政府各职能部门之间在应急响应上的协同与协作。

2. 演练观摩展示

演练观摩展示主要针对观摩评估人员与社会公众进行全程展示，为了能够让观摩人员全面熟悉应急响应流程，展示演练准备与训练成果，演练控制部门需要通过前期录制视频、实战现场直播、现场情况观看、专业解说等多种方式，尤其是演练现场多个作业区同时开展应急作业，需要做好导播工作，提高演练情景展示效果，确保演练流程顺畅、画面衔接流畅。

3. 演练注意事项

一是示范性演练周期较长，需要对演练全过程进行综合保障。因示范性演练策划准备周期较长，而且实战演练往往需要选择特定场地进行，在场地选择上以尽量不影响社会公众生产生活秩序为第一原则。二是因为演练队伍和装备众多，演练地点大多为生产现场，再加上观摩人员众多，因此一定要加强现场的安全保障工作，做好相应的应急预案。

4. 演练评估

示范性演练一般在演练现场设置评估组，评估组由相关专家和专业人员构成。专家主要从演练的总体层面进行评估，评估意见一般会在演练结束后由专家组长现场宣布，专业人员采用相应的评估表（见实战演练定性评估表，

表5-2）等工具，从应急任务层面、职能层面开展系统的评估，一般会在演练结束后一段时间提供相关的专业评估报告。示范性演练一般需要对演练的全过程视频进行剪辑处理，制作示范模拟演练片，以便他人学习借鉴。

表 5-2　实战演练定性评估表

序号	评估项目	评估要点(示例)	问题记录
1	△事故预警	当班人员及时发现工艺、设备、仪表等异常险情信息,并及时报告	
		当班人员根据预警信息提前开展应急行动,如调整工艺操作、联系抢修设备等	
2	信息报告	第一发现人(如外操)在规定时间内向带班人员(如班长、站长等)、专职应急队伍完成报警,内容清晰准确	
		带班人员(如班长、站长等)在规定时间内向基层单位(如车间、作业部等)负责人、生产调度等报告,内容清晰准确	
3	预案启动与响应分级	基层单位按要求启动相应预案	
4	指挥与协调	根据要求成立现场指挥部,落实人员分工	
		现场指挥部及人员标志明显	
		承担应急职责人员及时赶到现场,领受任务	
		(根据演练需求)明确紧急集结场地、疏散路线、组织现场气体检测,采取防水体污染等防控措施等	
		确保通信联络方式畅通(如对讲机、蹲点仪等)	
5	基层单位初期应急处置	根据应急预案、操作规程等要求,现场带班人员(班长、站长等)组织当班人员(义务应急队员)迅速分工,指令清晰	
		当班人员根据要求及时采取工艺处置措施(如关阀断料、紧急停车),处置程序正确、规范	
		(模拟火灾等事故时)当班人员有效操作现场应急消防设施(包括使用灭火器等进行初起火灾扑救、开启消防喷淋、泡沫等固定消防设施),操作熟练	
		现场操作人员个体防护装备齐全(包括按要求佩戴空气呼吸器、穿着防护服等),符合演练现场要求	
6	△人员搜救与转移	第一时间开展受伤人员救护,及时转移离开现场,必要时采取有效急救措施(如心肺复苏等)	
		及时联系专职应急队伍或外部医疗机构接走伤员,救护车及时到达现场,停车位置合理	

续表

序号	评估项目	评估要点(示例)	问题记录
6	△人员搜救与转移	专职医疗人员检测生命体征、包扎伤口、氧气袋吸氧等操作正确,合理正确使用车上吸氧、负压吸引等装置	
7	警戒与疏散	负责警戒与疏散时人员及时接到信息、快速就位	
		(根据有毒气体泄漏、火灾爆炸等影响范围)合理划分警戒区域,及时通知并疏散警戒区域以内无关人员(包括承包商)	
		警戒线等设施明显有效,警戒区域有人监控值守,阻止无关人员进入事故现场和危险区	
		疏散人员按照要求(沿上风向、疏散路线等)有序撤离	
8	应急队伍现场处置	应急人员及时到场,现场操作人员个体防护装备齐全(包括按要求佩戴空气呼吸器、穿着防护服等),符合演练现场要求	
		现场堵漏人员:选用工器具齐全且满足要求(如选用铜制防爆器具、堵漏用具等)	
		气防专业人员:搜救并转运伤员,对现场有毒、可燃气体浓度进行检测	
		消防专业人员:消防车辆装备及时展开、消防车辆站位合理、灭火战术运用合理	
		环保专业人员:对大气、水质等环境信息进行监测,开展污油、污水收集等工作	
9	△应急联动	按照应急预案等要求与地方政府、周边应急协议单位等进行有效应急联动	
10	资源保障	对讲机、防爆手机等通信系统畅通	
		应急信息平台、应急指挥中心及时投用,现场信息实现互联互通	
		各类应急物资齐全(如吸油毡、沙包等)	
11	应急终止	应急响应的解除程序符合实际,与应急预案中规定的内容相一致	
12	人员集合与讲评	演练结束后参演人员清点人数,组织现场讲评,明确存在的不足和发现的问题	

注:1.本表采用定性评估方式,重点记录演练发现的问题,主要适用于基层单位、班组等开展的小型演练。

2.表格中带"△"标示为可选项,如果演练不涉及此项内容,可不作为评估内容。

3.化工企业组织架构差异较大,演练单位应参考表中示例内容明确具体评估要点。

第六节　情景构建

情景构建是基于特定方法而开展的情景筛选、情景开发、情景应用、情景评审与改进等一系列动作。该"情景"不是某典型案例的片段或整体的再现，而是无数同类事件和预期风险的系统整合，是基于真实背景对某一类突发事件的普遍规律进行全过程、全方位、全景式的系统描述；是对可能发生的重大突发事件及可预期风险进行演化规律分析、应急任务梳理、应急能力评估，并据此完善预案，加强演练，强化应急准备，提升应急能力的一种系统工作方法。

对于发生概率较低但后果极其严重的特别重大突发事件，采用"情景—应对"的理论与方法，提前开展战略性研究和应急准备工作，是国内外应急管理学界近年来提出的一种行之有效的科学手段。

一、情景构建的起源

美国在"9·11"恐怖袭击事件之后，为加强全国应急准备，由美国国土安全委员会和国土安全部于 2003 年联合成立了跨机构的情景工作小组，目标是建立一个典型情景组，用来评估和指导预防、保护、响应和恢复等领域的应急准备工作。该小组最终提出了包括自然灾害（如地震、飓风）、化学事故、生化攻击等 15 种应急规划情景。这 15 种情景都遵循了同样的框架进行描述，自此以后该框架成为了美国联邦及地方政府开展应急准备的一项重要工具，对于完善政府的预案、提升应急能力、开展培训和演练等活动，提供了重要的情景基础[15]。

德国在 2002 年易北河与多瑙河洪灾后，认识到只有持续开展应急准备工作，才能有效应对巨灾。德国内政部也通过设置情景的方法开展了全国跨州、跨行业联合演习，自 2004 年开始，基本上两年到三年一次设计重大突发事件情景，指导全国的应急规划、资源布局及队伍演练。

在 2012 年之前，"情景规划与构建"的应急规划方法在我国是一项全新的战略研究工具，且停留在理论研究层面。2012 年北京遭受"7·21"暴雨袭击之后，中国安全生产科学研究院开展了"北京市重大突发事件情景构建工作方案"的研究。2013 年国家安全生产应急救援指挥中心牵头组织中国石油、中国石化、中国海洋石油、天津滨海新区开展"石油化工行业重大突发事件情景构建研究"，在石油化工行业开展情景规划与构建工作，对引导石油化工企业开展标准化、规范化的应急管理与应急响应具有重要意义。

情景构建中，"情景"的意义不是尝试去预测某类突发事件发生的时间与地点，而是尝试以点带面、抓大带小，引导开展应急准备工作。理想化的"情景"应该具备最广泛的风险和任务，表征一个地区（或行业）的主要战略威胁[16]。

二、情景筛选

情景构建是结合大量历史案例研究、工程技术模拟对某类突发事件进行全景描述（包括诱发条件、破坏强度、波及范围、复杂程度及严重后果等），并依此开展应急任务梳理和应急能力评估，从而完善应急预案、指导应急演练，最终实现应急能力的提升。因此，情景构建是"底线思维"在应急管理领域的实现与应用，是"从最坏处准备，争取最好的结果"。

情景构建与企业战略研究中的"情景分析"都是以预期事件为研究对象，但是应用领域和技术路线又不尽相同。情景分析法又称前景描述法，是在假定某种现象或某种趋势将持续到未来的前提下，对预测对象可能出现的情况或引起的后果作出预测的方法，因此情景分析是一种定性预测方法；情景构建是一种应急准备策略，通过对预期战略风险的实例化研究，实现对风险的深入剖析，是对既有应急体系开展"压力测试"，进而优化应对策略，完善预案，强化准备。

情景构建是一个地区（或行业）的战略风险管理工具，在地区（或行业）重大突发事件风险研判的基础上，可以确定地区（或行业）情景清单并且对每项典型风险开展情景构建，对典型风险进行实例化表征；在情景构建结束后，一系列情景可以引导地区（或行业）有的放矢地开展应急准备行动，指导应急能力的提升；伴随着风险环境的变化、应急能力的提高，在风险研判基础上，可以将情景清单进行动态调整，或者对某项（不符合当下风险的）情景进行修订[17,18]。

情景筛选是从大量历史案例和现实风险评估中，筛选出具有代表性的巨灾，作为当前和未来一个时期内应急管理的重点对象。巨灾情景的筛选与确认的核心是基于底线思维，针对后果极其严重的"高后果、小概率"事件。

所筛选的情景应满足以下条件：

（1）代表性和典型性　所筛选的情景应能代表组织所在单位、所在行业、所在地区的高风险特点。

（2）后果严重性　所筛选出的情景应是导致一定规模人员伤亡、财产损失和环境影响，造成公众恐慌或者引发不良社会影响的重特大生产安全事故。

（3）影响范围和处置难度　所筛选的情景应是超出本组织的处置能力，需要调动组织外部的应急响应资源，需要组织外部相关方配合或更高层面组织的统一协调和处置的重特大生产安全事故。

（4）任务覆盖面广　所筛选的情景应覆盖更多的应急响应任务。

（5）发生可能性　所筛选的情景应是合理的、可信的。可以参考以下因素判断：

① 历史事件。历史事故案例是判断一个地区或行业是否可能发生某类事件，以及事件的可能严重程度的宝贵资料。在组织风险范畴内虽然发生概率较低，但后果严重，在国内外的事故灾难史中确实出现过的案例，尤其应当作为选择的参考。

② 灾害趋势。由于自然条件与组织周边环境的变化，某些生产安全事故的发生频率或后果呈现加大的趋势。

③ 专家推论。相关领域专家普遍认为，某些生产安全事故发生的风险正在不断加大，需要重点关注。

三、情景开发

在筛选并设定情景清单后，需要开发各项情景的具体要素。情景要素包括情景概要、背景信息、演化过程、事故后果、应急任务五类要素。

1. 情景概要

概要描述重特大生产安全事故（例如：火灾、爆炸、井喷、危险化学品泄漏、石油天然气长输管道泄漏等），结合组织自身情况分析可能导致的后果及需要采取的行动等。

组织可以通过历史案例分析、模拟计算等，描述事故可能造成的人员伤亡、基础设施损害、需要疏散的人口数量、环境污染、直接经济损失、同时发生多起事件的可能性、救援复杂程度和恢复重建所需要的大致时间等情况。情景简表见表 5-3。

表 5-3　情景简表（参考格式）

情景名称：		编号：	
情景描述(时间、地点及事件类型)			
预计人员伤亡情况			
预计基础设施损害			
预计疏散/迁移人口			
预计污染情况			
预计经济损失			
预计次生衍生灾害			
预计恢复期限			
国内外参考事件			
构建单位：		关联单位：	
公开范围：		构建时间：	

2. 背景信息

重特大生产安全事故的背景信息包括以下要素：

① 事故主体。描述重特大生产安全事故涉及的各类主体，包括致灾主体、受灾主体的背景信息。

② 地理环境。描述重特大生产安全事故的发生与演化是否与特定的地理空间位置相关，或者事故的后果与事发地的地理环境、气象与气候条件紧密相关，特别说明有可能导致严重后果或后果扩大的气象与气候条件。

③ 社会条件。描述重特大生产安全事故的发生与演化是否与当地的社会条件紧密相关，包括当地的应急管理体制、机制和救援能力（物资、装备、队伍）现状。

④ 假设条件。说明在情景开发时的一些假设条件，基于底线思维对事故发生时间、气象条件、社会环境条件等背景条件进行假设。

3. 演化过程

描述该重特大生产安全事故发生发展的过程。按照完整生命周期对生产安全事故情景演化过程的描述包含几个阶段：潜伏期、爆发期、持续期、消退期。对情景演化过程的描述着重分析以下内容：

① 事故的发生原因；

② 诱使事故扩大的主要因素；

③ 事故演化过程中的关键节点，以及各个节点的灾难场景、标志性事件等；

④ 事故演化过程中可能具有的物理、化学等方面的规律。

事故演化过程的关键在于设计事件发展与扩大的关键节点。关键节点的设计核心在于找出事故演变的重要变量，重点是考虑危险化学品重大灾害演变在不同时间、空间维度下的耦合放大效应。

（1）化学事故的"应急处置时间窗" 化学事故造成重大人员伤亡的主要原因是泄漏的易燃易爆化学品遇到点火源后发生爆炸。从化学品泄漏扩散蔓延至点火源所需的时间，就是防止事故扩大的"应急处置时间窗"。在这段时间内应进行科学响应，如查找点火源，并阻隔点火源，防止爆炸。具体案例见表5-4。

表5-4 应急处置时间窗示例

序号	引发因素	示例
1	加热炉等高温装置	兰州石化"1·7"闪爆事故：泄漏液化气9min后扩散至80m外的焚烧炉

续表

序号	引发因素	示例
2	空调等非防爆电器	金誉石化"6·5"闪爆事故;泄漏液化气130s后扩散至30m外的值班室非防爆电器处
3	道路非防爆机动车	南京炼油厂"10·21"火灾爆炸事故;泄漏汽油150min后由道路机动拖拉机引爆
4	现场非防爆施工器械	黄岛"11·22"事故;泄漏油气在8h后被泄漏现场非防爆机具施工引爆

（2）敏感时间的耦合叠加效应影响 突发事件发生时间是应急风险研判的重要因素，不同的时间段会给事故演化和相应的应急处置带来重大影响。敏感时间及风险叠加效应见表5-5。

表5-5 敏感时间及风险叠加效应一览表

序号	敏感时间	风险叠加效应
1	上下班时间	人员高峰流动、交通堵塞、人员伤亡等
2	夜间	值班及应急人员少、人员响应时间迟缓
3	节假日期间	值班及应急人员少、人员响应时间迟缓、社会影响恶劣
4	国家或地区重大活动期间	社会影响恶劣
5	农村集市、临时集会等	人员伤亡等

（3）敏感环境的耦合叠加效应 突发事件发生环境也是应急风险研判的重要因素之一，环境的敏感性会给事故演化和相应的应急处置带来重大影响。敏感环境及风险叠加效应见表5-6。

表5-6 敏感环境及风险叠加效应一览表

序号	敏感环境	风险叠加效应
1	生态敏感与脆弱区(水源地等)	环境污染、社会影响恶劣
2	文教区(中小学校等)	未成年人伤亡、社会影响恶劣
3	人口密集区(居民区、医院等)	人员伤亡
4	铁路、高速公路等交通设施	影响社会秩序、社会影响恶劣
5	工矿厂区	次生灾害

（4）敏感气象条件的耦合叠加效应 突发事件发生时的气象条件也是应急风险研判的重要因素之一。不同的气象条件会导致事故演化过程发生重大变化或产生严重的次生灾害，对其相应的应急处置也带来重大影响。敏感气象条件及风险叠加效应见表5-7。

表 5-7　敏感气象条件及风险叠加效应一览表

序号	敏感气象条件	风险叠加效应
1	风速和风向	次生灾害影响区域大小会发生很大变化
2	高温	部分危险化学品反应等次生灾害
3	强降雨	对火灾扑救、泡沫覆盖、消防废水处理带来巨大影响
4	泥石流滑坡	管线撕裂等次生灾害、交通堵塞、人员响应时间迟缓
5	台风、洪汛、地震等	次生灾害、恶劣社会影响、人员响应时间迟缓

4. 事故后果

事故后果包括可能引发的次生衍生灾害、伤亡人数、财产损失、服务中断、社会影响、经济影响、环境和长期健康影响等。

① 次生衍生灾害。分析事故可能引发的次生衍生灾害，例如危险化学品爆炸可能引发火灾、基础设施破坏、附近居民恐慌性疏散等。次生衍生灾害的数量表现出事故的复杂程度。

② 伤亡人数。估算事故及其次生衍生灾害可能导致的死亡和受伤人数。估算方法：一是根据历史案例中真实造成的伤亡规模；二是根据灾害破坏力及周边人口分布等数据，选取适宜的模型进行计算机模拟仿真计算。

③ 财产损失。估算方法：一是参照历史案例中真实造成的损失进行估算；二是根据事故的破坏力及周边经济规模等数据，选取适宜的模型进行计算机模拟仿真计算。

④ 服务中断。分析并描述事故可能造成的重要基础设施、生命线工程和公共服务中断等情形。

⑤ 社会影响。分析并描述可能对公众心理、社会舆情和公共秩序产生的间接影响，如社会恐慌等。

⑥ 经济影响。分析并描述事故可能对地方、行业和国家经济造成的间接影响，如生产设施损坏、生态环境破坏、区域生产贸易规模下降等。

⑦ 环境和长期健康影响。分析并描述事故对生态环境的污染和破坏，对事发地及周边公众产生的长期生理或心理伤害等。

情景模拟是演化过程和事件后果分析的核心手段，情景模拟应符合该类事故灾难发生发展的一般规律，情景模拟的主要支撑方法包括对历史案例资料分析、模拟仿真、现场调查与模拟试验、专家经验与推理等。

（1）历史案例资料分析　国内外相似的案例资料，是进行情景模拟的重要参考。通常可采用以下方法：

① 使用多次同类案例事件后果的统计数据；

② 使用相似案例的后果数据，并根据环境条件的变化进行修正；

③ 使用不同类型的案例后果数据，同时根据事件强度、环境条件的变化进行类推。

（2）模拟仿真　采用数学建模和计算机模拟技术，对事件演化过程及后果进行估算，尽可能科学、真实地展现出事件的发展规律和危害后果。

选择和正确使用合适的计算机模拟技术工具、收集并准备模拟计算所需的各种数据资料、对模拟计算的结果进行解读和展示等工作需要较深的专业知识，可以委托专业科研机构开展。

（3）现场调查与模拟试验　对某些情景进行模拟时，可能缺少相似的历史案例数据或难以进行计算机模拟计算，需要对估算的结果进行验证时，可采取现场调查、物理模拟试验等方法，对事件可能产生的负面效果进行调查和试验。

（4）专家经验与推理　对于发生频率很低或无统计规律的情景，通常可以收集国内外类似事件的典型案例资料，由相关领域专家对事件的演化过程和危害后果进行推理判断。

5. 应急任务

对应生产安全事故的演化过程，应急管理可划分为预防与应急准备、监测与预警、应急处置与救援、事后恢复与重建四个阶段。针对每一阶段的任务进行梳理，针对各项任务，应该给予明确描述，分析承担该任务的主责部门、协同部门及其主要职责，并分析完成该项任务的资源清单。

（1）预防与应急准备　该阶段指预防或阻止危险源和威胁演变为事故灾难且做好应急准备工作的阶段。该阶段的任务包括危险源和威胁辨识、规划设计和工程技术方面的风险控制（本质安全措施）、重要基础设施防护等预防措施，以及应急预案动态管理、培训及演练、物资装备储备、避难场所规划等应急准备措施。

（2）监测与预警　该阶段指对可能引发生产安全事故的危险源和威胁的特征参数进行监测并及时发布预警信息、采取防范措施的阶段。该阶段的应急任务包括工艺监测、信息情报分析、预警发布、预警响应等。

（3）应急处置与救援　应急处置与救援阶段可以细分为先期处置、现场救援与处置、社会响应三个阶段。

① 先期处置阶段指事故发生后至现场指挥部成立的阶段。该阶段的应急任务包括灾情判断、信息报告、一线处置、人员搜救、控制直接灾害后果（避免后果扩大的关键工艺操作）等。

② 现场救援与处置阶段指现场指挥部成立后对现场及周边开展救援与处置的阶段。该阶段的应急任务包括成立现场指挥部，监测评估现场形势，消除现场危害因素，开展人员搜救、医疗救治、信息发布、队伍保障、物资保障、避难场所保障、通信保障、交通保障、公众保护（疏散安置）、受害人员心理干预、遇难者善后服务等。

③ 社会响应阶段指事故可能引发各类次生衍生后果和社会影响全面显现，开始出现综合、复杂的社会问题的阶段。该阶段的应急任务包括舆情应对、基础设施和关键资源保护、环境与生态保护等，以及向其他部门、周边地区或国际社会请求支援等。

（4）事后恢复与重建 该阶段指在尽可能短的时间（数周或数月）内恢复基本生产生活状态，并在相对长的时间（数月或数年）内恢复到事故前生产生活状态的阶段。短期恢复的任务包括公共设施初步恢复、受害者救助补偿、公众信心恢复重建等，长期恢复的任务包括受害人员长期安置、基础设施和建筑物修复、环境与自然资源恢复、社会经济恢复等。

6. 情景展现

情景展现在文字描述基础上，辅以必要的图表说明，可以采用三维模拟仿真技术、视频编辑等方法对情景的演化过程、事件后果和主要的应对行动进行直观的展示。

四、情景应用

情景构建可以指导组织开展基于任务分解和资源评估的预案编制，指导相关预案实现有效衔接；为组织开展应急演练规划、实施应急演练提供背景支撑和科目指导；重特大生产安全事故情景构建为相关方的应急能力建设规划提供技术支撑。

1. 预案体系管理

依据构建的重特大事故情景，对组织现有预案体系进行评估，查找存在的问题和不足，补充、完善应急预案体系，进一步提升应急预案的针对性和实用性。

（1）应急预案体系评估 根据构建的生产安全事故情景，基于应急任务清单与任务支撑要素分析表，对照评估应急预案体系是否完备，各项预案是否具备针对性和实用性，从以下几方面对预案体系进行评估。

① 全面性。预案体系是否涵盖任务清单中的全部任务。

② 衔接性。相关预案所针对各项任务的表述是否一致，是否可以衔接。

③ 任务主体完整性。预案体系中关于各项任务的主责部门、协同部门，以及部门间协同机制的表述是否完整、可行。

④ 任务程序可行性。预案体系中关于各项任务执行程序的描述是否完整；任务程序是否可以满足该类事故的时间约束，例如：如果危险物质泄漏 20min 后到达人员密集区域，现有程序是否可以完成该区域的人员疏散或保护。

⑤ 任务可持续性。在情景中可能会出现业务中断的背景下，例如通信中断、交通堵塞，是否考虑了完成该项任务的备选方案。

⑥ 支撑资源完备性。预案体系中是否针对各项任务的支撑资源（装备、队伍）开展了差距分析，并对资源的补充调用机制进行了考虑。

（2）应急预案编制与修订　依据上述的应急预案体系评估结果，从以下几个方面开展预案编制或修订。

① 补充缺失任务。针对预案体系中没有覆盖的应急任务，基于该项任务的支撑要素分析表，在相关预案（例如该类事件的专项预案，或者该项任务主责部门的部门预案）中进行补充。对于重要的任务，可以单独编制预案进行保障。

② 补充实战措施。基于情景支撑，召集相关方开展风险沟通与能力评估，从实战角度出发编制或修订预案，建立任务执行程序流程图，且充分考虑该类事故的时间约束、资源约束、业务约束等不确定性条件。

③ 补充协同机制。预案编制或修订过程中，推进相关部门之间的会商，补充各任务主责部门、协同部门之间的协同机制。

④ 补充部门统筹机制。针对单个部门需要参与的多项任务（包括主责任务、协同任务），从部门角度出发，研究情景演化规律背景下的资源（人力）统筹机制，并补充进部门预案。

⑤ 补充资源调度机制。针对同一类资源（装备、队伍）需要支撑多项任务，基于资源评估和情景演化规律研究，建立单项资源调度机制（含组织内的资源调度机制、市场资源储备机制、周边资源调度协议、区域资源统筹协议等），补充进资源主管部门的部门预案，或者单独编制资源保障预案。

⑥ 完善业务连续性管理。基于情景支撑，分析核心任务（通信、交通等）的可靠性，并设置必要的备选方案，补充进入相关预案。

（3）应急预案衔接　基于情景分析，分别以任务、信息、资源、态势为主线，提升相关预案（事发企业预案与周边企业预案、主责部门预案与协同部门预案、企业预案与地方政府预案、企业预案与上级单位预案等）之间的衔接性。

① 任务执行连贯性。以任务为主线，提升相关预案之间的衔接性，包括不同预案对任务（主责部门、协同部门、部门协同机制、执行程序等）的表述一致。

② 信息沟通连贯性。以信息为主线，提升相关预案之间的衔接性，包括不同预案中对信息传递路径（信息报告出口与接口、信息报告时限、信息报告方式等）表述需要一致，信息共享机制、信息研判机制、态势分析机制的表述需要一致。

③ 资源调度连贯性。以资源管理为主线，提升相关预案之间的衔接性，包括不同预案对同类资源调度机制的表述需要一致。

④ 响应升级连贯性。以事故的态势演化为主线，提升相关预案之间的衔接性，包括不同预案之间对事件升级过程中的指挥权移交、组织体系变更、任务调整、工作交接等行为的表述需要一致。

2. 应急演练规划与设计

依据构建的重特大事故情景，为组织开展应急演练规划，为应急演练的组织与实施提供支撑。

（1）应急演练规划　依据情景构建中的任务清单，对一段时期内的演练工作进行统筹指导。依据相关法律、法规、政策要求，制定年度（或一个较长的时期）应急演练规划，重点参照以下原则：

① 重点关注情景中的关键节点任务（可能导致事件升级或范围扩大的任务）。

② 重点关注需多个主体协同配合才能完成的任务（科目）。

③ 先单项后综合、先桌面后实战，循序渐进、时空有序。

（2）应急演练组织与实施　情景构建为应急演练的组织与实施提供基础性支撑。

① 情景构建团队可参与应急演练的组织与导调。

② 情景构建过程中，相关方就特定任务的分析研讨可转变为桌面演练，推演成果（相关方达成的共识）对情景的完善提供支撑。

③ 情景构建结束后，情景为应急演练提供科学、真实的场景，从情景中截取一个阶段，或者抽取特定的情景片段可以作为演练场景。

④ 情景任务清单中的单项任务或多项任务的组合，可以转换为桌面演练或实战演练的主题。

⑤ 检验预案、锻炼队伍、磨合机制、加强风险沟通等是应急演练的目的。

3. 应急能力建设规划

进行应急能力建设规划，应在情景构建的任务要素分析的基础上，对组织应急能力进行梳理归纳，明确应急准备能力的目标，这是对应急能力建设规划提供的支撑。

（1）应急能力要素 应急能力由组织与领导、运行机制、人员与队伍、物资装备、应急预案、演练培训等几类要素构成。

（2）应急能力需求分析 对组织应急能力的需求分析，可以转换为以情景为目标，对上述能力要素的需求分析，包括各项能力要素需要达到的标准、数量或水平。

（3）应急能力现状分析 根据应急能力需求分析结果，逐项查找组织的现有能力水平，即各项能力要素的数量和水平。

（4）应急能力提升规划 逐项对应急能力需求和现状进行评估，根据评估结果填写"应急能力要素对照评估表"，这是提出加强应急准备工作措施建议的重要基础工作。应急能力评估与规划可参照表 5-8 完成。

表 5-8 组织应急能力评估与规划表（示例）

应急能力要素	需求情况			现状情况	对策措施（含措施、责任部门、完成时限）
	情景 1	……	情景 n		
（1）组织与领导					
（2）运作机制					
（3）人员与队伍					
（4）物资装备					
（5）预案与计划					
（6）培训与演练					
……					

第七节 大型储罐火灾扑救技术

化工生产主要是通过化学变化和物理变化来完成的。通常采用氧化、硝化、磺化、氯化、酸化、碱化、裂解、分馏、分解、还原、合成、聚合、蒸发、溶解等多种生产工艺，工序复杂，连续性强。化工原料、中间体及其产品，大部分是易燃、易爆、有毒害、有腐蚀性的物质，生产、储运、使用过程中，很容易引起泄漏、火灾或爆炸事故。

石油化工生产装置具有层数多、跨度大、操作平台多、建筑孔洞多等特点，如反应塔、焚烧炉、蒸馏塔等高度都在几十米以上。在装置中设有平台，便于操作和检修，在火灾情况下，消防人员可以利用这些平台作为灭火的阵地，但有时也成为灭火障碍，导致射水、操作工人疏散困难。由于化工生产设备高低不同，具有高度的连续性，装置与装置、车间与车间、车间与原料储罐之间都用管道连通，因此在建筑物的楼板、墙壁上设有横、竖向的孔洞，用于贯穿各种管道。从消防角度来看，这些孔洞有助于破坏爆炸性混合气体的形成，增加泄压能力。而为了保证化工生产有良好的通风和合理的泄压面积，生产装置多采用露天和半露天形式，使得向燃烧区域有充足的氧气，燃烧猛烈，火势蔓延，容易造成立体及流淌火灾。

石油化工的设备设施有不少是在高温高压，乃至超温超压条件下工作的，容易发生爆炸。化工设备压力容器多。压力容器爆炸使容器整体移动，或使容器碎片向四周高速飞射，毁坏建筑物、设备和造成人员伤亡；压力容器内的工作介质如果是可燃气体、易燃可燃液体，容器爆炸破裂后，可燃气体（可燃液体也迅速变为气体）立即与空气混合，遇火场明火或高速泄压气体产生的静电火花，或容器碎片撞击火花等，都会立即发生化学性爆炸。由此而产生的高温热气流向四周扩散，易造成大面积燃烧。压力容器的物理性爆炸和气体化学性爆炸几乎是连续发生的，因而增加了破坏威力；压力容器爆炸时产生的冲击波，能冲毁建筑，伤害人员，具有较大的破坏作用。其中罐区火灾，尤其是大型储罐火灾的燃烧机理和应急救援技术一直是石油化工火灾救援的重点和难点。

一、储罐火灾扑救技术研究现状

目前国内外针对大型储罐火灾安全方面的研究主要集中在火灾事故研究、火灾事故模拟、新型灭火技术、灭火装备研发、火灾综合防治技术研究等方面。这些研究通常辅以大量的实验验证、理论研究及模拟计算，形成了一系列通用的技术或标准并在行业中推广应用。

1. 大型储罐火灾规律及主要特性研究

在火灾事故研究方面，国外主要集中在火灾统计、火灾事故规律、火灾特性、典型火灾事故机理等方面。如 LASTFIRE 组织、美国 API 等机构对世界范围内的油罐火灾事故进行了统计分析，总结出了储罐火灾的常见事故形态与事故原因，并对这些常见的事故形态进行深入分析，揭示其发生发展过程。瑞典 SP 国家测试技术研究院对世界范围内近 50 年的 480 余起储罐火灾事故进行统计，得出了密封圈火灾是常见的储罐火灾形式，雷电是导致事故发生的主要原因等结论。

国内主要是采用实验室尺度的火灾实验进行储罐火灾事故机理研究，包括对典型的储罐火灾模式的研究。如中国科学技术大学等机构采用小尺度实验对原油储罐扬沸火灾的机理、沸溢时间、沸溢征兆等进行了系统的研究。中国石油大学在对 1946 年日本重油罐沸溢以及 1975 年山东高密原油罐沸溢事故分析的基础上，提出了原油储罐的沸溢处置与灭火过程中应注意的问题，分析了沸溢发生的条件及危害。廊坊武警学院魏东等人对着火罐的热辐射进行了实验测定。葛晓霞等人认为大型石油储罐易形成大面积火灾，扑救难度大且辐射热强，对邻近罐威胁大，其辐射热远超于《石油库设计规范》（GB 50074）规定的油罐间最小防护距离 $0.4D$（D 为相邻较大储罐的直径）的要求。

2. 大型储罐火灾表征方法研究

在储罐火灾事故发生、发展和演化规律的模拟分析方面，国外已经在不同尺度火灾实验研究的基础上，提出了预测火焰形状、辐射量、温度等关键参数的半经验公式模型，利用 CFD 技术编制成功相应的场模拟模型软件用于储罐火灾研究，并利用这些模型对事故发生发展、演化规律、后果等进行描述估算。如热辐射方面，就有点源辐射（point source models）和辐射面模型（surface emitter models）等半经验公式模型，TNO、CCPS 等机构对这些模型进行了梳理总结与吸纳，形成了池火、喷射火后果的推荐计算方法，并推荐其在 QRA、事故估算等过程中进行应用。利用 CFD 技术编制成功场模拟模型通过求解 N-S 方程（质量、动量、能量方程的偏微分形式），在无燃烧的流动计算方面效果好，但燃烧问题较难解决，描述复杂，运行时间较长。国外相继开发了大量的可用于火灾事故模拟的模型，如 FDS、FIRE、PHOENICS 等模型。这些模型可以求解燃烧和爆炸过程中流体状态的连续性方程、动量方程、热量方程、扩散方程，完成对火灾事故过程的三维动态数值模拟，给定详细的流场、温度、辐射率等参数。这为研究大型储罐区的火灾灾害危险程度，并根据危险性评估结果选择适当的防护措施，合理界定大型储罐区的火灾事故防护方法等研究工作提供了新的方法。

国内研究者主要采用小尺度实验配合半经验公式及 CFD 技术手段对储罐火灾的热辐射分布、温度等进行研究，以此确定储罐火灾的伤害作用区域及其他特性参数。国内石化行业定量风险评估导则、安全评价、事故调查与分析技术等基本推荐采用"点源模型"等半经验公式模型。我国天津消防研究所、中国人民警察大学、中国科学技术大学等机构联合对国际上通用的油罐燃烧模型进行深入研究,筛选了7种可以用于模拟油罐燃烧的火灾模型并比较了其优缺点,又实验研究了储罐着火后对周围罐体的热辐射的影响,但是其实验规模较小。南京工业大学、天津大学、江苏大学等利用 FLUNET、FDS 等软件进行了储罐火灾的特性研究,重点关注火灾情况下的安全距离影响。

3. 大型储罐灭火剂用量研究

在大型储罐灭火技术研究方面,特别是灭火剂用量方面,国外公司和研究机构进行了大量的实验研究。1946 年,McElroy 与美国海军研究实验室(NRL)进行了原油和汽油的灭火实验,油罐直径为 28.4m,泡沫强度为 $21.5\sim25.5L/(m^2\cdot min)$,灭火时间为 $8\sim12min$。但是该次实验没有报道燃料深度、喷射速度等参数。NFPA 对前人研究成果进行吸收采纳,出版了 NFPA 11 标准,对不同形式的储罐火灾给出了泡沫供应强度的参考值。BP 编制了储罐火灾应急响应手册,从灭火策略、灭火强度及灭火方式等方面提出了较高的要求,要求在 NFPA 11 标准要求最低泡沫供给强度的基础上增加 60% 作为实战情况下的泡沫供给强度值。荷兰鹿特丹联合消防队按照防区范围内最大直径储罐全面积火灾结合 NFPA 11 标准进行大流量消防装备配备。

国内《泡沫灭火系统技术标准》(GB50151)中对储罐火灾的固定式及移动式泡沫供给强度等进行了规定。总体来说,国标要求的泡沫供给强度与国外标准相当,但是由于没有规定泡沫最低供给时间,泡沫总量存在部分差别。舟山市消防支队实验研究了大型油罐冷却用水量,认为现行的《石油库设计规范》(GB50074)设计理念相对保守,固定式冷却用水设计用水量远远不够,对 10×10^4 米^3 储罐进行用水量实验,认为需要 3.2 倍的理论用水量才能满足事故状态下的用水要求。中石化管道储运公司在对大型油罐泡沫液储备量计算方法研究的基础上认为,2006 年仪征油库 $150000m^3$ 浮顶油罐密封圈火灾的成功扑救得益于其泡沫储备量超出原设计储量的 40%,并提出增大泡沫供给强度、适当延长泡沫供给时间以及恶劣情况下按泡沫损耗率 30% 计算解决大型油罐泡沫储备量不足的问题。

4. 大型储罐灭火方式研究

在大型储罐灭火技术研究方面,国外公司和研究机构进行了大量的实验研究。1964—1967 年，Mobile 石油公司对直径 2.4～7.6m 的系列油罐进行了上百次液下喷射灭火实验，研究了不同喷射速度以及喷射位置等对灭火效果的影响。1967 年，在阿鲁巴（Aruba）进行 ESSO 测试，采用单点液下喷射方式灭正己烷火，实验油盘直径为 34.8m，泡沫强度为 $4.9L/(m^2 \cdot min)$，实验结果证明低流速液下喷射方式不能扑灭该种情况下的火灾。利用固定式或者移动式灭火系统进行液上喷射方式灭火的实验大多集中在 10m 以内的储罐火灾实验方面，大尺度实验较少。欧洲方面，壳牌（SHEEL）公司以及火灾研究中心对不着火情况下的泡沫喷射模式、泡沫铺展率等进行了研究。日本在 20 世纪末与美国公司联合测定中等尺度油盘燃烧特性数据，其油盘的燃烧面积直径可达 20m，无火情况下的大功率泡沫炮的泡沫喷射实验油盘直径达到 80m，取得了较好的实验效果，为大型储罐大功率泡沫炮的配置标准提出了较合理的参考依据，但是由于实验次数有限，数据量较少，难以更好给出更充分的技术支持。匈牙利等国家为验证泡沫灭火装置的有效性，开展了次数有限的大尺度油盘燃烧实验，油盘直径达 25m，但未对热工特性进行系统研究。美国威廉姆斯公司研发成功了大流量泡沫炮并提出了"足迹"灭火方式。

火灾扑救方面，廊坊武警学院消防指挥系对火灾的扑救策略、战略战术等进行了系统的研究。中国科学技术大学研究了不同尺寸油盘的烟气发展规律、细水雾及泡沫灭火剂等对油火的灭火有效性等，但是其实验大多局限在实验室尺度。各地方消防支队对油罐灭火应注意的一些关键问题、新型灭火技术等也进行了相对零散的研究。

5. 大型储罐灭火装备研发及配置

灭火装备研发方面，国外研究者认为，扑灭储罐火灾很少由固定式灭火系统单独完成，需要移动式灭火系统的配合使用。特别是在全表面火灾的扑救上，固定式灭火系统往往已经损坏，只能利用移动式灭火系统进行扑救。随着高科技、大流量消防灭火装备的投入使用，使得灭火剂的供给强度及喷射方式得到了极大的改善。这也使得利用移动式装备扑灭大容积储罐火灾成为可能。如美国威廉姆斯公司研发成功了大流量泡沫炮，配合"足迹"灭火方式，成功扑灭了 1983 年的路易斯安娜汽油储罐大火（直径 45.7m），并在 2001 年 6 月 7 日扑灭了美国的科诺奥里昂炼厂的 MTBE 汽油罐火灾（直径 82.4m）。英国的 Angus 公司也进行了大流量泡沫炮的研究。荷兰鹿特丹联合化工园区配备了大流量的移动式泡沫灭火装备，可以扑灭防区内最大直径储罐火灾。

二、罐区储罐火灾形态及特性研究

1. 储罐火灾热传递

将着火储罐的受热简化为图 5-2，实际效果图见图 5-3。

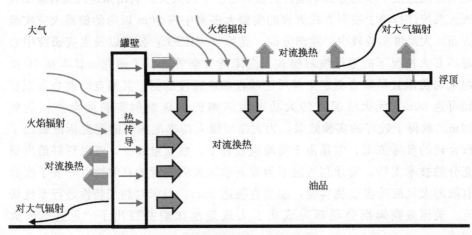

图 5-2　油品储罐受热物理模型

图 5-3　油品储罐燃烧实际效果图

对罐壁而言，着火油罐的火焰对罐壁有很强的热辐射作用，同时，罐壁对环境中的大气也有辐射作用，前者远远大于后者，所以罐壁外侧的温度随时间不断升高。罐壁的内侧与外侧之间通过热传导的方式把热从外部传向内部。根据罐壁表面是否与油品接触，分为气相和液相两部分，在罐壁与周围环境有温差存在时，气相部分的罐壁与大气之间存在着气相对流换热，液相部分与油品之间存在着液相对流换热。

对浮顶而言，着火油罐的火焰对浮顶有很强的热辐射作用，同时，浮顶对环境中的大气也有辐射作用，前者大于后者，所以浮顶的温度随着时间不断升高。浮顶的结构可以看成是钢材围成的中空圆柱，中间部分为空气，在浮顶内部，通过对流换热，将浮顶上表面的热传递到浮顶下表面；浮顶的下表面与原油之间存在着对流换热。

原油属于黏性流体，与罐壁内侧和浮顶下表面进行对流换热。

为充分得到油罐受热后的热响应，利用 ANSYS 模型求解得到 $10 \times 10^4 \, \text{m}^3$ 原油罐全面积着火时间为 3600s。图 5-4 展示的是原油储罐在受热辐射 3600s 后，罐壁温度的分布情况。

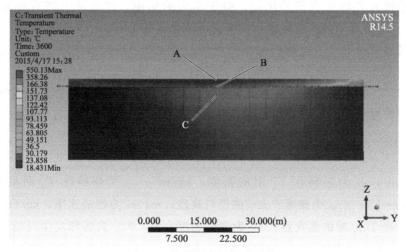

图 5-4　储罐罐壁的温度分布

以图 5-4 中（彩图见封三）的虚线为界线，储罐分成上下两个部分。其中，虚线上方区域温度较高，温度最高的地方位于储罐中央顶部，最高温度为 550℃。虚线下方区域温度较低，对 60℃ 以下区域进行了细化，从图中可以看出，温度的分布呈现从罐壁中央向两边逐渐降低，从高处向低处逐渐降低的情况。

2. 扬沸火灾表征方法

大型储罐火灾是相当频繁的，这些大型储罐火灾相当难扑灭，不仅需要大量的水/泡沫混合液来进行处置，而且常常需要较长时间扑救。在某些特殊情况下，储罐火灾的火焰尺寸急速扩大及覆盖区域的变大，会造成严重的事故后果，这种现象叫作扬沸。扬沸常常发生在储存有宽沸点物质的储罐火灾中，如原油储罐。最典型的扬沸火灾场景是初始的储罐爆炸导致了罐顶掀开，然后着火。着火过程中，燃料上部的沸腾液体层内的大部分挥发物蒸发，这实际上是一个蒸馏过程。这层液体逐渐聚集了重组分（高于沸点的组分），其自身的温度也逐步升高。随着火的继续燃烧，这一层液体（富含高沸点组分）的厚度逐步增加并开始下沉。轻燃料组分蒸发过程中形成的气泡引起了燃料对流运动的加剧，进而导致这一热层的扩展。热层厚度增加的速度大于燃料表面损耗的速度。因此，热波向罐底传播。如果储罐含有水垫层或者有油水乳化层，在一特定的温度情况下（超过水沸点的温度）热波将到达这一乳化层。这将导致部分水的蒸发，水的蒸发带动的湍流运动将导致热层与乳化层的进一步混合，进而导致蒸汽的大量产生。大量蒸汽（约 1600 倍的液体水体积）将导致燃料猛烈喷发到罐外并增加火焰的尺度。由于压力的影响，水的沸点将有可能高于100℃。对于高一些的罐来说，温度有可能会达到 120℃。

扬沸情况下，上层燃料的温度可超过 157℃。热波增加后的速度通常为0.3～1m/h，特别情况下可达到 1.2m/h。

（1）扬沸时间　对于扬沸火灾的处置方面，一个最重要的方面是能够预测扬沸火灾发生的时间。其最大值可用一个简单的热平衡方程进行估算。

$$t_{\text{boilover}} = \frac{\rho_1 c_p h_{\text{HC}}(T_{\text{hw}} - T_a)}{Q_f - m[\Delta h_v + c_p(T_{0\text{av}} - T_a)]} \tag{5-1}$$

式中，ρ_1 为燃料在 T_a 时的密度，kg/m^3；c_p 为燃料在 T_a 时的比热，$kJ/(kg \cdot K)$；h_{HC} 为储罐着火前的燃料高度，m；m 为燃烧速率，$kg/(m \cdot s)$；Δh_v 为在 $T_{0\text{av}}$ 时的蒸发热；T_a 为环境温度，K；T_{hw} 为扬沸发生时的热波温度，K；$T_{0\text{av}}$ 为燃料的平均扬沸温度，K；Q_f 为从燃料表面进入热流内部的热，约为 $60kW/m^2$。

式(5-1) 只考虑了水层在罐底的情况，没有考虑燃料内部存在水乳层而导致沸溢的情形。

热波的增长速度的理论表达式，可由

$$u_{\text{wave}} = \frac{Q_f - m[\Delta h_v + c_p(T_{0\text{av}} - T_a)]}{\rho_1 c_p h_{\text{HC}}(T_{\text{hw}} - T_a)} \tag{5-2}$$

式中，Q_f 为从燃料表面进入热流内部的热，约为 $60kW/m^2$；m 为燃烧速率，$kg/(m \cdot s)$；Δh_v 为在 T_{0av} 时的蒸发热；ρ_1 为燃料在 T_a 时的密度，kg/m^3；c_p 为燃料在 T_a 时的比热，$kJ/(kg \cdot K)$；h_{HC} 为储罐着火前的燃料高度，m；T_{hw} 是扬沸发生时的热波温度，K；T_a 为环境温度，K。

（2）燃料扬沸倾向性　对于热层扬沸现象的发生，需要具备以下条件：罐内存在水；存在宽沸程的混合物；燃料具有相对高的黏度。

燃料的平均沸点温度（T_{0av}）需要高于水在油水分界面压力下的沸点。T_{0av} 可用式(5-3)进行表述：

$$T_{0av} = (T_{0min} T_{0max})^{1/2} \tag{5-3}$$

油水分界面处的压力为：

$$P_{interface} = P_0 + h_{HC}\rho_1 g \tag{5-4}$$

对于大部分燃料，上述准则简化为：

$$T_{0av} > 393K$$

式中，T_{0av} 为燃料的平均沸点温度，K；T_{0min} 为燃料的最低沸点温度，K；T_{0max} 为燃料的最高沸点温度，K；$P_{interface}$ 为油水分界面处的压力，Pa；P_0 为大气压力，Pa；h_{HC} 为储罐着火前的燃料高度，m；ρ_1 为燃料在 T_a 时的密度，kg/m^3。

燃料的沸点范围必须足够宽，以便可产生热波。如果 T_{0min} 高于水在油水分界面压力下的沸点，则 $\Delta T_0 (= T_{0max} - T_{0min})$ 必须高于 $60℃$。若 $T_{0min} < 393K$，则 $393 - T_{0max}$ 高于 $60℃$。

研究表明，燃料的运动黏度必须高于煤油在油水分界面处水的沸点温度（$100℃$）条件下的运动黏度，即 $\nu_{HC} \geqslant 0.73cSt(1cSt = 10^{-6}m^2/s)$。

燃料的平均沸点温度 T_{0av}、燃料的沸点温度的范围 ΔT_0、燃料的运动黏度 ν_{HC}，可组合为一个经验参数，即沸溢倾向性指数 PBO。可用于评估燃料在着火时的沸溢倾向性。

$$PBO = \left(1 - \frac{393}{T_{0av}}\right)\left(\frac{\Delta T_0}{60}\right)^2 \left(\frac{\nu_{HC}}{0.73}\right)^{1/3} \tag{5-5}$$

式中，PBO 为燃料的沸溢倾向性指数；T_{0av} 为燃料的平均沸点温度，K；ΔT_0 为燃料的沸点温度范围，$\Delta T_0 = T_{0max} - T_{0min}$，K；$\nu_{HC}$ 为燃料的运动黏度，cSt（$1cSt = 10^{-6}m^2/s$）。

根据上述经验公式进行判断，若燃料 $PBO \geqslant 0.6$ 即可能会产生沸溢，同时使用式(5-5)时候需要谨慎。

（3）扬沸影响　扬沸的影响本质上是产生的火球影响，最严重的影响是被点燃的燃料喷射到储罐的周边。INERIS 推荐以下表达式作为计算扬沸火灾致死、不可挽回后果（irreversible consequence）的影响距离：

$$d_{\text{lethality}} = k_{\text{lethality}} W^{0.45} \tag{5-6}$$

$$d_{\text{irreversible}} = k_{\text{irreversible}} W^{0.45} \tag{5-7}$$

式中，W 是在着火之前储罐内的燃料质量；指数 0.45 是不同燃料的平均值。不同燃料的 k 系数见表 5-9。

表 5-9   不同燃料的 k 系数

燃料	$k_{\text{lethality}}$	$k_{\text{irreversible}}$
2 号燃料油	0.42	0.573
煤油	0.387	0.525
民用燃料	0.317	0.439
机油	0.319	0.439
原油	0.237	0.363

3. 储罐灭火安全距离影响

依据热辐射伤害后果及准则，确定应急人员及应急过程中的安全区域及疏散区域，其中无关人员疏散区热辐射强度需小于 1.6kW/m^2；穿适当防护服的应急人员可活动的区域热辐射强度需小于 4.73kW/m^2；消防车可布置的最大区域热辐射强度需小于 5kW/m^2；穿标准保护服的消防员最大的容忍极限热辐射强度为 7kW/m^2。

按照汽油罐燃烧速率为 $0.055 \text{kg/(m}^2 \cdot \text{s)}$，燃烧热为 43.7MJ/kg，利用 TNO 模型及 FDS 模型分别对不同储罐的辐射热进行了计算。

图 5-5 给出了 TNO 模型得出的不同风级情况下，储罐直径及救援人员安全距离的对照，从中可以看出在无风情况下，无关人员疏散距离、应急人员可活动区域、消防车可布置最近距离、消防员可容忍极限距离等应急过程中的安全距离大体呈线性分布。三级风情况下，其各区域安全距离与储罐直径基本呈线性增加，整体计算结果较无风情况下变大。四级风情况下，安全距离整体计算结果较三级风计算结果减小。即在三级风情况下，所需的安全距离较大。

图 5-6～图 5-8 分别给出了 FDS 模型得出的不同风级情况下，储罐直径及救援人员安全距离的对照，从中可以看出，不同伤害区域的变化随着储罐直径的增加而增加，但是其趋势并非严格呈线性分布。在地面上方 2.5m 处的无风、三级风、四级风情况下的应急距离分布呈指数变化，而罐顶高度位置处的应急距离大体呈线性分布。

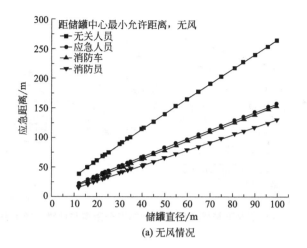

(a) 无风情况

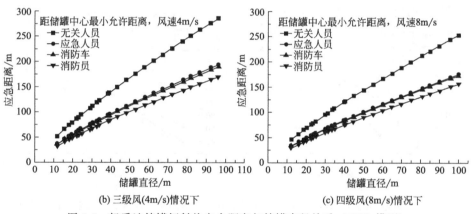

(b) 三级风(4m/s)情况下　　　　(c) 四级风(8m/s)情况下

图 5-5　轻质油储罐辐射热安全距离与储罐直径关系（TNO 模型）

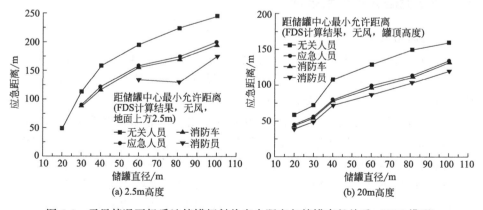

(a) 2.5m高度　　　　(b) 20m高度

图 5-6　无风情况下轻质油储罐辐射热安全距离与储罐直径关系（FDS 模型）

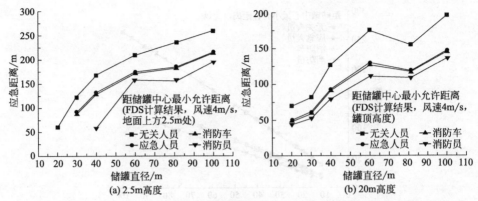

图 5-7　三级风（4m/s）情况下轻质油储罐辐射热安全距离与储罐直径关系（FDS 模型）

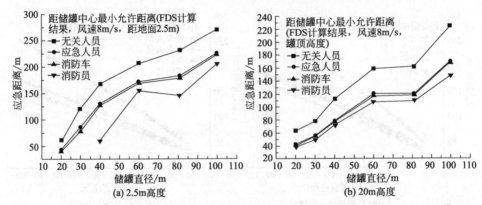

图 5-8　四级风（8m/s）情况下轻质油储罐辐射热安全距离与储罐直径关系（FDS 模型）

三、罐区储罐火灾处置技术

1. 泡沫用量

美国消防协会、欧洲 BS/EN、日本消防厅标准，中国《泡沫灭火系统技术标准》等标准，威廉姆斯公司实际灭火过程中采用的泡沫灭火用量标准，BP 公司的泡沫用量规定见表 5-10。

（1）泡沫供给强度　从表 5-10 中可以看出，《泡沫灭火系统技术标准》（GB 50151—2021）中规定的泡沫用量与 NFPA 11 标准基本一致，但是明显小于欧洲及日本消防厅数据。曾成功扑灭多起大型储罐火灾的威廉姆斯公司推荐的泡沫用量要高于 NFPA 11 要求，认为需要随着罐径的增大适当增大泡沫供给强度；BP 公司认为在不具备大型移动式消防设备的情况下，需要在 NFPA 11 规定的最低泡沫供给强度的基础上增加 60% 用于大型储罐灭火救援。

表 5-10　国内外不同标准要求的泡沫供给强度

单位：L/（m² · min）

储罐直径/m	美国消防协会标准（NFPA 11—2010）和美国石油协会 API-2021 标准	欧洲 BS/EN 13565—2009标准	威廉姆斯灭火实际采用数据	日本消防厅 FDMA-2005	BP 公司 NFPA＋60%	GB 50151—2021	
	AFFF[①]	AFFF	AFFF	AFFF	AFFF	AFFF	FP[②]
0～45	6.5	10.0	6.5	6.5	10.4～12.9	6.5	8.0
45～60	6.5	11.0	7.3	7.3	10.4～12.9	6.5	8.0
60～75	6.5	12.0	8.2	8.2	10.4～12.9	6.5	8.0
75～90	6.5	12.0	9.0	9.0	10.4～12.9	6.5	8.0
90～100	6.5	12.0	10.2	10.2	10.4～12.9	6.5	8.0
＞100	6.5	—	12.9	12.9	12.9	6.5	8.0

① AFFF 代表水成膜泡沫灭火剂，该灭火剂是以碳氢表面活性剂与氟碳表面活性剂为基料并能够在某些烃类液体表面形成一层水膜的泡沫灭火剂。

② FP 代表氟蛋白抗溶泡沫灭火剂，该灭火剂以多糖类、氟碳表面活性剂、天然植物发泡剂、多肽蛋白发泡剂、助溶剂和防腐剂等制成的泡沫灭火剂，用于扑救油类火灾，亦可扑救醇、醚、酯、酮、醛等可燃极性溶剂火灾。

（2）泡沫供给时间　在供给时间上，国内标准要求为 60min，但是明显小于欧洲要求的 90min 及日本消防厅要求的 120min；曾成功扑灭多起大型储罐火灾的威廉姆斯公司推荐的泡沫供给时间要高于 NFPA 11 要求，认为需要在 NFPA 11 规定的供给时间基础上增加 60% 的冗余时间，即 104min。BP 公司要求的泡沫供给时间与 NFPA 标准的要求一致，为 65min，但是其前提是需要增加泡沫供给强度；GB 50151—2021 为所有标准中要求最少的，比 NFPA 标准要求还要少 5min，见表 5-11。

表 5-11　国内外不同标准要求的泡沫最低供给时间

名称	NFPA 11 和 API-2021	BS/EN 13565	威廉姆斯灭火实际采用数据	日本消防厅	BP 公司	GB 50151—2021
泡沫应用时间/min	65	90	65＋后期压制 ＜60% 冗余	120	65	60

（3）泡沫供给强度和时间优化　世界上过去利用移动式灭火装备扑灭真实发生的 83m 直径大型储罐全表面火灾的成功经验表明，若想扑灭大型储罐火灾，除了需要详细的计划、大功率移动设备以及专业化的灭火团队之外，还需要保证充足泡沫供给。

目前《泡沫灭火系统技术标准》（GB 50151—2021）中规定了处置储罐火灾泡沫供给强度、泡沫供给时间的最低要求，但是标准要求值明显小于国外相关标准要求，石化企业实际灭火过程中需要根据情况增大泡沫供给参数。如国内 2006 年仪征油库 150000m³ 浮顶油罐密封圈火灾的成功扑救得益于其泡沫储备量超出原设计储量的 40％，据此，仪征油库的消防部门提出了在原设计泡沫储备量的基础上按泡沫损耗率 30％计算，提高泡沫供给及储备量至原设计量的 130％。

国外灭火成功案例分析研究结果表明，在灭火过程中泡沫供给强度超过 6.5L/(m² · min) 的成功案例，约占成功灭火事故的 68％；泡沫供给强度超过 10.4L/(m² · min)（GB 50151 及 NFPA 规定值＋60％冗余）的成功案例 4 起，约占成功灭火事故的 21％。但是国外灭火过程中大量使用大流量移动设备，收集到的 19 起国外成功灭火案例中，使用流量超过 3780L/min 大流量装备成功灭火的案例约为 12 起，占总成功率的 63％。大流量装备的使用增大了灭火成功的比例。

综合对比分析国内外泡沫用量规范及标准、实验测试、国外成功灭火案例实际泡沫供给强度、泡沫供给时间以及大流量装备等情况，本书建议石化企业储罐火灾移动式消防灭火过程中，应选取增加泡沫用量的方法来实现灭火，为了增大灭火成功的概率，建议使用大流量消防炮，不建议使用 FP（氟蛋白）泡沫。使用大流量装备进行灭火情况时，建议参考表 5-12 泡沫供给强度及泡沫供给时间。

表 5-12　推荐的泡沫供给强度及泡沫供给时间（大流量装备）

储罐直径/m	泡沫（AFFF）供给强度/[L/(m² · min)]	泡沫供给时间/min
0～45	6.5	65
45～60	7.3	65
60～75	8.2	65
75～90	9.0	65
90～100	10.4	65
＞100	12.9	65

针对不具备使用大流量装备进行灭火的情况，建议参考国标（GB 50151）参数增加 60％量确定泡沫供给强度，泡沫供给强度及泡沫供给时间见表 5-13。

表 5-13　推荐的泡沫供给强度及泡沫供给时间（无大流量装备）

储罐直径/m	泡沫（AFFF）供给强度/[L/(m² · min)]	泡沫供给时间/min
0～100	10.4～12.9	104

2. 泡沫施加方式

（1）储罐火灾泡沫施加口　利用 FDS 软件对直径 80m 汽油罐的火灾特性

进行了模拟计算，计算结果见图 5-9（彩图见封三）、图 5-10。

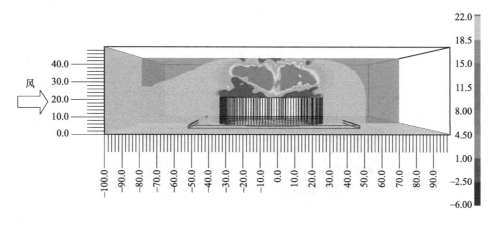

(a) 侧视图

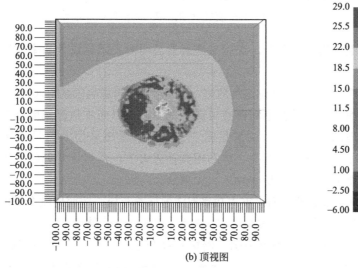

(b) 顶视图

图 5-9　80m 直径汽油储罐火灾压力分布

储罐着火过程中，由于浮力等因素的影响在储罐中心位置（罐顶以上 40m 范围内）会产生高压区域，压力超过 30Pa，而在上风向区域靠近罐壁位置（罐顶以上高度 20m 范围内）为负压区（＜－6Pa），空气易通过负压区进入燃烧区，易于从该位置施加泡沫。速度场计算结果表明罐顶边缘区域羽流水平速度较低，易于泡沫施加，罐顶中心位置处火焰垂直速度较高（＞35m/s），易吹散泡沫，泡沫施加过程中不宜穿过该区域。

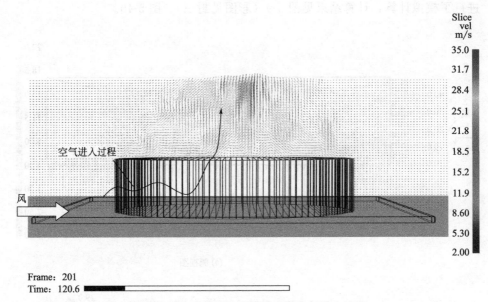

图 5-10　80m 直径汽油储罐火灾空气进入过程

（2）泡沫炮落点分析　美国威廉姆斯公司对不同流量大功率泡沫炮落点进行了测试。

共对常用的 5 种消防炮进行测试，泡沫落点及可影响区域测试结果如图 5-11。

根据泡沫炮流量及泡沫落点可影响范围，可以初步估算威廉姆斯消防炮落点位置的泡沫强度。分析结果见图 5-12，可以看出采用大流量消防炮，其落点位置处的泡沫强度都较高。若利用其扑灭火灾，落点位置处的泡沫强度都能达到规范要求的数值，易于扑灭火灾事故。

（3）大型储罐全表面火灾大功率泡沫炮推荐布局　按照储罐全表面火灾可以估算出所需泡沫炮数量，按照泡沫炮选型，以 $50000m^3$ 储罐火灾为例进行说明：

以 $50000m^3$ 储罐着火为例（储罐直径为 63.7m），泡沫供给强度按照 GB 50151—2021《泡沫灭火系统技术标准》规定的甲乙类液体火灾水成膜泡沫（AFFF）混合液施加值选择。

则泡沫量供给量计算：

燃烧面积（A）：

$$A = \pi D^2/4 = 3187m^2$$

式中，D 为储罐直径。

泡沫供给强度（q）：

$$q = 6.5L/(m^2 \cdot min)$$

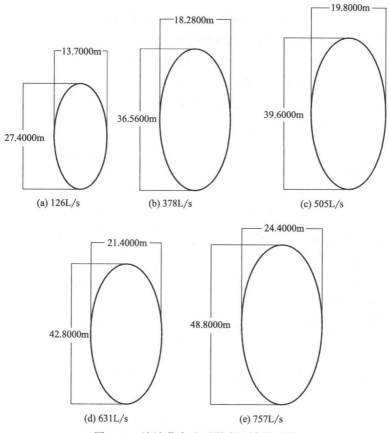

图 5-11 泡沫落点及可影响区域测试图

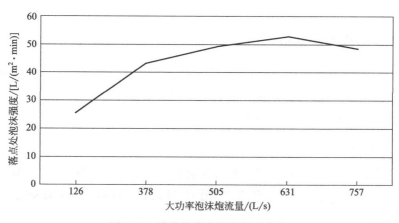

图 5-12 消防炮落点泡沫强度分析

所需泡沫混合液流量（Q）：
$$Q=Aq=20715.5\text{L/min}\approx345.3\text{L/s}$$

按照 126L/s 泡沫炮，则需消防炮门数 N：
$$N=345.3/126=2.7\approx3$$

按照 378L/s 泡沫炮，则需消防炮门数 N：
$$N=345.3/378=0.9\approx1$$

推荐泡沫炮布局见图 5-13。

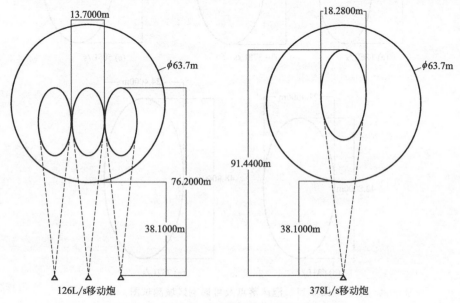

图 5-13　50000m³ 储罐推荐泡沫移动炮布局

四、典型事故案例剖析

2005 年 12 月 11 日，英国邦斯菲尔德油库发生的火灾事故，为欧洲迄今为止最大的罐区火灾爆炸事故，共烧毁大型储油罐 20 余座，受伤 43 人，无人员死亡，直接经济损失 2.5 亿英镑。

1. 事故概况

2005 年 12 月 10 日 19 时，英国邦斯菲尔德油库 HOSL 西部区域 A 罐区的 912 号储罐开始接收来自 T/K 管线的无铅汽油，油料的输送流量为 550m³/h。

12 月 11 日零时，912 号储罐停止收油，工作人员对该储罐进行了检查，检查过程大约在 11 日 1 时 30 分结束，此时尚未发现异常现象。

从 12 月 11 日 3 时开始，912 号储罐的液位计停止变化，此时该储罐继续接收流量为 550m³/h 的无铅汽油。912 号储罐在 12 月 11 日 5 时 20 分已经装满。由于该储罐的保护系统在储罐液位达到所设置的最高液位时，未能自动启动以切断进油阀门，因此 T/K 管线继续向储罐输送油料，导致油料从罐顶不断溢出，致使储罐周围迅速形成油料蒸气云。一辆运送油品的油罐车经过邦斯菲尔德油库时，汽车排气管喷出的火花，引燃了外溢油品形成的蒸气云，引起爆炸、燃烧。

6 时 01 分，发生了第一次爆炸，紧接着更多爆炸发生。爆炸引起大火，超过 20 个储油罐陷入火海，当时储油量为 3500 万升，包括油、柴油和航空燃料。6 时 10 分，消防人员到达现场，开始灭火。此次大火持续燃烧 60 多小时，直到 13 日晚才被扑灭。图 5-14 为事故现场照片。

图 5-14 事故现场图片

2. 救援过程

伦敦消防局接到油库工作人员的报警求救后，立即赶赴火场进行扑救，而此时邦斯菲尔德油库已有数座储油罐爆炸着火，36 人受伤。消防人员用高压水枪在燃烧的油罐和其他油罐之间形成了一道水墙，同时将大量的高浓度灭火泡沫喷向正在燃烧的油罐。然而，这股有限的扑救力量对于数座正在剧烈燃烧的油罐来说，无疑是杯水车薪。现场火势失控，火场温度骤升，烈火熊熊，浓烟遮天蔽日。

　　经过现场侦察，火场指挥官预测在未来几分钟内，熊熊燃烧的火焰将会诱发周边其他储油罐爆炸，在此危急时刻，火场指挥官指挥消防人员迅速关闭了油库输油管总阀门，下令一线灭火人员全部撤退到安全区域，以避免储油罐再次爆炸而造成灭火人员的大量伤亡。同时，警方立即疏散附近居民，附近商店停止营业，学校也停止上课。

　　此后，在遥控消防设备扑救无效的情况下，熊熊大火引起许多储油罐相继发生连环爆炸、燃烧。12日零时，火场指挥官再次下令暂缓施救。火势反扑，20多个大型储油罐顿时陷入了熊熊大火之中，形成了高达60m的火柱，空气中充满了浓浓的汽油味。油库附近的许多民房被摧毁，到处都是倒塌的墙、烧裂的大门以及半截窗户。至12日天明时分，消防人员才恢复灭火行动。

　　12日15时，消防队员扑灭了多座着火的储油罐，再一次撤离火场。此后，未熄灭的火苗又引燃了刚被扑灭的一座油罐，这座油罐距离一座装有不明物质的油罐很近，消防队员担心油库可能再次发生爆炸，于是关闭了附近一条高速公路，扩大了油库周边隔离区范围，并在中断灭火5h后，于12日晚返回火场，最后将火扑灭。

3. 事故应急救援的特点与启示

　　英国政府规定，消防局要同石油化工企业联合制定防灾预案，当火灾初起时，要快速出击灭火，把火灾扑灭在初起阶段。倘若在第一时间内未能及时控制住火势，并可能危及消防人员的人身安全时，允许消防队员暂时后撤；当石油储罐发生爆炸时，允许消防队员暂缓出击，以防止大量的水和高浓度泡沫灭火剂注射到罐体之中使易燃液体流溢出来，流入下水道，发生第二次爆炸。

　　邦斯菲尔德事故能够成功进行应急救援，主要得益于以下几个方面：

　　(1) 英国各有关部门反应迅速，措施得力，高度协调。事故发生后，交通部门立刻封锁了油库附近的两条高速公路，警方对爆炸现场周围实施戒严。消防部门动用了26辆消防车对起火的20个油罐进行扑救；当地消防部门在短短2h内从16个消防局抽调出180多名消防员参与扑救。警方在事发当天上午就将油库附近的2000多居民疏散到附近体育中心，并在第一时间通过媒体否定有"恐怖袭击"的可能，打消了英国公众和媒体对"恐怖袭击"的猜测，避免了社会恐慌。

　　(2) 得力的法规政策、充足的物资储备和科学的救援理念。1999年英国就颁布了一套完整的法规，规范工业事故发生后警方、消防和企业各方的责任，并定期开展事故救援演习。此次事故救援中，一共使用1500万升水，

2500万升浓缩泡沫灭火剂，应急物资十分充足。消防废水被直接引入救援现场的地下排污系统，等灭火工作结束后再排出处理，避免了救援过程中的环境污染。此外，由于事故现场某油罐内储存了高挥发性燃料，为防止连锁爆炸，救援工作几度谨慎中断。所有这些，都保证了救援工作的有效、顺利进行。

（3）英国政府努力保证公众的知情权，有利于稳定民心，也有助于民众的配合。事故发生后，当地电台、电视台对事件进行跟踪报道。警方及时召开新闻发布会，介绍事故、人员伤亡和救援进展等情况。此后，警方、消防局和卫生部门每天定时召开新闻发布会，向媒体通报最新信息。各部门还分别开通热线，接受公众问询。记者通过实地采访了解到，爆炸发生后，英国政府相关部门的新闻机构工作效率和应答速度都高于往常。政府部门的网站也在事故处理过程中发挥了积极作用。如卫生保健局的网站详细介绍了油罐爆炸对健康的影响，并对附近居民提出相关保健建议等。

（4）英国民众在事故面前表现出的冷静也是不可忽略的重要因素。爆炸发生后，有关各方不负众望，迅速、有序地展开救援和善后处理工作。社区中心积极安排被疏散民众的生活；卫生部门定时向公众发布相关保健信息；环境署在事发2h后就开始对周边地表水和地下水的水质进行监测，环境部和气象局则对大气质量进行监测，这些措施有效降低了事故对当地民众生活的影响。事发后第二天，保险公司就开始对受损的投保居民展开调查和理赔工作。大火一经扑灭，卫生和安全人员就开始走访目击者和事发当天油库工作人员，对事故原因展开调查。居民没有后顾之忧，不仅能保持平静的心态，也有利于事故的平稳处理。

可见，英国能够成功、平稳、有序地应对此次事故，是完善的社会机制和成熟的民众心态相互配合作用的结果。

4. 应急方面存在的问题

① 防火堤的失效。防火堤本身不能抵御如此长时间的大火，防火堤的失效导致燃烧的油料四处蔓延，将火势进一步扩大。

同时，防火堤本身的容积并不能容纳如此大量的溢油，在着火前汽油已经溢出了防火堤并随地形向低处聚集，这导致第一次爆炸发生时产生了大量的可燃蒸汽云，扩大了可能被引燃的范围。

② 区域布置与平面布置的不足。事故中备用发电机房和消防泵房在爆炸发生后马上遭到破坏，同时大部分储罐被破坏，这反映出平面布置方面的一些不足。

③ 应急准备方面的不足。应急预案只设计了储罐泄漏后形成池火事故和装油区泄漏的小范围爆炸事故，这导致事故发生时虽然有及时的应急响应，却没有对应的应急计划去执行，也没有针对性的应急资源。

参考文献

[1] 国家安全生产应急救援中心. 危险化学品企业生产安全事故应急准备指南应用读本. 北京：应急管理出版社，2020.

[2] 罗云主编. 企业本质安全理论·模式·方法·范例. 北京：化学工业出版社，2018.

[3] 廖建伟，张世云. 底线思维在企业安全管理中运用. 环球市场信息导报，2013，(9)：162.

[4] Kevin About. Multi-Agency Incident Command in the UK, International Workshop on Emergency Response and Recue, 2005: 23-24.

[5] Jim Stump. Incident Command System: the History and Need. The Internet Journal of Rescue and Disaster Medicine, 2001, 2(1): 22-25.

[6] 刘铁民. 重大事故应急指挥系统（ICS）框架与功能. 中国安全生产科学技术，2007(4).

[7] 李湖生. 应急准备体系规划建设理论与方法. 北京：科学出版社，2016.

[8] 杜泽文. 企业安全生产应急能力量化及其管理对策研究. 哈尔滨：哈尔滨工程大学，2013.

[9] 练茹楠. 企业安全生产应急能力评估方法与应用研究. 北京：首都经济贸易大学，2015.

[10] 董文旭. 安全生产应急准备与评估方法研究. 青岛：青岛科技大学，2019.

[11] 袁纪武，谢传欣. 企业化学事故应急救援预案的编制. 劳动保护，2004，(1)：72-74.

[12] 中国石油化工集团公司安全监管局. 中国石化重特大突发事件应急预案. 北京：中国石化出版社，2008.

[13] 李亦纲，尹光辉，黄建发，曲国胜. 应急演练中的几个关键问题. 中国应急救援，2016，(4)：35-37.

[14] 姜传胜，邓云峰，贾海江，王晶晶. 突发事件应急演练的理论思辨与实践探索. 中国安全科学学报，2011，(6)：155-161.

[15] 冯云晓，李健，江田汉，吴军. 基于"情景—任务—能力"的危险化学品事故应急准备能力评估——以S市某港口为例. 中国安全生产科学技术，2018，14，(5)：7-13.

[16] 王永明. 重大突发事件情景构建理论框架与技术路线. 中国应急管理，2015，(8)：55-59

[17] 窦站，张勇，张明广，蒋军成，陈胤庭. 基于AHP-模糊方法的某化工园区应急能力评估. 安全与环境学报，2015，15，(2)：29-34.

[18] 吴晓涛，申琛，吴丽萍. 美国突发事件应急准备体系发展战略演变研究. 河南理工大学学报（社会科学版），2015，(3)：301-312.

索引